Photo courtesy of The National Archives, ref. PCOM8/58

© Bettmann/Getty

左上：潔希．姚丹以為在蘇格蘭當美髮師可以完美掩護納粹間諜身分，卻犯下情報大錯，無意間促成軍情五處與聯邦調查局合作。

右上：蘇格蘭場出身的蓋伊．李鐸，後來當上軍情五處情報頭子，是軍情五處與聯邦調查局建立合作關係的關鍵人物。

下：威廉．史蒂文森為加拿大實業家，曾在紐約市成立英國安全協調組織，並促使威廉．唐諾凡參照軍情六處成立戰略局。圖為「小比爾」（史蒂文森）接受摯友「大比爾」（唐諾凡）授勳。

© Bettmann/Getty

左：約翰・艾德加・胡佛為首任與在任最久的聯邦調查局局長，曾經為鞏固自己的地位不受史蒂文森與唐諾凡的威脅，而逼迫布萊切利園交出謎式密碼機機密。

© NSA, Department of Defense

右：亞伯拉罕・辛可夫博士是數學家，也是傑出的密碼破譯員。一九四一年自美率團訪問布萊切利園，為英美兩國訊號情報合作立下基礎。後於第二次世界大戰期間在澳洲布里斯班成立密碼局。

（美國國防部影像資訊在此露出，不代表美國國防部認可本書內容。）

© FBI

左：亞瑟・德斯頓曾經擔任聯邦調查局局長胡佛的司機，一九四二年底被胡佛派赴英國，目的之一是改善該局與軍情五處的關係，並於隔年成立倫敦分處。

Photo courtesy of Gene Cole Knight

© NSA, Department of Defense

© Bettmann/Getty

左上：吉恩．葛萊比爾因為耐不住當家政老師，轉行成為阿靈頓廳的密碼破譯員，也是美國「維諾那計畫」共同創始人，透過破譯密碼揪出在美國、英國與澳洲活動的蘇聯間諜。

右上：法蘭克．羅萊特是美國陸軍訊號情報勤務局的創始成員之一，也是破譯日方通訊，掌握日本與納粹德國意圖的功臣。吉恩．葛萊比爾即是被他延攬到阿靈頓廳工作。

（美國國防部影像資訊在此露出，不代表美國國防部認可本書內容。）

左：羅伯特．藍菲爾（右）在聯邦調查局負責偵辦原子彈間諜案等反情報工作，首度促成人員情報與訊號情報兩個領域合作。

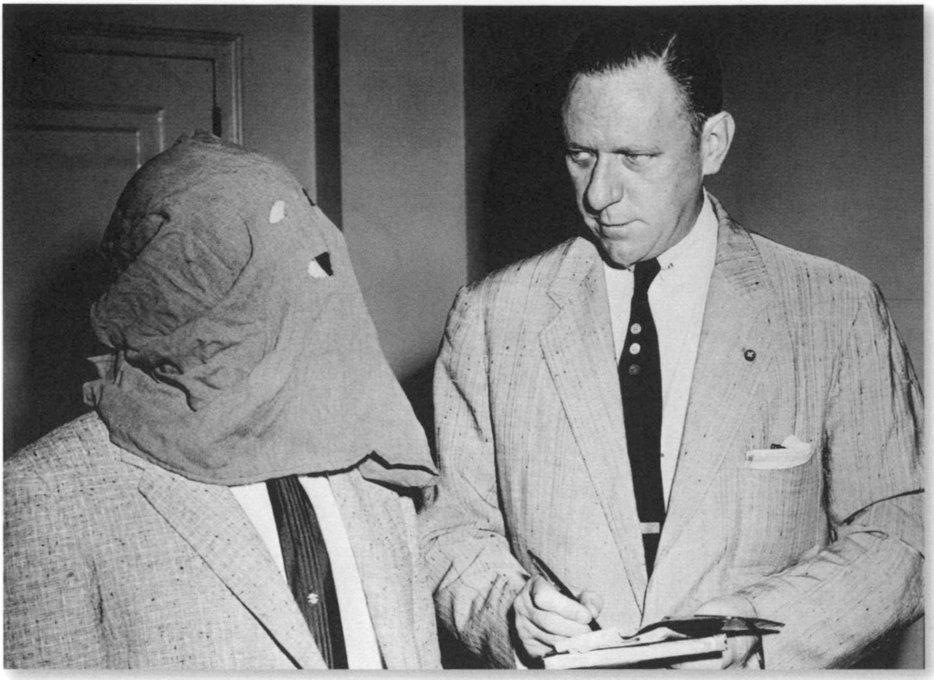

© Bettmann/Getty

伊果・古琴科在一九四五年投誠，象徵冷戰開始。這名俄國使館密電人員提供的機密檔案，讓外界得知英裔與美裔原子機密間諜的存在，促使軍情五處、聯邦調查局與加拿大皇家騎警三方加強合作。

© Library and Archives Canada C-138882

上：喬治·隆恩·理查茲是澳洲情報頭子，曾經督導吸收澳洲史上最重要的反蘇間諜，更因此讓英美兩國對澳洲安全情報局刮目相看。

左：弗拉迪米·裴卓夫是在澳洲活動的蘇聯情報人員，卻因為「從事不道德勾當，愛喝酒和玩女人」，成為澳洲安全情報局理想的吸收對象。受惠於他的供詞，澳洲得以晉升成為五眼聯盟一員。

右：格薩・安德魯・卡托納是一九五六年匈牙利革命爆發時唯一駐點布達佩斯的中情局人員。他曾向局內呼籲援助革命份子武器，以對抗蘇聯入侵，卻不被採納。

下：革命份子在一九五六年十一月匈牙利革命期間，於布達佩斯中心廣場一輛繳獲的戰車上揮舞紅、白、綠三色國旗。

Photo courtesy of Susan De Rosa

© Keystone/Stringer/Getty

上：澳洲工黨在高夫．惠特蘭率領下，睽違二十三年重返執政。上台後，惠特蘭懷疑中情局祕密參與一處美澳國防聯合設施的運作。

© Bettmann/Getty

左：艾倫．杜勒斯在戰略局擔任聯絡人，期間嶄露頭角。一九五三年執掌中情局，成為最備受爭議的局長之一，多項情報任務失敗都得歸咎於他。

© Diana Walker/Getty

上：美國國家安全顧問茲比格涅夫・布里辛斯基促請卡特總統懲罰蘇聯在一九七九年入侵阿富汗，熱切想讓蘇聯捲入一場「蘇聯版的越戰」。

© Morne de Klerk/Getty

右：二〇一〇年上任的工黨籍前總理茱莉亞・吉拉德認為，不應該誇大裴卓夫事件對工黨造成的傷害。「說是這個原因造成工黨在野二十三年，卻是言過其實。一個政黨會超過二十年在野，就是因為不夠多人想投票給它。」

上：大衛・藍伊於一九八四年至八九年間擔任紐西蘭總理，任內因堅持反核立場，違抗美國，而廣獲國際美譽。這麼做卻也導致紐西蘭被五眼聯盟局部封殺超過二十年。

右：約拿森・艾凡斯在二〇〇七年以軍情五處處長身分首度公開演說，示警俄國投入「相當多的時間精力在竊取我方軍用與民用機敏技術，並試圖取得政治經濟情報，損害我方利益」。

蓋達組織在二〇〇一年九月十一日對美國發動有組織的恐怖攻擊，造成近三千人死亡。紐約世貿中心大樓是攻擊目標之一。

© Spencer Platt/Staff/Getty

上：美國遭遇恐攻的隔天，即二〇〇一年九月十二日，艾麗莎．曼寧漢布勒奉命前往華府會見美方情報官員。隔年升任軍情五處處長，帶領團隊克服處內前所未見的國安挑戰。

下：拘禁在古巴美軍軍事監獄關達那摩灣的恐怖份子疑犯。有些疑犯曾遭到「水刑」刑求。近八百名收容人中，多數未遭起訴並已獲釋。

© Bloomberg/Getty

© Stefan Postles/Stringer/Getty

上：理查・費登，二〇〇九年至一三年擔任加拿大安全情報局局長。他曾指出「一個情報機關會不會被人家重視」端看如何處理情報安全侵害危機。費登曾在五眼聯盟對抗伊斯蘭國恐怖主義期間，擔任加拿大國安顧問。

下：澳洲在麥肯・滕博爾擔任澳洲總理期間封殺中國科技公司華為，促使五眼聯盟其他國家跟進。他說：「我們是五眼聯盟當中禁止華為參與5G網路建設的領頭羊。」

© Alex Lentati/Evening Standard

左：理查．華頓在伊斯蘭國崛起期間擔任蘇格蘭場反恐部門首長。得知加拿大安全情報局一名幹員協助志在成為聖戰士的英國人入境敘利亞時，十分錯愕。

© Photo courtesy of Rex Features Ltd.

下：二〇一五年二月，沙敏瑪．貝古姆、艾米拉．阿巴瑟與凱迪莎．蘇塔娜三人現身土耳其某客運站，隨後在加拿大安全情報局幹員協助下偷渡入境敘利亞。

© PA/PA Archive/PA Images

上／下：史諾登洩密案引起全球軒然大波，政府通訊總部部長伊安．羅班爵士在二〇一三年十一月七日出席國會安全委員會史上首次電視直播聽證會並作證。

同場出席的還有軍情六處處長約翰．邵爾斯及軍情五處處長安德魯．帕克。

© PA/PA Archive/PA Images

© Barton Gellman/Getty

上：美國國家安全局承包商僱員愛德華．史諾登竊取約一百五十萬份機密檔案。這起情報安全侵害事故不僅讓外界得知五眼聯盟在全球各地的情報活動，也引發公民自由的空前爭論，並且針對國家監視計畫展開多項調查。

左上：身為政府通訊總部國家網路安全中心主任的賈倫・馬汀，政府通訊總部他對華為的立場與美方官員並不同調。他也力駁政府通訊總部從事「監聽」的指控。

右：前英國首相德蕾莎・梅伊曾說，她的政府不得不按照川普總統「變化莫測」的處事風格，進行調適。「一直以來總是預設關係會保持良好。」

上：二〇一一年五月，時任美國總統巴拉克・歐巴馬在喬・拜登、希拉蕊・柯林頓及國安官員陪同下，於白宮戰情室觀看殲滅蓋達組織首腦奧薩馬・賓拉登任務直播畫面。美國在執行任務前並未知會五眼聯盟盟邦。

下：金姆・達洛克曾任英國國安顧問、英國駐美大使等職，對於兩國情報事務方面的特殊關係有獨到見解。

左：五眼聯盟準確預料到俄國會在二〇二二年二月入侵烏克蘭。

下：多年來，五眼聯盟當中某些成員國會增強彼此的關係，讓其他成員國感到吃味。近期澳洲、英國和美國三國組成的防禦協定《澳英美安全協定》，即是強化三方合作，從此圖三國領導人在二〇二一年七大工業國高峰會（G7）交好模樣可見一斑。

五眼聯盟

情報組織的真實故事

THE SECRET HISTORY OF THE FIVE EYES

THE UNTOLD STORY OF THE INTERNATIONAL SPY NETWORK

RICHARD KERBAJ 理查・克爾巴吉——著

謝孟達——

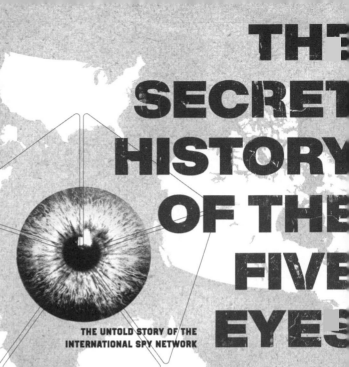

獻給瑪琳、李奧、托姆與奈特，
也獻給好友暨導師約翰。

媒體評論

「理查・克爾巴吉……依序詳述五眼聯盟情報網的發展史，受訪陣容有目共睹，包括軍情五處、軍情六處、政府通訊總部與中情局等卸任首長；四位前英國首相及前澳洲總理；以及眾多現任與卸任情報人員。然而，訪談內容毫不樣板官腔（這種層級採訪的常見代價）。」

——蓋布雷爾・波谷倫（Gabriel Pogrund），《星期日泰晤士報》

「各懷鬼胎與誤判情勢的駭人聽聞故事，像是英籍少女沙敏瑪・貝古姆（**Shamima Begum**）被加拿大間諜偷渡到敘利亞，突顯英美等各國情報機關之間，存在不可告人的合作關係。」

——史蒂夫・布倫菲爾德（Steve Bloomfield），《觀察家報》

「本書奠定理查・克爾巴吉乃當代書寫間諜題材的佼佼者，內容絲絲入扣，驚愕連連，讓人對全球最重要的情報聯盟有了全新認識。」

——暢銷書《全面戰爭》（*All Out War*）作者提姆・席普曼（Tim Shipman）

「本書讓人親近角色原本永遠神祕的人士，近觀其談論、爭執、論點、共識、歧見、密謀與協作。」

——道格拉斯・懷思（Douglas H. Wise），《暗語摘錄》（*The Cipher Brief*）

「針對聯盟不睦的情形，本書的參考資訊十分有用。」

——湯姆・史蒂文森（Tom Stephenson），《倫敦書評》

「精彩無比。」

——奈吉爾・尼爾森（Nigel Nelson），《星期日鏡報》

「轟動絕頂。」

——《每日郵報》

「回顧數十年的情報分享。」

——《每日電訊報》

「內容豐富且發人省思，足見詹姆士・龐德（**James Bond**）等情報員單槍匹馬繞遍全球的時代早已結束。」

——《雪梨晨鋒報》

「意想不到的發展……以證據表明英國政府掩蓋密謀的真相。」

——《泰晤士報》

「太轟動了。」

——《獨立報》

「生動精彩……充滿獨家內幕……克爾巴吉聚焦五眼聯盟的核心，也就是人物關係，繼而在情報論述上做出特別貢獻，對民主有功。」

——葛雷格·薛里丹（Greg Sheridan），《澳洲人報》

「克爾巴吉除了記錄五眼聯盟成員國的不合，更詳述數十年來成員國的情報行動，這些行動事後證實價值連城。」

——《紐西蘭先驅報》

「成敗史的全方位回顧。」

——《國家商業評論》

「引人入勝，充滿精彩的間諜與雙面諜故事。」

——瑪莉·科斯塔基迪斯（Mary Kostakidis），《解密澳洲》

目錄 CONTENTS

媒體評論 004
前言 010

第一部 起源 015
第1章 關鍵密報 016
第2章 參照英國的情報建置 037
第3章 戰火蔓延太平洋 059

第二部 冷戰 075
第4章 鐵幕深垂 076

第5章　人員情報遇上訊號情報　091
第6章　《英美協定》形成五眼聯盟　111
第7章　危機重重：在布達佩斯孤軍作戰的男子　133
第8章　意見不合　149
第9章　引誘蘇聯上鉤　170

第三部　反恐戰爭　189

第10章　後九一一世界　190
第11章　比別人更平等　208
第12章　遲來的坦白　227
第13章　史諾登事件　245

第四部 非傳統戰場 267

第14章 澳洲介入 268
第15章 特殊關係逢亂流 290

結語 五眼聯盟的前景 310

後記 B計畫：澳洲擁核子潛艦 329

注釋與參考資料 353
歷史事件時間軸 392
詞彙表 397
重要人物簡介 400
致謝 404

前言

五眼聯盟（The Five Eyes）的基礎是英、美兩國官員在無意間逐漸建立的。他們沒有預料到，第二次世界大戰前夕與作戰期間，為抵禦納粹德國侵犯所做的各種嘗試，會為這個史上最大情報聯盟立下重要基礎。

當時，英國軍情五處（ＭＩ５）、布萊切利園（Bletchley Park）與軍情六處（ＭＩ６）等情報機關，以及美國的對應單位聯邦調查局（ＦＢＩ）、阿靈頓廳（Arlington Hall）與戰略局（ＯＳＳ，中央情報局〔ＣＩＡ〕的前身）之所以會攜手合作，是基於必要與自利。各方大致遵守行規，有些明文，有些未明文，偶爾也會不顧規定行事。這些機關交換情報，共享資源，交流技術。儘管不全然信任彼此，卻有個共同目的，即是要摧毀敵人。

擊敗希特勒後，英美頓時面臨新的威脅，也就是兩國疑心已久的昔日盟友約瑟夫・史達林（Joseph Stalin）。但早在他們拿定主意如何對付此人以前，蘇聯間諜已經竊取英美核子情報，以滿足史達林稱霸全球的野心。於是在一九四六年初，英美當局迅速重整原先訊號情報機制《英美協定》（UKUSA Agreement），以便在冷戰啟動之刻拓展兩國的全球勢力，並擴大執行情報任務。為了讓情報涵蓋範圍更廣，英美兩國在十年後納入加拿大、澳洲與紐西蘭等國，借助這些國家的地理優勢填補全球監視上的真空，不分晝夜監控。五眼聯盟於是成形。

這項祕密合作關係從原先的訊號情報分享，日後演變為有另一個平行但不明文的協定在規範中情局、軍情五處、澳洲安全情報局（ASIO）與加拿大皇家騎警（RCMP）等人員情報單位與執法單位，使得間諜戰大為改觀。儘管聯盟之中有些人員情報（HUMINT）單位早在訊號情報（SIGINT）協定簽署前即曾經合作，然而最傑出的任務成就，卻是在人員情報與訊號情報兩邊更緊密配合後，才獲得實現。

五眼聯盟協力合作，在冷戰期間透過監聽與情報員部署，從事情報面的武器競賽；引渡並刑求關在關達那摩（Guantanamo）的人犯；與伊斯蘭國作戰；阻止中俄兩國干預西方民主國家內政；並協助烏克蘭抵禦二〇二二年俄國的入侵。聯盟背後的關鍵，是有一群性格複雜且偶爾帶著缺陷的人物，其成敗主導了五眼聯盟成立以來的演進。人物性格正是本書的特色，我想探討的是人物故事，不是泰半尚未解密的相關政策。

我會先從一九三〇年代末談起，介紹一名當上情報頭子的英國警探，是如何促成軍情五處與聯邦調查局的首次交流。其他人的故事也很精彩，像是一名曾在美國東南方維吉尼亞州鄉下執教鞭的家政老師，協助打造極為有效的反制蘇聯計畫；在匈牙利革命期間唯一留在當地的中情局情報員；以及澳洲一名從政壇轉換跑道的外交官密報，是如何促使聯邦調查局對俄國干預二〇一六年美國總統大選一事展開調查。本書還會介紹數十多位人物，每個人的故事均引人入勝。

五眼聯盟一方面可以看成是一群具有共同價值、語言相通且目標一致的兄弟結盟，歷來成就包括打倒蘇聯、對抗伊斯蘭恐怖主義，以及揭發俄國干預唐納・川普（Donald Trump）的總統選戰等。但另一方面，聯盟也像是不具約束力的形式婚姻，成員各懷鬼胎，情報計畫互相拉扯，儘管聲稱成員平起平坐，權力卻是極度失衡且偏袒美國。

即使五眼聯盟在二十世紀後半葉的重大事件上，扮演重要角色，其存在卻遲至二〇一〇年、將近一甲子後才為世人所知，且對外公布的文件多達三分之二內容遭到刪節，呈現空白。最近這十年，我一直在探討它是如何運作，先是在任職調查報導記者期間與情報聯絡人及情報頭子交流，接著花兩年時間深入梳理歷史文件，採訪超過一百名現任與卸任情報人員、外交官與偵查員，以及從事密碼破譯與情報臥底的傳奇人物的家屬。我也採訪各國領導人，如英國前首相德蕾莎・梅伊（Theresa May）與大衛・卡麥隆（David Cameron），以及澳洲前總理茱莉亞・吉拉德（Julia Gillard）與麥肯・滕博爾（Malcolm Turnbull）。我想了解在這個變化莫測的世界中，情報、外交、科技與地緣政治的衝擊交會，是如何影響民眾生活中愈來愈重要的國家安全。我也好奇政治領導人以情報收集作為謀求私人利益的武器，像是川普總統持續支持俄國當局，不支持聯邦調查局及中情局，究竟是如何破壞五眼聯盟各機關的誠信與獨立地位。

五眼聯盟是由多個自主組織組成，不盡然每一件事情都有共識，經常會因為各國在政策、法律與政治上的特殊性而運作不順。紐西蘭曾經因為反對美國的核子政策而遭到聯盟局部封殺超過二十年。英國在冷戰期間一度違逆美國，執意將蘇聯間諜驅逐出境，導致美方暫時終止分享情報。美國中情局則是被指控在一九七五年策劃推翻澳洲總理高夫・惠特蘭（Gough Whitlam）。加拿大不願意參加以美國為首的伊拉克入侵行動，且有一名該國海軍軍官變節為俄國間諜，危害全體聯盟的情報任務。澳洲則是和美國聯手逼迫英國不再與中國電信公司華為來往。即便如此，五眼聯盟仍然存續，比各個政黨執政的政府還要長壽。

讀者可能會發現本書故事的重心不太平均，原因是英美兩國情報合作的資料比其他三個國家更容易取得。這兩個五眼聯盟創始國創立情報組織（特別是人員情報單位）均早於澳洲、加拿大與紐西蘭（從聯盟成立時的文件名稱《英美協定》即可看出）。最少資料在談紐西蘭在聯盟中的角色，因為紐國貢獻最少，儘管它在地理位置上有其重要性。

五眼聯盟大部分重要的情報單位發展史，外界已經著墨甚深，若要在這本以五眼聯盟為主題的書中仔細介紹各個成員單位，肯定會卷帙浩繁。因此，我會擇選幾個我認為在有意無意間對五眼聯盟偉業有卓越貢獻的人與情報機關，來做介紹。

理查・克爾巴吉
二〇二二年七月

第一部

起源

第1章 關鍵密報

一九三七年冬，數千人在漢堡港上下貨船與客船，只見港內泊船如織，笛鳴震耳，陣陣傳來海水漂著燃油的味道。對於在地人潔希・姚丹（Jessie Jordan）來說，這座十二世紀海港的風貌，自是再熟悉不過，它是歐洲中部最重要的跨大西洋貿易及觀光樞紐。然而，潔希卻想逃離這份熟悉，離開定居三十年的德國家鄉，去其他地方展開新生活。她與女兒瑪佳（Marga）及同名的孫女道別後，獨自在二月二日抵達港口，及時趕上開往出生地蘇格蘭的船班。當天後來發生什麼事，只能靠潔希前後不一的說詞與不太可靠的回憶拼湊起來。說法之一是，潔希從乘務員那邊得知汽船要晚一天才會出發，便離開港口寄宿在好朋友的家。另一個說法則是，她聲稱在前往碼頭途中，被人人聞之喪膽的兇狠祕密警察蓋世太保（Gestapo）官員攔下。總之，因為一時去不成蘇格蘭，最後被德國軍事情報局（Abwehr）吸收。該局是為希特勒執行反情報與破壞任務的德軍單位。潔希四十九歲，已作祖母，體格健壯，留著銀灰厚髮，容貌並不突出，不易被人認出的這一點是優勢，有利從事情報活動。另一個被德國軍情局看上的明顯優勢，在於她有英國背景，身分認同也很模糊。

早在一八八七年十二月潔希出生前，潔希的父親威廉．佛格森（William Ferguson）便拋家棄子。她從離開格拉斯哥婦產醫院起，先由外婆照料五年，才由母親伊莉莎白．華勒斯（Elizabeth Wallace）接手照顧。此時，母親已改嫁一名膝下多子的鰥夫約翰．海鐸（John Haddow），從夫姓。潔希出生時，冠的是母親的姓氏，而非缺席的父親的姓氏。母親改嫁後，潔希便從原本的華勒斯，改姓海鐸。伴隨這股身分認同轉換的不安定感覺，在她年少時如影隨形，直到她因為受不了母親家暴逃家。母親因為婚姻不幸，拿她出氣。

一九〇七年，潔希在丹地（Dundee）當房務員時，認識德國服務生卡爾．佛里德里．姚丹（Karl Friedrich Jordan），人生出現轉折。兩人相戀，潔希隨他移居德國，五年後結婚，改冠夫姓姚丹，入籍德國，丈夫卻在一九一八年七月命喪西部前線，獨留她與四歲女兒相依為命。不到兩年，潔希的美髮事業起飛，也找到第二春。然而，和鮑爾．邦卡登（Baur Baumgarten）這位德國佬的婚姻僅維持三年，便回復原本姓名潔希．姚丹，餘生不再改姓。

潔希想當間諜，可不像是人生前後冠上四個姓氏如此簡單，而是身分認同的大轉變，是改變自己的效忠對象，不只背叛出生母國，背叛兩個前夫所屬的猶太人群體，也背叛她賴以維生且飛黃騰達的猶太人們。她在漢堡經營的三家髮廊，光顧的絕大多數是猶太女人。其中一個女人曾向自己的女兒表示願意「為德國犧牲」，潔希則表示從來不認為這個歸化的國度是自己的家鄉，德語說得不流利固然是原因之一，但最主要原因，還是因為第一次世界大戰後反英情結高漲，每當被人「刻意惡意針對」時，總是讓她覺得被排擠，雖然這已司空見慣。

她只不過希望「安穩過日，別讓女兒瑪佳的成長過程比自己當年更辛苦」。

德國軍情局在吸收潔希以前，是否了解她動盪的人生經歷，不得而知。總之，他們於一九三七年二月初，在漢堡港以北十三公里處局內訓練她基本情報技巧，像是如何不動聲色收集英軍設施的基本情報，也允諾將打賞她。不過，金錢不是潔希這麼做的主要動機，而是因為愛看懸疑小說，覺得當間諜很刺激。加上她遷居蘇格蘭的號稱動機又可做為絕佳掩飾，說是住在蘇格蘭中部伯斯同母異父的弟弟威廉．海鐸（William Haddow）喪妻，她才會去當管家。二月底，她以完美假身分抵達蘇格蘭，號稱是要到這個久違三十載的國度開啟人生新篇章。威廉與瑪佳都不知道，這個潔希自認從孩提到年少時期帶給她苦難的國家，竟然將成為她試驗情報身手的地點。

潔希迫不及待要以美髮師的假職業展開行動，所謂假身分，指的是情報員避免惹人起疑所設定的表面身分。她在報紙上看到喬麗髮廊的頂讓廣告，便於當年夏天到蘇格蘭東岸丹地查看髮廊，地點位於金洛克街一號。她想擴大髮廊營業項目，增加按摩與美容服務。這間髮廊距離南邊福斯灣（Firth of Forth）海軍設施四十英里，福斯灣是個河口，軍艦在此停泊與維修。潔希想刺探的軍事設施之一，是法夫尼斯（Fife Ness）的海岸巡防站。

即使年紀將屆五十，潔希的幹勁不輸年輕創業者，為了要在蘇格蘭開展新事業，不惜在這個「勞動階層地區」不起眼的髮廊賭一把，和髮廊業主的出售委託人派崔克．羅賓斯（Patrick Robbins）碰面不久，便買下髮廊。整間店面的裝潢與商譽價值合計不過二十五英鎊，她卻很乾脆地以兩倍開價。羅賓斯透露，看得出她「非買這間店不可」，於是他就像個精明商人惜售，等她出更高價。經過一番討價還價，潔希以七十五英鎊買下，而且是以五元紙鈔支付，聲稱這筆錢是跟她住在威爾斯的阿姨借來。

店面在一九三七年九月七日易主經營，此時她已搬到蘇格蘭七個月。多數時候，她搭乘客運往返伯斯與店面，來回路程四十英里，宛如對美髮事業有熱誠與執著。為了隱瞞自己在從事情報任務，她聘請助理在她不在的時候顧店。其中一名助理是髮廊之前業主的嫂子瑪麗・柯蘭（Mary Curran），她很熟悉客人。柯蘭有所不知的是，潔希遊走蘇格蘭、英格蘭與威爾斯等地，為德國軍情局聯絡人繪製和拍攝國防設施。

柯蘭覺得潔希某些怪癖很有趣，像是嗜飲咖啡，以及晚餐愛吃魚。但令這名中年助理不解的是，潔希的英文有些奇怪，例如某次聽到她說想將店名取為髮廊姚丹。柯蘭認為取名為「姚丹髮廊」比較通順，潔希也認同。如此「顛倒語序」，加上店內四散的碎紙片，其中一片寫著「齊柏林飛船」（Zeppelin）引起柯蘭好奇。她不懂，為何常披長毛大衣、頭戴羽毛寬帽且注重流行的美髮師，會對軍事（特別是兵營）如此著迷，每次遠行時交代她顧店。直到潔希十月去了趟漢堡，終於讓她由好奇轉為起疑。潔希在德國待了幾天後，帶著女兒瑪佳回來。瑪佳已二十三歲，是訓練有素的女高音歌手，志在登上漢堡歌劇院舞台演出，卻因希特勒的反猶行動受挫。瑪佳的感情路與母親一樣差，一九三四年生下女兒不久，便與第一任猶太人丈夫離異，嫁給另一名猶太人，這更讓納粹當局懷疑她「有猶太血統」。為消除當局的疑慮，瑪佳來到蘇格蘭，希望取得祖父（母親尚未出世便離家出走的人）是蘇格蘭人的血緣文件證明。潔希自己從小是苦過來的，自然更渴望能讓女兒出人頭地。

然而，潔希這趟德國行，目的不只是為了幫助瑪佳。讓柯蘭起疑的是，潔希帶回比當初買下店面多出四倍、約三百英鎊「裝潢鉅款」，甚至炫耀順利偷渡美髮用品卻沒被海關發現，誇口「動動腦袋就很簡單」。正當潔希說得口沫橫飛，她發現柯蘭跟客人說自己去德國的事，頓時怒不可遏，警告柯蘭「不得讓人知道」她出遠門的事情。這是潔希從事情報工作犯下的大錯之一，也就是違背聯絡人所吩咐的勿啟人疑竇。

隔月，潔希再度前往德國，又要柯蘭顧店，這讓柯蘭覺得不尋常，畢竟這個女人已經與德國斷絕關係，為何要這麼常回去。柯蘭於是將潔希遠行一事告知羅賓斯，也就是當初安排髮廊交易的人，羅賓斯輾轉通知丹地警方。潔希是德國間諜嗎？警方雖然對柯蘭提供的資訊半信半疑，還是安排臥底人員接觸潔希。丹地市警察局局長在調查檔案上提到，「為確認資訊是否屬實，指派一名女警和髮廊預約做美髮。她與姚丹女士碰面，對方告知可以預約一九三七年十一月十九日。當女警告知當天無法前往時，姚丹女士便表示要到十一月二十九日才有空，因為這段期間都預約滿了。實情並非如此，因為根本沒有任何預約。」一九三七年十二月七日夜晚，柯蘭憑直覺翻找潔希放在髮廊的皮包，發現潔希對軍營如此有興趣其來有自，裡頭有一張蘇格蘭與英格蘭的地圖，並以鉛筆標記法夫尼斯岸巡站及蒙特羅斯（Montrose）軍營等軍事設施所在位置，標記之詳盡，不像是軍事迷的行為。柯蘭遂將地圖藏在衣服底下，偷偷帶出髮廊，由羅賓斯轉交丹地警方。期間潔希未對柯蘭起疑，也未曾想到要去找這張地圖。柯蘭最後物歸原處時，警方已將此事通知負責英國國安與反情報調查的軍情五處。

軍情五處的前身是成立於一九〇九年的祕密勤務局（Secret Service Bureau），旨在應付來自德國的國安與經濟威脅。德國在皇帝威廉二世的統治下，野心勃勃想在經濟與軍事上稱霸，以躋身世界強權，此舉卻會危害歐陸的和平與穩定。英國與歐陸僅一水之隔，難憑英吉利海峽阻絕威脅，故委由祕勤局的國內部門（日後命名為軍情五處），於第一次世界大戰前夕與作戰期間，調查德國的情報活動。軍情五處在首任處長維農・凱爾爵士（Sir Vernon Kell）陸軍少將任內，獵捕間諜勳績卓越。一九一四年，英國加入戰局前夕，軍情五處對德國海軍情報單位「通訊司」（Nachrichten-Abteilung）策劃一場逮捕行動，逮獲二十二名幹員疑犯。其中一名幹員是卡爾・古斯塔夫・恩斯特（Karl Gustav Ernst），別名為「德皇的信使」，負責掌管德國情報頭子與潛伏英國的情報員之間的通信。恩斯特在被逮捕之前，一直冒充理髮師，在北倫敦的髮廊工作。隨著戰爭結束，德國威脅大抵停歇，等著軍情五處的，卻是另一場攸關自身存亡的拚搏：為了節省經費，軍情五處被要求與從事外國情報的軍情六處合併。這場官僚之仗雖是打贏了，軍情五處經費卻嚴重不足，紀錄顯示一九三〇年代末該處人員僅二十六人。其中一人是「B分部」（B-branch）副主管蓋伊・李鐸（Guy Liddell），此人擅長圍捕納粹與蘇聯間諜，偶爾也招募諜員。李鐸領導整個安全勤務核心調查單位，透過與線民合作、監聽、截郵與跟監等方式從事任務。

李鐸在第一次世界大戰期間擔任皇家野炮軍官，殊勛茂績，獲授軍功十字勳章。隨後在蘇格蘭場倫敦警察廳工作十二年，並於該廳職司國家安全的特別部門負責調查蘇聯共產黨人的顛覆活動。一九三三年，即李鐸加入軍情五處的隔年，他研判德國軍情局在希特勒掌權後，已從一個反情報勤務為主，成為積極從事海外情報的單位，對英國威脅與日俱增。據他推測，德國軍情局不斷在英國招募幹員，從事活動。果然，一九三七年夏天他們截獲一封寄往漢堡郵政信箱六二九、收件人是「桑德斯」的郵件，證實他們的疑慮。軍情五處早在一年前即接獲英國雙面諜的警示，知道這個德國地址是納粹情報員用來和漢堡那邊聯絡人通訊的郵政信箱，便向內政部申請搜索票，全面監控寄往這個地址的郵件，凡收件人為「桑德斯」的郵件一律截收，拆封瀏覽並複印。一九三七年六月，他們截獲一封未署名的郵件，裡面提及英格蘭東南方的艾爾德夏衛戍城的軍營及軍官康樂中心等資訊。李鐸手下深諳德語的威廉・愛德華・亨奇利庫克（Edward Hinchley-Cooke）陸軍上校研判，這封蓋有威爾斯塔爾加斯戳印的郵件是「蹩腳的情報行動」，便讓郵件繼續寄到原本的漢堡目的地。

從軍情五處的備忘錄可以得知，「大約一個月後，從寄到相同地址的另一封信，得以判斷前一封寫信者的身分」，線索就在主信封袋內的第二個信封，裡面的信件提到後續一場納粹幹員會面的指示。更引人注意的是，第二個信封上的地址未完全拭除，寫著伯斯布萊德阿爾班尼地台街十六號，也就是潔希和同母異父的弟弟威廉同住的屋子。

儘管軍情五處憂心德國在英國境內從事情報活動，當時執政的保守黨政府卻無意積極面對。早在內維爾．張伯倫（Neville Chamberlain）於一九三七年五月接替史丹利．鮑德溫（Stanley Baldwin）出任首相前，軍情五處已經提醒張伯倫留意納粹威脅，張伯倫卻鑒於第一次世界大戰已讓英國損失一整個年輕世代，加上一九三〇年發生經濟大蕭條，全國深受衝擊，無意和希特勒在軍事上作對。部分內閣首長如外交大臣安東尼．伊登（Anthony Eden）不滿張伯倫姑息希特勒，憤而辭職，張伯倫首相卻不為所動，要一直到一九三九年九月英國對德意志第三帝國宣戰，立場才改弦易轍。

儘管張伯倫選擇姑息，軍情五處對納粹間諜的調查仍然持續進行，協同警方監視潔希的一舉一動，包括她往返利斯（Leith）的火車行程，利斯是「克爾蘭德號」（Courland）汽船開往漢堡的出發港。此外也關注她收發郵件的頻率，他們會截收其信件，封口以蒸汽燙開後，將內容拍照。軍情五處在一九三七年底調查期間，發現潔希收到的信件與包裹來自法國、荷蘭、南美洲與美國，且「所有實體文件都是寄到姚丹女士位於丹地金洛克街一號的髮廊」，唯獨一封裝有五英鎊的信是寄到她位在伯斯布萊德阿爾班尼地台街十六號的家。這些信件與包裹似乎都不是給她的，她只是個管道，軍情五處稱她為「一個信箱」，負責將郵件轉寄給德國情報單位與旗下位於其他國家的情報員。德國軍情局透過這種做法降低幹員被捕風險。

軍情五處擔心潔希是「德方『潛伏』計畫一份子，開戰時會展開行動」。

潔希轉傳的數十條德國情報訊息中，連續幾封信件的寄件人是「皇冠」。其中一封日期是一九三八年一月十七日，內容提到某個邪惡卻不自量力的計謀，打算竊取美國軍事機密，要從紐約多登堡（Fort Totten）軍事基地司令伊格林（Eglin）陸軍上校那邊取得「美國大西洋沿岸防禦機密計畫」。根據「皇冠」的提議，會在曼哈頓一間飯店召開「辦公人員緊急會議」，請上校帶來防禦計畫，由「皇冠」現場「壓制」上校，「強行」奪取文件。李鐸聽完處內調查人員的報告後，雖嫌計謀「過於粗糙」，卻不敢等閒視之。他深思這會對處內執行中的調查造成何種影響。倘若經由美國駐英大使館向美方政府密報，可能會破壞軍情五處正在進行的潔希調查案，也不能確保皇冠會被逮捕。皇冠究竟是誰，迄今他們仍然一無所知。將近兩週後，李鐸與部下做了一個決定，這個決定除了進一步強化與革新英美兩國情報分享的根基，也在無意間為日後全球最強大情報網的五眼聯盟立下基礎。

古恩特・魯姆李希（Guenther Rumrich）十八歲進入美國陸軍服役時，年紀雖輕卻早已周遊列國，因為他的父親是外交官，曾被外派匈牙利、俄羅斯與義大利。魯姆李希年少時，泰半與奧地利裔的雙親待在歐洲，直到一九二九年底才返回出生地美國入伍。比起以前習慣的生活模式，如今得靠每月三十美元的薪餉度日，變化可謂巨大。當兵才八個月，他已負債累累，一度逃兵，後來在一九三〇年八月向上級自首，遭軍事法庭判處六個月徒刑。服刑之後，魯姆李希決定認真當兵，長官也注意到他有改變態度，不久便讓他升上中士。

論能力與體格，魯姆李希屬中等之輩，個人檔案提到他「身材中等，髮色深褐，眼睛褐色」，膚色「紅潤」，先後於總督島、布魯克林漢密爾頓堡軍醫院、巴拿馬運河區克萊頓堡軍醫院及蒙大拿州密蘇拉堡等地服役。在軍醫院服役的六年期間，魯姆李希發現軍方重視體格資料，也盡力保護。體格資料的重要性不僅在於列出個人病史、驗血紀錄與體能鑑定，更象徵軍隊總員額中可實際運用的人力，也就是作戰的妥備程度。

一九三七年，一場軍事妥備會議在紐約市召開的前夕，魯姆李希需要取得美國陸軍感染性病情況的數據。陸軍這十年來飽受性病折磨，許多弟兄因淋病與梅毒引起併發症無法正常服役（如不孕、心臟病、眼盲與癱瘓）。性病是當時僅次於呼吸道疾病的住院主因。魯姆李希電洽布魯克林漢密爾頓堡醫療單位，向值班人員表明自己是陸軍軍醫官，忘記將放在華府辦公室的性病數據資料帶來。值班人員不敢不從，隨即遣兵將指定文件趕在會議召開前送到曼哈頓泰夫特飯店給他。該值班人員與信差並不曉得，魯姆李希已經不是美軍人員。早在約兩年前，他就已經二度擅離部隊，改效力德國軍情局。

魯姆李希是美國人，又有軍事背景，對於想在美國擴大情報活動的德國軍情局來說，是夢寐以求的吸收目標。一九三五年，德國最重要的情報員威廉・隆考斯基（Wilhelm Lonkowski）被捕，使德國對美國的情報活動遭遇極大挫敗。隆考斯基在第一次世界大戰期間是飛機機工，被德國軍情局吸收後，持假護照潛入美國刺探西屋公司（Westinghouse Corporation）的飛機引擎及新科技研發與測試資料。其任務是要實現希特勒抄捷徑讓德國趕上美國技術水平的野心，藉由竊取抄襲美國國防機密與產品設計圖，讓德國在軍事上佔上風。由於隆考斯基待過航空業，有相關工作經驗，於是順利進入紐約長島的愛爾蘭飛機公司工作。往後五年他一邊工作，一邊指揮兩名軍情局幹員奧圖・沃斯（Otto Voss）與維納・古恩登柏（Werner Gundenberg）竊取機敏技術，包括飛機防火設計圖及領先全球的空冷引擎設計圖，幾年內不動聲色將機密資料傳回柏林，直到一九三五年帶著實驗中的轟炸機藍圖與機敏資料返回德國時，才被美國海關攔下。然而海關認為資料不重要，便將他釋放，他便借道加拿大逃到歐洲。

魯姆李希不像隆考斯基是基於稟賦被軍情局物色的，他化被動為主動，在一九三六年自告奮勇從事任務。此時，他剛娶蒙大拿州的少女桂芮・布隆奎斯特（Guiri Blomquist）為妻，新婚未滿一年，準備生第一個孩子。自從讀到德軍情報頭子瓦爾特・尼可萊（Walter Nicolai）上校描述自己在一次大戰從事冒險任務的著作，魯姆李希深受啟發，不甘只當顧家男人，便於一九三六年四月初透過柏林的《人民觀察家報》（*Völkischer Beobachter*），寫信聯繫尼克萊上校。《人民觀察家報》是希特勒掌控的報社，向來是納粹黨的喉舌。魯姆李希在寫給報社的信中佯稱自己是能夠取得機敏資訊的高階美軍軍官，卻不提供自己的聯絡方式，而是吊軍情局的胃口，要他們去看《紐約時報》公示資訊版的一則廣告，再和他聯絡。廣告寫著：

「致希奧多·克納（Theodore Kerner），信函收訖，請惠覆郵寄地址至：德國漢堡六二九號郵政信箱，桑德斯收。」軍情局收到魯姆李希來信後，安排他五月三日在紐約市與幹員會晤。幹員勢必認為魯姆李希不太尋常，愛冒險且渴望證明自己有從事情報的能耐。實際上也確實如此。

魯姆李希為德國情報單位獲取機敏程度不一的資訊。他會在紐約港的酒吧與毫無戒心的水手及跑船商人混熟，一點一滴收集貨船與戰艦動向等資訊，回報德國。他甚至順利獲悉紐約預定部署防空武器的資訊，並且著手吸收他人。在紐約米切爾基地擔任陸軍航空軍團二等兵的艾瑞克·葛萊瑟（Erich Glaser）被他策反，協助魯姆李希取得陸、海、空軍的代碼與密碼，魯姆李希再將成果以郵寄或透過約漢娜·霍夫曼（Johanna Hoffmann）轉交德國。霍夫曼在每週橫渡大西洋的歐羅巴郵輪船上當理髮師，實際上是德國軍情局臥底幹員，負責傳送納粹在德美兩地情報圈的訊息、錢財與軍事機密。紐約所有納粹細胞組織的成員，連同魯姆李希在內，都由曼哈頓上城東區產科醫師兼區域情報頭子伊格拿茲·格里布（Ignatz Griebl）領導。

當了兩年納粹情報員，加上順利取得軍中性病感染規模醫療資料，魯姆李希變得躊躇滿志，不僅故技重施，還加碼演出，冒充比原本高階軍官更高層的人物。一九三八年二月十四日，他從中央車站電話亭致電紐約領務局，待對方接起電話，便模仿美國國務卿柯戴·浩爾（Cordell Hull）的語調，指示領務局送三十五本空白護照到曼哈頓麥克艾本飯店。如此不自量力的演技，旋即被話筒另一端基層職員看穿。魯姆李希犯了幾個錯誤，其中之一是真正的國務卿當時人在華府，不在紐約。

魯姆李希指示的包裹後來有被送去，只不過被動了手腳。裡面放的不是空白護照，而是空白護照申請書，這無助於納粹情報頭子讓底下情報員假冒美國人到歐亞等地出任務。雪上加霜的是，送交包裹給魯姆李希不是別人，正是國務院派出的調查員及紐約警方。他們逮捕魯姆李希，魯姆李希卻主張取得空白護照申請書並未犯法，唯一犯法的是模仿浩爾。雖然這個行為足以將他定罪，國務院卻認為這太難堪，且會帶來麻煩。眼前有兩條路可以選擇，一條是讓軍方知道這個擅離職守的人現在關押在看守所等待受審，另一條路則是釋放他。

🗀

總督島位於下曼哈頓與布魯克林水岸之間，美國陸軍情報單位Ｇ２助理參謀長喬．道頓（Joe Dalton）少校在島上軍事基地審問了魯姆李希。道頓很早就看到美國駐英武官雷蒙．李伊（Raymond Lee）上校的公文，內容提到有人要對長島北岸多登堡基地司令官伊格林陸軍上校圖謀不軌。李伊的情報來自英國軍情五處兩週前在蘇格蘭截獲的信件內容，信是由代號「皇冠」的幹員寫的，上面提到打算「假借總司令侍從官名義發出假訊息……要他前往麥克艾本飯店出席緊急參謀會議」——這個地點就是魯姆李希指示將空白護照送達的飯店。信中還提到，屆時會「盡量留下蛛絲馬跡，讓人以為這是共產黨人所為」。

軍情五處將這份情報交給李伊上校時，要他保證「屆時若根據該情報採取行動，絕對不能透露情報來自英國。」儘管寫信者的真實身分不明，軍情五處推測是「不明德國情報員（任何國籍都有可能，畢竟英文造詣甚高）」所為。美方逮捕魯姆李希後，在他的公事包內找到一張紙，上面潦草提到「皇冠」策劃的相同陰謀。經過道頓少校的質問，魯姆李希坦承參與這場陰謀，「皇冠」是他從事情報任務時使用的十餘個假名之一。

一九三五年，魯姆李希被捕的三年前，美國司法部旗下一個全國犯罪打擊組織更名為聯邦調查局（Federal Bureau of Investigation, FBI）。聯邦調查局的前身是一九〇八年在老羅斯福（Theodore Roosevelt）總統任內成立的調查局（Bureau of Investigation），旨在調查各式犯罪活動，如土地詐欺、強迫勞動與著作權侵害，也曾調查一九〇一年威廉．麥金利（William Mckinley）總統遇刺背後的無政府暴力活動。調查局的執掌項目與日俱增，更因一九一九年暗中監視並收集左翼極端份子、無政府主義者與共產黨人個資與團體資料，而招致惡名。由於憂心共產主義在美擴散，全國掀起「恐紅」（Red Scare）浪潮，新任司法部長亞歷山大．米契爾．帕莫（Alexander Mitchell Palmer）指示調查局成立一般情報部（General Intelligence Division），由前司法部律師約翰．艾德加．胡佛（J. Edgar Hoover）坐鎮指揮。胡佛的特務在帕莫支持下，一年內在全國各地掃蕩，大肆逮捕並痛扁上千名可疑共黨人與激進份子，還有人在沒有罪名的情況下被拘禁數月、挨餓，甚至遭到刑求。這場「帕莫掃蕩」，讓授意的帕莫本人遭到國會議員、公民團體與媒體非議，胡佛反倒全身而退，並於一九二四年當上局長。

聯邦調查局在弭平顛覆份子與無政府主義者等國內威脅方面，確實經驗豐富，但相較英國軍情五處，主力仍放在處理兇殺、銀行搶劫與綁票等案件，而非反情報任務。相較於從二十世紀初就一起偵辦刑事案件的加拿大皇家騎警，軍情五處像是大西洋另一端的遠親，雙方只是因為同盟國的關係有連結，而非因為共同從事任務。早在一九一九年，加拿大皇家騎警便派員駐點華府，「開啟資訊交換管道，並在當地與美國部會聯繫」。有些騎警人員甚至赴聯邦調查局訓練所受訓。雙方單位不僅彼此熟悉，也有調查方面的共同利益，遠勝於美國當時經由大使館與英國聯繫的外交管道。儘管如此，這兩個單位與軍情五處的最大差異，不在地理上相隔遙遠，而在於軍情五處擅長收集情報，也有反情報經驗。美加兩國則是從未設置這種單位。

在軍情五處告知納粹要對伊格林陸軍上校圖謀不軌以前，英美兩國情報交換向來零星。在第一次世界大戰期間，兩國情報交換主要是透過軍情六處駐美代表威廉·懷斯曼爵士（Sir William Wiseman）。英美之間最著名的一次密報，來自一九一七年、將近二十年前英國海軍訊號部門「四十室」（Room 40）的貢獻，當時截獲並破譯一份名為「齊默曼電報」（Zimmerman Telegram）的德國外交電報，得知敵國企圖與墨西哥軍事結盟以侵害美國主權。英國的密報最後促使美國參戰。

一九三〇年代美國與加拿大境內都有法西斯運動，有些支持希特勒，執法單位卻不認為構成國安問題，直到一九三八年一月底收到軍情五處有關魯姆李希的密報，才全面改觀。

聯邦調查局局長胡佛知道魯姆李希被捕，但認為陸軍、紐約市警局與國務院等數個單位都對此案有調查權，管轄上很麻煩，起初不願意由調查局主導偵辦，但最後還是讓步。一九三八年二月十九日，他將案子交給紐約調查站的幹員里昂・德魯（Leon Turrou）負責。

德魯深諳俄語、德語等七種語言，擅長突破他人心防，任職調查局九年來經手約三千個案子，抓過綁匪，也緝拿過逃犯。他三十八歲，比魯姆李希歲數大一輪，且胸懷大志。德魯很快就發現，魯姆李希不單純是笨拙的逃兵，更是納粹複雜情報圈的一份子，儘管美國堅守中立，希特勒卻對美國不懷好意。美國為了避免介入歐亞地區即將發生的軍事衝突，在一九三五年通過《中立法》，規定禁止出售「武器裝備與彈藥」給外國。這次破獲納粹情報圈除了引起檢討該法的聲浪，也預示一九三〇年代晚期到一九四〇年代初期，情報會深深影響小羅斯福（Franklin D. Roosevelt）總統的外交政策。

就在聯邦調查局擒獲魯姆李希的同時，軍情五處偕同丹地警方在一九三八年三月二日突襲潔希的髮廊。軍情五處原本已掌握對她不利的證據，例如寄到店內被截獲的信件，如今亨奇利庫克上校又在店內找到軍事設施草圖，增添一例證據。潔希被捕後三週，軍情五處派李鐸到美國與加拿大收集情報，並且協助美國聯邦調查局偵辦魯姆李希一案。李鐸此時擔任處內反情報單位副首長，論資歷，比他更有資格從事此次任務大有人在。但是他擅長出任務，且是內定的B分部接班人選。他再幾個月就四十六歲，能夠有如此成就，得歸功於出色的研析力、國安威脅判斷力、募才能力，以及啟迪年輕幹員的本事。個子雖然不高，其貌不揚，卻充滿自信，言談機智，愛模仿別人而不畏他人眼光。搞笑之餘，他的文化素養也頗高，擅長音樂，若改當職業大提琴手，肯定和瓦解情報網一樣出色。

一九三八年春，李鐸抵達美國，三月二十五日受邀出席國務院會議，當時胡佛人不在華府。李鐸與國務院掌管政治關係的主管詹姆斯．鄧恩（James Dunn）交換意見的當下，便在思忖國務院與聯邦調查局長久以來的權力鬥爭。兩個部會都在爭取成立反情報組織的經費，特別是上個月魯姆李希才在紐約落網。看得出來，鄧恩很想配合軍情五處成立情報交換平台，除了針對納粹間諜，也可以掌握親義大利總理班尼多．墨索里尼（Benito Mussolini）法西斯份子的威脅情報，而墨索里尼與希特勒是哥倆好。李鐸在日後報告這次美國行時提到，「鄧恩先生急於針對目標對象交換資訊」，不想讓聯邦調查局與軍隊參與。「顯見美國國務院意圖全權掌控。我感覺到他們的態度是：『最好別讓軍警自行其是，不加以把關的話，可能會帶給我們政治麻煩，國會的反彈會很棘手。』」

李鐸附和鄧恩，但未給任何承諾。他看出未來若要假手國務院偵辦反情報案件，會問題重重，因為國務院人員「最多只能掌握護照持有人的身分」。所以他強烈認為交給聯邦調查局與軍情單位辦理比較合適，也比較不會讓事情政治化或破壞調查。李鐸外交算計之旅的下一站，是到紐約總督島與道頓上校會晤。曾經親自審問魯姆李希的道頓，深知李鐸與其所屬單位的重要性。李鐸不僅事後提到這名軍官「有意未來和我方展開合作」，更重要的是李鐸承認在讓美方知道這次麥克艾本飯店的陰謀上，軍情五處發揮關鍵作用。他寫道：「若非我方提供訊息，這些真相可能會永遠石沉大海。」揪出涉嫌魯姆李希間諜案「二十餘人」的聯邦調查局特別幹員德魯，也想拉攏李鐸，更分享自己的調查筆記給他參考。李鐸表示：「他毫無保留告訴我辦案細節。」

結束美國行後，李鐸前往加拿大，三月三十一日會晤史都華・伍德（Stuart Wood）上校等皇家騎警官員，發覺他們同樣擔心納粹間諜、義大利法西斯主義及共產主義的入侵。「加拿大人很注意納粹與法西斯份子的活動」，團體一舉一動都被皇家騎警的幹員緊盯。李鐸得知加國境內住有四十七萬五千名德裔人士，其中一半「支持祖國」。當地義大利法西斯份子則「企圖唆使義裔背景的英國子民背叛皇室，簽署誓言改效忠墨索里尼」。李鐸此行讓加拿大皇家騎警、英國軍情五處與包括聯邦調查局在內的美國官員一致更加深信，若要擊退外國威脅，分享情報是當務之急。李鐸這份十二頁報告最後一段提到：「應盡可能與華府的胡佛先生及他在紐約的代表們私下保持聯絡。」

一九三八年春，潔希在愛丁堡出庭，命運就此底定。她再也無法佯稱不知情，否認犯罪，也無法「趾高氣揚堅稱」自己無辜。比起前幾次聆訊（有時聆訊不對外公開）臉上始終掛著樂觀微笑，如今「嘴唇蒼白下屈」，供認不諱。據記者記載，她的「外表極其普通，不說不會有人懷疑她是間諜，她不是通俗劇會看到的深髮嫵媚女郎，而是淡髮年逾五旬的發福女子」。

眼見鐵證如山，難以開脫，潔希坦承自己是在美德國情報員與漢堡德國軍情局的中間人，也承認髮廊助理在她皮包找到蘇格蘭地圖上面的鉛筆紀錄，是她寫的。日後她也承認，這些繪圖對於敵軍轟炸機「十分重要」。針對起訴涉犯《官方機密法》的兩項罪名，她均認罪，包括刺探蘇格蘭東岸「岸巡站點與岸際防衛情形」，所獲資訊對「敵方有直接或間接助益」。起先她辯稱是被德國祕密警察蓋世太保所逼，要求為德國軍情局從事情報任務，因為軍情局發現她在去年二月準備遷居蘇格蘭，最後卻坦承是為了尋求刺激。女兒瑪佳壓根不曉得母親過著雙重人生，某次母親聆訊，她坐在法庭後方，哭得悽慘，母親卻無動於衷，「一臉漠然」，從未回頭看她給予慰藉。害女兒落得如此下場，潔希感到羞愧，卻似乎接納命運。她的資深大律師達菲士（A. P. Duffess, KC）向庭上表示：「據我觀察，她應該明白自己在本國或德國均無容身之處，唯獨牢獄。」又說：「五十一年前她出生時是棄子，如今因個人錯誤，以及命運之故，再度成為棄子，為母國與度過大半人生的國家所不容。」

一九三八年五月，法院依據《官方機密法》判處潔希四年有期徒刑。判決出爐後，她向記者表示：「坐在牢房裡，我發現當初這麼做，是因為我過得不快樂，愛找刺激，也喜歡變化。即使當初準時在漢堡上船，也不見得永遠不會在我出生的國家當間諜……夢想的結果竟是如此不同。這下子沒辦法像藝術家般用絲綢緞料創作，而要去製作郵袋和打掃牢房。」

潔希在愛丁堡被定罪的當月，德魯也破獲聯邦調查局首起情報大案，揪出十八名納粹間諜。先前二月，他從魯姆李希和幹員沃斯與霍夫曼的口中，獲悉該組織為德國軍情局竊取軍事與企業祕密的方法。儘管過去辦案有口皆碑，他卻不曉得間諜案子有細微不同之處，那就是間諜比普通罪犯更狡猾。偵訊結束後，他告知這些納粹嫌犯，五月會再傳喚他們出庭大陪審團應訊。由於這個不專業的舉動，讓其十四名嫌犯開溜離美，僅剩下魯姆李希等四名嫌犯在監。

聯邦調查局辦案糟糕，突顯德魯做事不力，讓原本備受敬重且被冠上美國執法沙皇惡名的胡佛，成為外界眼中的笑柄。聯邦調查局被德國軍情局擺了一道，胡佛斥德魯自私無能並開除他。此次間諜案顯示羅斯福總統執政的民主國家與希特勒的專制國家極度不同。民意受到這個案子影響，開始反對《中立法》，美國也從此在意識形態上與德國對立。航空間諜業沃斯與海上理髮師霍夫曼遭判處四年徒刑，魯姆李希與第十八偵察中隊二等兵葛萊瑟則遭處兩年徒刑。這四名獲判有罪的間諜，其中三人是已歸化的美國人，顯示有人甘願背叛國家效忠希特勒，引發外界疑慮。聯邦調查局被迫反省境內土生威脅，也認知到是時候開始訓練自家人反情報技能。

魯姆李希一案的挫敗，雖然象徵聯邦調查局早年反情報經驗不足，卻也是威廉・唐諾凡（William Donovan）勢力日漸龐大的開端，這位在一九二九年指派德魯到聯邦調查局任官的前助理總檢察長，和胡佛一樣是精明政客，深知打入羅斯福親密圈子的重要性。唐諾凡與羅斯福雖隸屬不同政黨，曾經互相敵對，唐氏最後仍然取得羅斯福的信任，仿效軍情五處的近親情報單位軍情六處，成立美國第一個情報單位戰略局（Office of Strategic Services, OSS）——即日後鼎鼎有名的中央情報局（Central Intelligence Agency, CIA）。協助唐諾凡成立該局的人，既非美國人，也非英國人，而是涉足沖壓鋼等多種投資事業、和情報沾不上邊的加拿大富商。

第2章　參照英國的情報建置

威廉·山謬爾·史蒂文森（William Samuel Stephenson）每次站上擂台等待鐘響開打，眼線位置僅勉強高過五英尺角柱。身形瘦弱的他，沒有蠻力可用，想佔上風就得靠躲避、捉摸不定、心機與耍詐。年輕時他便是靠著這招，在加拿大西邊老家溫尼伯打過業餘賽事回合，往後也成為他的人生招數。第一次世界大戰爆發後，他高掛手套去參軍，一九一六年被加國軍隊派往西線，在戰場上二度遭遇毒氣攻擊。儘管被軍醫判定「終生失能」，卻對病歷避重就輕，爭取轉往英國皇家飛行隊服務，成為戰鬥飛行員，並獲頒兩項軍事榮譽肯定，包括表揚轟炸敵軍軍隊與軍機的軍功十字勛章。一九一八年七月，他駕駛單人座駱駝雙翼戰鬥機，遭到法軍誤認射下，腿部中兩槍，俘於德國中北部布朗史維克（Brunswick）近郊維瑟河的霍茲明登（Holzminden），這是一處警備極為森嚴的設施。三個月後史蒂文森逃脫，並以書面報告詳述戰俘營的經歷。

上級將報告傳給英國皇家海軍負責破譯密碼的四十室。該部門成立於戰爭之初，旨在截收與破譯德方通訊。主管為海軍情報處處長威廉·雷吉諾·「信號燈」·霍爾（William

Reginald “Blinker” Hall）海軍上將，看完報告後，他對史蒂文森如此驍勇大感欽佩。戰後史蒂文森返回加拿大，一九二〇年代回到英國定居找尋商機。此時霍爾已暫時離開情報界，改投入政壇，兩人仍然保持聯絡。截至此刻，沒有跡象顯示史蒂文森注定要成為英國情報頭子。

史蒂文森出生時名為威廉・山謬爾・克勞斯頓・史丹格（William Samuel Clouston Stanger），母親來自冰島，父親為蘇格蘭人。父親逝世後，母親養不起他，便在他五歲時給史蒂文森一家收養。二十年後，史蒂文森來到英國，志氣比錢多，趁英國廣播公司（ＢＢＣ）在一九二二年剛成立、收音機需求即將大肆成長之際，投資兩家當地收訊器製造商，將銷售數千台家用收音機給英國廣播公司聽眾的收益，用於資助無線攝影品質與速度改良的科學研究。多虧這個事業，三十歲時已成為百萬富翁。其事業版圖更擴張全球，英國有底片製造公司與塑膠生產公司，巴爾幹半島有煤礦，羅馬尼亞有煉油廠。但讓他得知納粹德國軍事情報的，則是他在一九三〇年代中旬收購英國東南方牛津郡的沖壓鋼有限公司（Pressed Steel Company Limited），這對英國情報界非常有利，也因此讓他和霍爾上將變得更親近。沖壓鋼公司在汽車界居重要地位，為英國九成汽車品牌如摩里斯（Morris）、奧斯汀（Austin）、亨博（Humber）、希曼（Hillman）等生產車殼。就在史蒂文森頻繁往返德國物色材料的同時，霍爾成為保守黨後排議員溫斯頓・邱吉爾（Winston Churchill）的情報顧問。邱吉爾在一九二〇年代曾經擔任戰爭大臣與財政大臣等高階政務官，詎料一九三一年他的政黨在全國大選大勝，自己卻未獲任命部長職位。兩年前的經濟大恐慌令英國鋼材、紡織品與媒的出口銳減，三百萬餘人口失業，全國至今深陷政治經濟動盪。

志在成為救國偉人的邱吉爾，將心思轉向一九三三年希特勒掌權的德國，不斷提出納粹威脅的警告，歷任英國政府卻深怕被捲入另一場戰爭而持續姑息。儘管邱吉爾對第三帝國的強硬主張，引起其他政客嘲諷或斥為好戰，他仍一貫在公開場合與國會殿堂上，警告大家要提防希特勒。話雖如此，他無從取得官方情報以證實自己的納粹疑慮，只得透過民間獲取德國獨裁者的情報。身為顧問的霍爾知道史蒂文森因為沖壓鋼公司的關係，與德國有往來。這個時間點再恰好也不過，因為史蒂文森某次前往德國時得知多數德國鋼廠已經接獲希特勒指示要生產武器及彈藥。此舉違反《凡爾賽條約》禁止德國在第一次世界大戰後擁有軍隊以及萊茵蘭（Rhineland）去武裝化的規定，萊茵蘭是德國西邊緊鄰法國的工業地帶。希特勒在一九三六年三月下令兩萬兵力進軍萊茵蘭，征服全球的野心首度昭然若揭，侵略行動不只獲得墨索里尼支持，也不見英法兩國吭聲。

一個月後，史蒂文森表示已經取得萊茵蘭魯爾工業區鋼材廠資產負債表，上面顯示納粹當局已投入約八億英鎊資金在軍事準備工作，包括鋪設戰略道路。這位以倫敦為根據地的加拿大商人將情報傳給霍爾海軍上將與邱吉爾，於是打入日後成為首相的邱吉爾的親密圈子，最後成為左右情報界的一號人物。加拿大此時肯定沒有意料到，早在五眼聯盟成形的二十年前，它已經透過加拿大公民為英國情報界做出貢獻。

史蒂文森的全球生意網絡與獲取祕密情報的本領，引起英國負責海外情報工作的軍情六處的注意，便於一九三九年夏天約訪他。軍情六處資源嚴重不足，倫敦市中心聖詹姆士公園旁邊總部布勞匯大樓的辦公人員，未滿四十人。雪上加霜的是，軍情六處之前因為向上級單位外交及國協事務部通報希特勒意圖在一九三九年春天進攻荷蘭，而敗壞名聲。外交部收到情報後，比照前一年軍情五處偵辦魯姆李希一案時交換情報的精神，將情報傳給美國，殊不知軍情六處的情報「毫無根據」，「難堪且有損英國政府形象」，不像當初軍情五處提供聯邦調查局密報導致破壞德國軍情局在美國的情報活動。這讓正在努力維持綏靖政策的張伯倫首相，更不被德國信任，也使得軍情六處及掌管該處十六年且立下情報高標的處長休伊．辛克萊（Hugh Sinclair）海軍上將臉上無光。辛克萊在一九一九年接替霍爾海軍上將擔任海軍情報處處長，將原先的四十室改為政府代碼與密碼學校（Government Code and Cypher School, GC & CS），負責截收與破譯外國通訊訊號。即使一九二三年當上軍情六處主管（人們以C稱之）這個訊號單位仍然歸他管理，兩個單位統一由倫敦市中心布勞匯五十四號大樓總部管轄，直到一九三九年才將政府代碼與密碼學校遷至英格蘭東南方鄉下一棟宅第布萊切利園。訊號單位遷移到首都以北五十英里的原因，是擔心會被德國轟炸。宅第位置隱蔽，雖然小到容納不下密碼破譯員，但周遭土地有五十五英畝大，放得下預製木屋。就在這些木屋裡面（木屋僅以數字取名，以確保情報工作不為人知），英國密碼破譯員對軸心國祕密通訊發動攻勢。

政府代碼與密碼學校遷居一事完成後，辛克萊接著要處理軍情六處提供德國情報品質卻不穩定的問題，因為納粹飛機產製與武器情報一直被英國空軍部詬病。此時，他已在處內成立三個新單位，分別是專門監聽外國使館通話的X組、負責破壞任務的D組，以及側重從學界、媒體與企業吸收幹員滲透德國與義大利的Z組。而一個仿Z組成立的軍情六處海外單位，便與名為工商情報服務（Business Industrial Secret Service, BISS）的私人公司搭上線——這家公司透過創辦人史蒂文森，將機密情報提供給邱吉爾。

辛克萊的手下在一九三九年七月十二日拜訪史蒂文森，對他獲取工商情報的能力刮目相看。讓他們有些意外的是，有些情報竟然是來自為了貼補薪水私下兼差的軍情六處人員。隔年春，軍情六處正式將工商情報服務公司納入旗下，由史蒂文森改善與美國的情報聯繫。

一九三九年十一月，辛克萊不敵癌症逝世。此時，英國已交戰德國兩個月，軍情六處和政府代碼與密碼學校改由史都華・孟齊士（Stewart Menzies）上校接掌。孟齊士是軍情六處前副處長，也是擅於募才的情報老將，他發現史蒂文森的特質與傳統情報員截然不同，這位以傾聽著稱的「寡言加拿大人」既非傳統訓練出身的聯絡人，也不是情報分析師，加上年紀已四十三歲，當新鮮人算老。但他有的是個性、魅力，且和美國基恩・塔尼（Gene Tunney）這位世界拳擊冠軍有交情，難得可以直達白宮權力中心。兩人友誼源自二十年前欣賞彼此在場上拳鬥，身為重量級冠軍的塔尼，後來躋身高級社交圈，常和權勢人物來往，包括聯邦調查局局長胡佛。

孟齊士想利用史蒂文森與塔尼的交情，和聯邦調查局建立一條不會受到國務院堅守《中立法》影響的祕密管道。當時美國與盟邦之間所有溝通訊息，都受到國務院管控，以避免和德國當局在外交上交惡，導致開戰。孟齊士還遇到一個問題，那就是美國駐英大使約瑟夫・甘迺迪（Joseph P. Kennedy）——日後總統甘迺迪的父親——是「綏靖派」，基於許多原因不可信賴。張伯倫首相就是在其敦促下，選擇相信希特勒並簽署《慕尼黑協定》，這紙協定除了支持德國兼併捷克斯拉夫蘇台德區（Sudetenland），也讓英國弱點一覽無遺。甘迺迪大使更公開表示希特勒會擊敗英國，引發英國外交部不滿，停止與美國大使館高階官員交換祕密情報的政策。

若想避開外交地雷，孟齊士可以向軍情五處求援，畢竟甫被拔擢擔任反情報處處長的李鐸自魯姆李希一案以來，和聯邦調查局有合作關係。但這麼做形同將大權交給軍情五處，這會讓自認更加優越（即使實際並非如此）的近親單位軍情六處難以接受。因此，孟齊士選擇透過一名無人認識且可以撇清關係的「背景清白」幹員，和聯邦調查局局長搭上線。他給史蒂文森一次情報能耐大考驗，要他前往華府，看他是否如他所說的能夠接觸到胡佛，史蒂文森也確實做到。一九四〇年四月十六日，胡佛與史蒂文森會晤當下即意氣相投，聯邦調查局局長同樣對國務院沒有好感，也同意和軍情六處私下建立管道，唯一條件是必須經過總統同意。

羅斯福總統知道讓兩個單位交換情報，會讓美國違反《中立法》，此舉有其風險，但也有政治價值，因此同意。頓時史蒂文森便從一個幾乎未經考驗的情報人員，躍升為獨佔孟齊士與胡佛之間的情報交換。他與調查局長的嶄新友誼，讓他可以直達總統天聽。為保護這次新任務的機密性，孟齊士與胡佛分別以「史考特」與「瓊斯」的代號進行通訊。史蒂文斯也以一個無害職稱掩飾自己的工作，稱為「駐美護照管控首席官」。就這樣，這位加拿大人以此做為幌子，於一九四〇年六月接管軍情六處在美國與墨西哥大部分情報活動，此時適逢邱吉爾這位知己暨支持者接替張伯倫上任首相一個月。

眼見歐洲國家接二連三不敵希特勒，英國不斷為存亡奮戰，軍力卻落後德國將近三倍。邱吉爾亟盼羅斯福協助，但光靠提供羅斯福祕密情報很難改變國會不參戰的立場，更難改變一般民眾看法。因此軍情六處策劃一場改變民意的新任務，成立英國安全協調組織（British Security Coordination），交由史蒂文森從紐約領導。這個組織日後會成為美國史上境內規模最大的外國情報活動。

二十世紀初，美國情報進展一波三折，沒有一個部會負責協調全國情報與反情報活動。雖曾於第一次世界大戰之初成立軍事密碼情報部門，後來卻被解散。一九一九年，美國陸軍與國務院聯合成立密碼破譯單位「黑房間」（Black Chamber），又稱為「密碼局」（Cipher

Bureau），負責破譯外交通訊，以利美國在與他國較勁時掌握優勢，這其實就是訊號情報單位的本業。但是成立十年後，國務卿亨利·史汀生（Henry L. Stimson）認為「君子不該偷看彼此的信件」，便撤銷國務院補助，黑房間只有關門一途。史汀生雖然格調很高，道德立場優越，卻天真忽視美國等西方民主世界面臨共產與法西斯政權威脅。

一年後，他的錯誤政治判斷獲得補救，美國陸軍在訊號軍底下成立訊號情報勤務局（Signal Intelligence Service, SIS），負責破譯外國政府代碼。即使如此，美國情報能力仍泰半停留在倚賴陸軍訊號情報勤務師截收通訊，以及倚賴主要任務不在反情報而在境內安全維護的聯邦調查局探員。這一點從八年後發生的魯姆李希間諜案，即是明證。

相形之下，英國的情報部門運作順暢，早在一九〇〇年初已職業化。其歷史可回溯至法蘭西斯·瓦辛厄姆爵士（Sir Francis Walsingham）。他是伊莉莎白一世女王的首席祕書與情報頭子，掌管十六世紀時期情報任務，包括實體截收拆封外交信函、在歐洲各地安插間諜，以及滲透西班牙軍隊。四個世紀後，羅斯福總統身邊最親近的情報副官威廉·約瑟夫·唐諾凡（William Joseph Donovan）力圖縮小美國反情報的差距，於是找上英國。

雖然唐諾凡和羅斯福在世紀交替之初，曾是哥倫比亞法學院同窗，畢業後卻沒有來往，反而成為政治對手，後來為了共同目的才攜手合作。一九二〇年代末，唐諾凡短暫出任司法部助理部長，一九三二年參選紐約州長，不敵羅斯福落敗。接著，他定期造訪歐亞等地，表面上是探尋商機，實際卻是參加所謂的「密室」聚會，這是商人與律師聚集的祕密網絡，以及交換歐陸情勢情報的場合。他會見不少重要政治人物，包括義大利總理墨索里尼，他向墨索里尼自稱是共和黨特使，殷盼增進共和黨對義大利與衣索比亞作戰的認知。但實際上，唐諾凡的最主要目的，是去蒐集潛在敵人軍事能力的情報。

憑著徹底決心與雄心，唐諾凡在一九四〇年已打入全國外交與企業頂尖圈子。對於出身紐約水牛城愛爾蘭人社區、列車長之子的他而言，這已經是不簡單的成就，但真正讓他踏上不凡，則是當年六月羅斯福任命法蘭克・諾克斯（Frank Knox）這位辦報人暨共和黨資深黨員出任海軍部長。諾克斯不只和唐諾凡同為共和黨員，他也很敬佩唐諾凡在國際事務上的判斷與掌握能力，於是說服羅斯福參考這位律師的意見。

當年夏天，唐諾凡晉升總統的非官方顧問，史蒂文森也來到紐約成立軍情六處美國分局。兩人有許多相似之處，都是在治安不佳的社區長大，出身貧困，也都勇於冒險。他們結識於第一次世界大戰，當時均是被贈勳表揚的王牌飛行員，如今有了新角色，可以互蒙其利：史蒂文森原本只能透過聯邦調查局胡佛局長接觸白宮，現在多了一條管道。唐諾凡則可借助這位加拿大朋友，直接聯繫邱吉爾與英國情報單位。

史蒂文森建議唐諾凡訪問英國，並安排他和高層官員會面數次。一九四〇年七月十四日，唐諾凡以羅斯福私人特使身分抵達倫敦，此時正值不列顛戰役，希特勒計畫侵略不列顛王國。唐氏此行旨在協助總統評估英國作戰的投入狀況，來得正是時候，也正中邱吉爾的下懷。邱吉爾首相呼籲美國增援的同時，不忘向特使清楚表明，不論德國再如何轟炸，英國會屹立不搖，頑強抵抗。邱吉爾也指示軍情六處處長孟齊士等軍官與情報首長向唐諾凡進行情資彙報，從噴火（Spitfire）戰鬥機到英國岸防情況，均有說明。唐諾凡甚至覲見國王喬治六世，享受最高等級待遇，會見國寶級人物，覽遍國寶祕密。唯獨布萊切利園嚴加看守的一項祕密並未讓他曉得，那就是德國最神祕的密碼武器：「謎式」密碼機（the Enigma）已經被破譯。

八月初，唐諾凡自英返美，順利讓總統相信，英國確實有作戰的意願與能力，同時強調邱吉爾籲請美國提供軍援。

總統能理解英國惴畏希特勒，希特勒企圖摧毀西方民主以稱霸全球，野心昭然若揭。羅斯福不排斥冒政治風險，只要經過審慎思慮。先前同意聯邦調查局與軍情六處暗中建立情報合作管道，便是一例。只不過，考量到要史無前例獲得提名競選第三任總統，自己勢在必得，若要在這個節骨眼軍援英國，手法上需要增添巧思，於是指示唐諾凡找出法律漏洞，讓美國可以在不公然違反《中立法》的規定且不觸怒國會的情況下提供軍援。

唐諾凡自始遇到幾個難題。根據國會在一九三九年第二次世界大戰爆發兩個月後修正通過的《中立法》規定，美國可以販售武器給交戰國，但必須是「付現自運」（cash and carry），買方必須事先付款，並以自己的船隻運送。五年前施行的《約漢遜法》（Johnson Act）又禁止美國貸款給第一次世界大戰欠債至今的國家。該法極不利於英國，因為英國強勢貨幣不夠，不符合「付現自運」的規定，前次打仗向美國的借款，也未還清。美國陸軍參謀長喬治·馬歇爾（George C. Marshall）將軍從中作梗，反對提供武器，認為英國遲早會被入侵，如果提供武器，武器最後會落入德國人手中。

但唐諾凡對邱吉爾的三軍有信心，他們曾在不列顛戰役大抵擊退德國入侵。羅斯福總統被他說服，故於一九四〇年九月二日簽署「驅逐艦換基地」的協定，提供英國逾五十艘海軍驅逐艦，換取以免繳租金方式承租英國在大西洋與加勒比海領土九十九年，用於設置美國海空軍基地。金德利機場（Kindley Field）即是美國在百慕達率先建置的空軍基地之一，在戰爭期間扮演美國與歐洲之間海空交通的重要中繼。

這項驅逐艦交易對英國而言十分划算，除可獲得火力增援，以彌補三個月前法國維琪政府（Vichy Government）降伏於希特勒後損失的法國海軍奧援，同時讓屬於不列顛自治領的加拿大安心，因為從戰爭開始以來，加拿大靠著規模有限的海軍在大西洋努力護衛同盟國補給船，卻已超過二百艘同盟國船隻遭德國潛艦擊沉，上千船員喪命。對邱吉爾而言，這項協定是他的勝利，他讓羅斯福願意支持英國，朝參戰又跨一步。不出所料，此舉被希特勒視為挑釁，便於五天後的一九四〇年九月七日，下令德國空軍對英國展開大轟炸，造成逾四萬三千平民死亡，光是倫敦損毀的屋舍樓房即逾百萬棟。

一九四〇年十二月，唐諾凡在軍情六處駐美代表史蒂文森陪同下，再度赴英收集情報，探討有什麼其他方法可以讓美國協助擊潰納粹德國，卻不須直接參戰。但軍情六處花錢請他過來，其實有更大用意，那就是想讓美國仿效軍情六處成立情報單位，而且受到軍情六處某種程度的控制。此時，兩國情報合作進展如火如荼，唐諾凡不是美國總統身邊唯一想要成立情報單位的人，胡佛也很想擴張反情報版圖。唐諾凡在英國與軍情六處會面的當月，胡佛也在史蒂文森安排下，派遣兩名探員到倫敦拜會英國情報頭子，其中一人是軍情五處的李鐸。李鐸安排休伊・克萊格（Hugh Clegg）與克雷倫斯・辛斯（Clarence Hince）聽取軍情五處傳授處內「策略、技巧與戰時維安」等高階簡報，甚至安排拜會軍情六處、布萊切利園的密碼破譯員與消防隊。

正當英美兩國急遽深化與拓展情報合作之際，第三面向也悄悄展開。為尋求美援，英國政府在一九四〇年夏天透過駐美大使菲利浦・亨利・克爾（Philip Henry Kerr）洛錫安侯爵另闢蹊徑。克爾告知美國戰爭部，英國擬和美方「交換祕密技術情報」，包括九個月來英國對敵軍超電波技術的掌握突破。克爾寫於七月八日的備忘錄提到，英國將「全面配合，開誠布公，貴府有興趣了解的設備或器材，均將鉅細靡遺提供」。惟備忘錄也提到，是要同意方案後才「可能」會提供細節，因此提議比較像是一種籌碼，而非求助。信中還提到可以提供以下情報：「如何以證實有效的方法，偵測遠方來襲敵機；利用短波協助戰機識別敵軍戰機；以及透過短波技術協助地對空火炮朝藏身烏雲的敵機開火。」

英國的提議獲得馬歇爾陸軍上將與羅斯福總統支持，美國國防部也坦承，無論是這些技術，或是盟邦對德、日、義三國軍事外交加密通訊系統的掌握，都對提升美國國家安全有助益。美國陸軍軍情處G2某位准將曾在一九四〇年十月四日信中提到，借助英國的技術，可讓美國省下兩年研究時間；借助英國的情資，可「一覽美國與領地的情報活動、破壞活動……

及第五縱隊情形」，更可了解「軸心國在運河區、加勒比地區、中南美洲等地的意圖、盤算與活動。」美國陸軍明白自身侷限，直指「少了這次情報交換所預期可以獲得的情報協助，恐怕需額外花上半年至兩年時間，才能取得相同成果」。

然而信中也提到，美國陸軍與美國海軍對於交換祕密的立場不一致，海軍對英國的企圖有疑慮，擔心會被外部單位刺探。「海軍部反對交換任何外國代碼與密碼分析成果情報。就我所知，這是出於擔心英國會根據我方提供的密碼分析方法，破譯我方的代碼與密碼。」

信中並未提到布萊切利園已經成功破譯第三帝國的軍事通訊，也就是號稱無法破譯的謎式密碼機，因為英國尚未透露此事。正是這項重大突破，使得布萊切利園在隔年初與美方談判時，得以位居上風。此時距離日本攻擊珍珠港，並將美國捲入戰爭，只剩下十個月。

一九四一年一月十五日，四名著便服的男子登上泊於馬里蘭州安納波里斯河口乞沙比克灣（Chesapeake Bay）的「英王喬治五世號戰艦」。他們年近三十或三十出頭，從口音可知不是英國人。航行兩週期間，他們佯裝加拿大人，不讓船上乘客知道真實身分，只有核准他們登船的人知道他們持有外交護照。

這兩名陸軍軍官與兩名海軍軍官之所以必需如此佯稱，是為了避免違反《中立法》禁止美國人員登上交戰國戰艦的規定。率團的陸軍訊號情報處密碼破譯員亞伯拉罕・辛可夫

（Abraham Sinkov）博士日後回憶：「大家都持有外交護照，以避開不得乘坐交戰國船隻的禁令。」此行後世稱為「辛可夫任務」，旨在展開美國密碼破譯員與布萊切利園之間的訊號情報交流，任務卻保密到家，甚至連理應被知會如此機敏安全事務的美國駐英武官，都被華府情報主管要求別理會四人，要他「裝作沒看到他們」。

從布萊切利園的位置，可以聽見德國軍機正在對英國執行轟炸。這是這座專門破譯作戰密碼的單位首次有外國訪客，因此他們踏進布萊切利園本身已是里程碑。美國訪客想讓布萊切利園主管艾萊斯特・丹尼斯頓（Alastair Denniston）司令留下好印象。丹尼斯頓德語流利，第一次世界大戰時曾在英國訊號部門四十室負責破譯密碼，後於一九一九年被辛克萊海軍上將拔擢，擔任政府代碼與密碼學校首任主管，這個單位遷移到鄉下宅第後，取名為布萊切利園。

比起辛可夫一行人，五十九歲的他當過情報主管逾二十年，經驗更加老道。儘管如此，他依舊殷盼會見他們，甚至請助理在他們抵達時送上開胃酒。丹尼斯頓吩咐助理：「今晚十二點會有四個美國人過來找我，請端來雪莉酒，不要跟任何人說他們是誰，來這裡做什麼。」解密老將與美國客人的會面，預示美國與英國的訊號交流雙邊合作計畫即將誕生，也顯示英國在訊號情報方面的能力與經驗，都遠優於盟友，特別是獨霸謎式密碼機。

早在一九二五年謎式密碼機發明之初，丹尼斯頓便迷上這台能夠轉錄加密訊息的機器。機器發明人是德國電子工程師亞瑟・謝爾比烏斯（Arthur Scherbius）博士，起先是為了商業用途發明，讓銀行與企業得以安全通訊，曾經推出不同款式，以滿足不同客群需求。機器乍看之下像是笨重的打字機，但每次在鍵盤上按下一個字母，就會被輪盤亂撥為另一個字母。由於輪盤和鍵盤動作是連動的，即使同一個字母打兩次，也會出現不同字母。破譯機器唯有一途，即是要曉得輪盤的設定，再將設定套用於收訊者的機器。複雜程度非比尋常，有些機器款式的排列組合可達到一億兆。由於密碼極其複雜，適合用於祕密通訊，也讓德國政府誤以為無法破譯。早在一九三三年希特勒掌權之際，全國陸海空軍及情報單位已經在使用謎式密碼機從事通訊。

破譯這台機器的突破來自波蘭人，他們做了一台與謎式密碼機相仿的複製品，加上一台稱作「彭巴」（bomba），用來加速破譯的電子機械裝置，並將成果分享給從一九三〇年代初共同關注德國軍事意圖的布萊切利園。丹尼斯頓佩服他們利用數學破譯密碼機之餘，也在一九三八年找來兩名數學家，根據波蘭的成果繼續發揮。其中一人是艾倫·圖靈（Alan Turing）。圖靈在一九四〇年初已經破譯戰前款式謎式密碼機，但是海軍使用的謎式密碼機有更多密碼輪盤，設定更複雜，要等到辛可夫一行人來訪一年後，才能順利破譯。破譯方法是透過圖靈自己發明的「彭布」（bombe）機器，這台比波蘭的「彭巴」更先進，也是提前兩年結束戰爭的功臣。

頭幾週，辛可夫一行人將美方破譯日本通訊的作法傳授英方破譯員，甚至送上日本用於極機密外交通訊的「紫機」加密機複製品。反觀英方卻對布萊切利園正在破譯謎式密碼機一事隻字未提。「紫機」是辛可夫的單位歷經五個月努力不休，才在一九四〇年九月破譯。辛可夫指出，他的團隊也將「義大利系統相關資料與一般密碼分析技術資訊」交給丹尼斯頓的手下，希望利用紫機取得談判空間，畢竟當時美國陸軍訊號情報單位沒有太多實績能夠證明自己有能耐對付軸心國軍事體系。至於另兩名美國海軍情報單位OP-20-G的同仁，籌碼又更少，因為他們的單位對於破譯德國與義大利海軍密碼系統幾乎一籌莫展，即便有破譯日本密碼系統，也僅限於天氣報告這類初階通訊。布萊切利園的成果遙遙領先來訪的客人，從一九四〇年六月就已經開始截收部分日本外交通訊，破譯義國密碼系統，並於兩個月後針對德國空軍款式謎式密碼機取得重大破譯突破。

美國陸軍對謎式密碼機的商業用途並不陌生，只不過不曉得德國有將其他款式用在不同用途。儘管英國在前一年透過駐美大使呼籲雙邊交換情報，也承諾會「毫無保留」告知軍火「設備與完整資訊」，實際上卻沒有做到，要直到辛可夫一行人在三月準備返美前夕，才向他們簡報謎式密碼機一事。辛可夫日後指出：「當時不曉得英國如此重視謎式密碼機。顯然高層正在討論是否要向我們提及謎式密碼機。就在我們打道回府之際，決策下來了，要給我們做初步簡報，我們便被帶到布萊切利園一棟特殊建築。」

儘管完成謎式密碼機與彭布的簡報（布萊切利園此時有六台彭布全力運作），丹尼斯頓卻沒有像美國人送他們「紫機」那樣回贈硬體設備，因為擔心設備技術會外流給美國境內敵方特務，落入德國之手。甚至連謎式密碼機的細節資訊及圖靈的筆記，也都要等到他們回到美國幾週後，丹尼斯頓才願意提供。辛可夫指出，如果當初沒有取得謎式密碼機資訊，形同美方貢獻比獲得的多。「有了謎式密碼機資訊，我認為變成是我方獲得的比貢獻的多，因為破譯謎式密碼機是一大成就，對戰事有重大影響。」

從一九四一年冬天辛可夫的任務可見，英國與美國起先缺乏互信。而且不只是密碼破譯領域才缺乏互信。史蒂文森當上軍情六處負責美國墨西哥情報活動的主管不久，也因為干擾聯邦調查局取得英方情報，而不再獲得局長胡佛信任。兩國合作關係險些因為這些失和情形而破局。胡佛局長鐵了心要逾越情報界線，不再只想親近軍情五處與軍情六處。他更想要獲取布萊切利園的祕密。

亞瑟·麥卡斯林·德斯頓（Arthur McCaslin Thurston）進入聯邦調查局位於紐約洛克斐勒中心的特殊情報勤務處（Special Intelligence Service）工作時，局內資歷不到五年，年紀二十八歲左右。儘管經驗不太豐富，卻以行動證明自己的能力。幾年前任職調查局舊金山辦事處期間，曾經偵辦德國外交官勒索軍人交付軍事機密的案件，最後外交官遭到驅逐出境，自己則獲得胡佛賞識。從私人且更重要的層面來說，局長在巡視西岸局內各處的時候，都會指定德斯頓開車，載他去開會，參加社交活動，包括去「裸體牧場」看有名的脫衣舞孃莎莉·蘭德（Sally Rand）表演。當胡佛的司機當久了，自然成為老闆的心腹。

由於胡佛信任德斯頓，便在一九四二年十一月要他聽取有關英國安全協調組織的簡報，了解史蒂文森執掌的軍情六處在美國透過英國安全協調組織活動的情形。德斯頓對這個組織應不陌生，因為英國安全協調組織總部和他工作的辦公室就位於洛克斐勒廣場同一棟大樓。英國安全協調組織自前一年成立以來，不斷在政治上展開反納粹攻勢，方式之一是提供記者親英反德的新聞，在美國《先驅論壇報》（*Herald Tribune*）、《紐約郵報》（*New York Post*）等主流媒體從事大眾宣傳。總計約有一千名特務與次級特務為該組織效力，包括廣播人員、政治運動份子。有些特工擅長偽造文件、操縱民意調查、提供媒體不利於納粹的假新聞，或是提供杜撰的專題報導，歌頌未曾發生的軍隊英勇突擊事件以提振士氣。一九四一年十二月日本攻擊珍珠港後，英國不再需要該組織帶動民意與政治風向以促使美國參戰，史蒂文森卻仰賴這個組織，才能繼續在情報圈子與白宮等權力中心受到重視。

按理而言，英國安全協調組織的活動都必須讓胡佛知道，胡佛還曾經同意讓該組織使用維吉尼亞州馬里蘭的一座聯邦調查局廣播電台，以保護英國安全協調組織和英國本土間的情報通訊，每週往返的密電多達三百則。但史蒂文森一反事先承諾，不提供電報副本全文給聯邦調查局。不只不讓胡佛曉得某些情報活動，還暗中監視他的手下資深人員，即聯邦調查局特殊情報勤務處處長波西・佛克斯沃斯（Percy Foxworth）。

更讓胡佛火大的是，史蒂文森還是英國安全協調組織掌管英國與美國情報的實質窗口，胡佛懷疑他扣壓聯邦調查局與軍情五處往來的情報，後來獲得證實。一九四二年夏天，胡佛與軍情五處反情報主管李鐸在華府會面，發現雙方透過英國安全協調組織互相提供情報，對方卻沒有收到。

這是李鐸二度到聯邦調查局進行重要拜會，上一次來訪是四年前協助調查局偵辦魯姆李希一案。李鐸和胡佛一樣不信任英國安全協調組織，想要擺脫其掌控，讓雙方單位直接交換情報。會見胡佛的前幾天，李鐸拜會其他聯邦調查局官員，也受邀參觀維吉尼亞州康迪克（Quantico）的調查局訓練學校，以及調查局專門研發偷拍、隱形墨水與隱藏裝置的實驗室。李鐸禮尚往來，也告知聯邦調查局軍情五處的祕密任務，如雙十字計畫（Double Cross System），這項計畫旨在透過吸收納粹特務，傳送真假莫辨的情報給納粹單位，以破壞敵方進攻與軍事行動。

李鐸希望軍情五處盡可能和聯邦調查局「自由坦率地交換情報」。他雖然覺得胡佛「人很自負」，仍然希望親近他。一九四二年六月十六日，李鐸與胡佛會面後在當天日記上提到，胡佛「很親切，談起局內事務及遇到的難題滔滔不絕。我趁他喘口氣的空檔（這樣的空檔並不多）和他分享英國經驗。」

這位聯邦調查局強人滔滔不絕有另一個原因，因為宿敵唐諾凡，也就是羅斯福總統的前情報顧問，在三天前升上大官。之前，唐諾凡執掌美國情報協調辦公室（Coordinator of Information, CoI）約一年時間，率領文官團隊約一百人收集分析國安情報，以利羅斯福完整掌握情資。一九四二年六月十三日，情報協調辦公室更名為戰略勤務局（Office of Strategic

Services），由唐諾凡續任首長，這是美國第一個、也是首要的祕密情報單位，職權廣泛，除了在軸心國從事破壞任務，也會訓練資助當地反對團體。這個擴編的機關是在史蒂文森協助下仿效軍情六處成立，其中一些特務是史蒂文森由英國安全協調組織調派。

史蒂文森與唐諾凡關係親近到因為身材差距而被稱作「小比爾」與「大比爾」。兩人友誼令胡佛備感威脅，因為唐諾凡是胡佛的對手，胡佛又懷疑史蒂文森不忠。李鐸看得出來「胡佛對唐諾凡恨之入骨」。況且唐諾凡當上備受矚目的戰略勤務局局長，明顯會威脅胡佛身為情報沙皇暨全國犯罪打擊頭子的地位。胡佛不願意在這場情報遊戲中，被唐諾凡和史蒂文森聯手逼退。

掌握了李鐸提供的資訊，以及英國安全協調組織可疑行為的其他密報後，聯邦調查局長決心對付英國情報單位。德斯頓在任務前一天才被臨時通知，明白自己被交付調查局有史以來最重要的外交任務，雖然這輩子未曾踏出國門，也沒有護照。十一月十五日，他帶著全新護照從長島葛倫高夫搭上汎美航空班機，事先已聽取任務簡報，清楚此行要為老闆傳達給對方知道哪些訊息，且毫無商量餘地。他會先在美國駐英大使館辦公，這座位於梅費爾區的葛勞斯維諾廣場一號建築，是當時美國最重要的駐外單位，辦公人員逾四千人。

軍情五處處長大衛・培崔（David Petrie）爵士與軍情六處處長孟齊士事前均不知道德斯頓要來倫敦。得知他的到來，兩人反應不一，顯示個性差異。六十三歲的培崔在情報界打滾四十餘年，前一年四月甫接掌軍情五處，立志改善「使組織失常混亂的不良管理與規劃問題」。他不像軍情六處處長和邱吉爾首相關係很好，也不像他那樣汲汲營營於政界人脈，反而注重於有利軍情五處的合作關係，而非累積自己的政治資本。

培崔邀請德斯頓前往軍情五處位於牛津附近布倫海姆宮的總部和他及團隊會面，讓他接觸局內檔案，也給他空間辦公，在在顯示軍情五處有意與聯邦調查局直接合作。反觀軍情六處要直到德斯頓抵達英國近一個月後的十二月七日，才請他前往位於倫敦布勞匯的總部與孟齊士會面。孟齊士對於史蒂文森壟斷情報，偶爾不聽從指示均心知肚明，但是孟齊士想要左右逢源，既想透過這名年輕代表安撫胡佛，也不想疏遠史蒂文森，因為軍情六處在美國的業務不得不仰賴他。

詎料，德斯頓毫不退讓，給孟齊士下達最後通牒：聯邦調查局與軍情六處未來能否繼續合作，端看孟齊士是否將布萊切利園破譯謎式密碼機的一切情報分享給聯邦調查局。沒有協商餘地，因為這是胡佛親口下令。掌管布萊切利園的孟齊士被將了一軍。

一九四三年一月初，傳達胡佛的要求給孟齊士不到四週後，德斯頓獲邀前往倫敦以北二十英里村鎮一處鄉下宅第格雷納蒙（Glenalmond），這裡控管密文被布萊切利園破譯後的流向，被破譯的密文代號為「極品」。德斯頓花了四個月挖掘極品訊息，查看是否有和聯邦調查局情報活動相關的情資，如德國在美國境內的情報活動，以及阿根廷的納粹祕密網絡。他將研究發現回報華府，做進一步研判，並將這些訊息以另一個代號「鴕鳥」稱之，以保護極品訊息的機密性。這趟所獲情報，讓聯邦調查局特殊情報勤務處得以「掌控雙面諜的活動，確保順利滲透德國情治單位」，也成為聯邦調查局「第二次世界大戰期間最重要的情報來源」。

德斯頓除了落實老闆交代的任務，也成立聯邦調查局在英國的第一個分處，有效強化美國執法單位與英國情報單位後續合作關係直至今日。這名科羅拉多年輕人雖然在一九三八年曾經捨棄獎學金未就讀哈佛商學院，改投入聯邦調查局，事後卻以行動證明自己做對選擇。至於胡佛，則是靠著接觸極品訊息，讓聯邦調查局在這場情報賽事中保有一席地位。

正當第二次世界大戰打到一半，英美兩國情報單位關係持續緊張之刻，有一小群美國官員企圖揭穿一個不像是盟友的盟邦，究竟在暗中圖謀些什麼。

第３章
戰火蔓延太平洋

吉恩．葛萊比爾（Gene Grabeel）感覺困在人生第一份工作家政老師裡頭，在維吉尼亞州麥迪遜高地一所學校教女孩子烹飪與家務，讓她覺得缺乏知性成就，卻又不知道該怎麼辦。工作不到一年，她的心情變得很沮喪，於是趁一九四二年耶誕假期回到羅斯丘老家過節時，向爸媽訴苦。

羅斯丘位於維吉尼亞州李伊郡，是個鄉下小鎮，也是葛萊比爾的出生地。她和四個兄弟姊妹在家中農場長大，幫忙爸媽飼養雞豬禽，對那裡充滿美好回憶。儘管這個小鎮居民不到三百人，只有一間郵局、一座加油站，就業機會也不多，時年二十二歲的葛萊比爾卻在鎮上參加耶誕派對的時候，再次見到家族老朋友法蘭克．羅萊特（Frank Rowlett），意外獲得轉換跑道的機會。在她的眼中，羅萊特是典型的成功在地人，擺脫羅斯丘重重限制進入聯邦政府服務。但她不曉得他的工作內容。

羅萊特自一九三〇年起擔任美國陸軍訊號情報勤務局（又稱為阿靈頓廳）的資深破譯員，曾經和局內同仁共同破譯日本用來傳送極機密外交電文的紫機。這群破譯員厲害到在美國參戰六個月內即順利截收破譯日本政府通訊，使美國得以在一九四二年夏天研判日軍在北太平洋中途島之役的作戰戰略，繼而發動奇襲，扭轉太平洋戰爭態勢。

羅萊特當過老師，對葛萊比爾在職場不如意感同身受，遂打量她是否適合到阿靈頓廳工作。儘管破譯密碼與家政所需的教學知識有落差，羅萊特相信葛萊比爾很聰明，學習能力也很強。畢竟他自己也是邊做邊學，在以菜鳥數學家身分來到訊號情報勤務局服務以前，完全不曉得什麼是「密碼分析師」，又稱為破譯員。

葛萊比爾想發揮從小被灌輸的基督教精神，也熱切想要幫助同胞，是十足的愛國者。她以身為南方人為傲，定期做禮拜，透過社區勞動與捐獻回饋浸信會。但對她而言，宗教信仰就像是支持民主黨，都是個人私事，不會強求別人。她的個性優雅有魅力，廣受朋友歡迎，大學時期曾被選為「返校皇后」（Homecoming Queen），長相標緻，留著美麗褐髮。五呎二吋（一百五十七公分）的身材雖然嬌小，燦爛笑容與盈眶的溫暖卻引人注目。名字取自葛萊比爾的甥女吉恩．柯爾．奈特（Gene Cole Knight）表示：「阿姨漂亮又聰明，任何事情都能聊，對政治很了解，不管什麼知識領域都如魚得水。」

葛萊比爾年輕時有個很大的身分困擾：她討厭自己的名字。據奈特表示，阿姨覺得名字「俗不可耐」，她想要與眾不同，不斷跟母親吵著要改名。「我想改名字。」母親則說：「可以啊，但等到法定年齡再說。」直到妹妹薇多莉亞，也就是奈特的母親，以她的名字命名女兒時，才沒那麼討厭自己的名字。「我想，母親拿她的名字為我取名，應該讓她很感動。」

一九四二年的耶誕假期，葛萊比爾決定接受羅萊特給她的工作與新挑戰，但她沒有預料到會是要破譯密碼。這份工作「壓力大，工時長，很辛苦」。她亟欲離開教職，於是提早結束羅斯丘的假期，前往南方約三百英里的阿靈頓廳。抵達時是十二月二十八日星期日，她發現這裡和以前的工作環境差異很大，除了一個地方：阿靈頓廳曾經是高中女校，六個月前才被美國戰爭部買下，做為陸軍破譯密碼的總部。二戰期間，將近八千名密碼破譯員、語言學家與分析師在占地百畝的這裡，與世隔絕地朝日本、芬蘭等軸心國通訊發動攻勢。當時從事情報工作者以男性居多，但在訊號基地工作的破譯員，九成卻是女性，因為她們比男性更擅長公務員考試。當初強力主張招募女性監聽員的是威廉・佛利迪曼（William Friedman），他在一九三〇年創立訊號情報勤務局，與妻子伊莉莎白兩人均是密碼分析領域的先驅。

對美國來說，阿靈頓廳就像是英國的布萊切利園，是戰爭時期祕密活動基地，從不對外人透露，以免遭到軸心國間諜刺探。葛萊比爾抵達基地不久，應該就在新生訓練上被告誡以上禁令，接著接受密碼破譯速成培訓，了解密碼基礎知識。所謂密碼，是指更改或重新排列字母的一套規則，以便隱藏字詞，像是將字母「A」改成「X」，或者「B」改成「2」。除此之外，她也學習代碼知識，代碼是指改變整個字詞或句子，讓意思和原本完全不同，例如「上司」的意思可能變成「任務」；「星球」變成「危險」。葛萊比爾在兩個月內，被升任阿靈頓廳密碼分析部主管的羅萊特拔擢，銜命主導由羅萊特長官卡特・克拉克（Carter Clarke）指派的全新祕密任務。

克拉克是特立獨行的陸軍准將，羅萊特表示，此人個性喜怒無常，「深具道德勇氣」，對所有國家都不信任，連盟邦也不例外。克拉克認為美國應該趁盟友尚未變心的時候，盡量收集對方資訊，以便在盟友成為敵人時能夠保護自己。克拉克掌管美國陸軍軍情處底下的G-2特殊分部，這個部門主要任務是將截收的訊號進一步研析。敵方通訊訊號會先透過阿拉斯加與衣索比亞等偏遠地區的監聽站截收，轉送阿靈頓廳人員破譯，再交由克拉克的團隊分析內容，將它轉為「可用情報」。為保障情報來源與取得管道，避免敵國知道自己的通訊被美國監聽，唯有取得最高等級安全許可的官員才能接觸情報。克拉克特別不信任當時的盟友蘇聯，原因之一是史達林在英國被捲入第二次世界大戰的一個月前曾和希特勒簽署互不侵犯條約，後來希特勒認為這紙和平協定是暗中反制蘇聯的好機會，便於一九四一年六月入侵共產國度。史達林在隔月和英國簽署軍事合作協定，年底蘇聯取得《租借法案》的相同待遇，可以獲得軍事與食物補給。儘管同盟陣營增添蘇聯，克拉克對蘇聯政府的疑慮分毫未減。

由於當時羅斯福總統深信美蘇兩國在盟軍獲勝後可以和平共處，因此克拉克更不能讓外界曉得阿靈頓廳的破譯員已經被他動員要對付史達林。他一貫不按常理放出大絕招，下令將監聽蘇聯通訊一事視為最高機密，甚至連羅斯福總統也被隱瞞。至於誰最有資格帶領這項任務，自然是阿靈頓廳裡幾乎無人認識的聰明新成員葛萊比爾。

一九四三年二月一日星期一，葛萊比爾在羅萊特的安排下，換到阿靈頓廳主建物的某個小房間工作，在這裡對蘇聯通訊展開攻勢。這次反蘇任務被隨意取了沒有含義的名稱，叫做維諾那計畫（Venona Project）。葛萊比爾只能和少數幾個獲得高級安全許可的長官討論計畫與報告結果，其他人一概不得透露。

上面派了一名懂俄文的人，協助她過濾數個檔案櫃資料，櫃中塞滿上千件美國當初為了截收軸心國通訊，而從一九三九年戰爭之初開始收集的蘇聯密文。由於簽定互不侵犯條約的關係，史達林政權在戰爭前兩年會和德國定期接觸，蘇聯通訊才會被美方意外收集，這在情報界的術語叫做「附帶情報」。美國在一九四一年十二月參戰後，仍繼續截收蘇聯通訊，所有訊息都存放在檔案櫃，直到克拉克對這個共產政權寢食難安。

葛萊比爾第一件要做的重要事情，就是從蘇聯通訊中，找出共通或特殊的訊息。所有訊息已被蘇聯密碼專家按照「一次性密碼本」（one-time pad）的複雜規則以隨機數字加密，一次性密碼本上面的每個字或字母，已被轉成一組五位數代碼。蘇聯繼早期通訊遭到英國破譯員破譯後，改採取一次性密碼本，而當時的破譯任務，是由幾年後才到軍情五處服務的李鐸局部主導。

李鐸是一九二〇年代蘇格蘭場的反顛覆專家，加入軍情五處前有和該處密切配合的經驗。無人比他更了解蘇聯與蘇聯在英國的間諜活動。他對政治激進份子與英國共產黨員從事情蒐工作多年，在他眼中這些人會與蘇聯駐英外交官合作，投效蘇聯。

一九二七年五月十二日午後，李鐸協調蘇格蘭場與軍情五處聯手突襲全俄合作社（All-Russian Co-operative Society）倫敦總部，這是負責促進俄英雙邊商業關係的組織，總部位於所屬蘇聯貿易代表團的倫敦館舍，享有外交豁免權。合作社表面上是從事紡織品、木材與煤炭生意，實際上卻是利用外交豁免權當作擋箭牌，為蘇聯從事情報活動。

李鐸與手下衝進位於倫敦商業中心的合作社，拔去電話線路，對員工搜身，扣押蘇聯政府與蘇聯駐英代辦阿卡迪・帕夫洛維奇・羅森格爾茲（Arkady Pavlovich Rosengoltz）往來電報。有些文件來不及被警方扣下即已被燒毀，羅森格爾茲事後辯稱內容「不神祕」，只是「根據所有密碼部門正規作法，將解密的電文燒毀」。

這次掃蕩全俄合作社由首相史丹利・鮑德溫授意，旨在補強可疑外交漏洞。不過，李鐸一行人並未找到合作社離職員工密報所稱的失竊訊號手冊，也未發現蘇聯從事情報活動的證據。儘管調查空手而回，突襲卻有達到政治目的，鮑德溫的保守黨政府藉此暗示絕不容忍蘇聯的顛覆行為。首相急迫要為突襲行動找出正當理由，便於五月二十六日向國會報告指出，他們發現代表團團長羅森格爾茲與蘇聯政府往返的四封電報中，羅氏曾經向上級保證，合作社雖被突襲，但沒有「祕密文件」被搜出。從電文也可以得知蘇聯有意藉由反政府活動削弱鮑德溫的地位。儘管證據薄弱，鮑德溫仍然以此為由，與蘇聯斷交。李鐸與軍情五處勢必不滿鮑德溫引述電報表明政治立場，因為這會破壞情報活動。也因為鮑德溫政治失策，讓史達林政權警覺自己的祕密通訊遭到英國破譯。

蘇聯高層不一定知道電報是被英國政府代碼與密碼學校截收破譯，但知道必須改變通訊方式，於是改用一次性密碼本這種幾乎無法破譯的系統傳送外交通訊與情報，這套代碼層層堆疊纏繞的隱蔽數字系統，使得英國無法掌握蘇聯通訊將近二十年，直到大西洋另一端的某位女破譯員決心要破譯它。

要從上千件蘇聯密文抽絲剝繭已經不容易，主管羅萊特還叮嚀「別犯錯，記錄所有成果，確認每個破譯結果的資料來源，向團隊回報進度」，這讓她倍感壓力。別犯錯是理所當然，但維諾那計畫才剛開始就要記錄成果，幾乎不可能，因為根本沒有成果，也找不到好方法破譯一組又一組的五位數代碼。要理解這些代碼在說什麼，必須靠「金鑰」（key），而金鑰通常會放在所謂「金鑰表」的編碼簿，它有點像是字典，可以讓看的人知道代碼對應到的明文字母或者字句。金鑰表會收錄在「一次性密碼本」，基本上就是在一疊紙印上多組五位數隨機數字。每一頁只能用一次，以確保加密牢靠。寄出加密訊息的人與收到加密訊息的人各自會有一本編碼簿，以利轉譯。這個編碼簿會被蘇聯情報人員嚴加保管，通訊才能保密。

葛萊比爾與懂俄文的同事萊奧納多・朱布克（Leornard Zubko）手邊沒有編碼簿，只好想其他方法破譯蘇聯通訊。取得首次重大進展的方法，不只曠日費時且出人意料，是透過有和德國與日本簽署反蘇聯條約的芬蘭。一九四三年一月，監聽日本通訊的阿靈頓廳破譯員截獲日本政府與芬蘭政府的往來公函。這兩個軸心國家交換蘇聯外交電碼的情報已有一段時日。芬蘭非常注重蘇聯的電碼，曾經在一九三九年十一月該國遭到蘇聯紅軍入侵後，發現一次性密碼本相關資料，從而掌握敵方電碼運作的線索，也就是所謂的「指標」。芬蘭將這些資料透過公函分享給日本，途中遭到阿靈頓廳截收，輾轉由羅萊特悄悄交給葛萊比爾。羅萊特日後回憶：「日本鬼子外交通訊在傳什麼，我們就看什麼，日本軍隊簡直吃癟。」

葛萊比爾利用截獲的線索，開始按照時序整理蘇聯的通訊，發現蘇聯政府與駐外機關之間有五條通訊管道：一條是外交專屬通訊管道，另一條是與《租借法案》有關的通訊管道——《租借法案》是美國在一九四一年十月所做的貿易倡議，旨在對史達林政權等盟國進行彈藥、飛機與食物等物資補給。剩下三條管道則是蘇聯情報機關在使用，包括國家安全委員會（KGB）的前身內務人民委員部（NKVD），以及聯邦軍隊總參謀部情報總局（GRU）。

此時距離葛萊比爾破譯通訊還有一段時日，但她無法向迷你辦公室以外的其他破譯員求援，以免有人向白宮通風報信。克拉克陸軍准將之前曾向白宮保證，阿靈頓廳沒有在監聽俄國通訊。羅萊特日後透露，白宮知道阿靈頓廳在監聽日本、德國與義大利的通訊，也「預設我們會監聽俄國人，因此主動指示不要這麼做」。「我們有因此停止嗎？沒有，反而繼續監聽，加倍監聽。」

阿靈頓廳曾和布萊切利園簽署合作協議，規定「美方應將戰爭部與海軍部正在使用、基於使用目的而研發，或是正在研發的各式設備、儀器或系統交付英國政府」。基於這個規定，阿靈頓聽十八個月以來持續提供情報給布萊切利園。但由於最大的祕密連羅斯福總統都被隱瞞，自然不會分享給布萊切利園。加上布萊切利園兩年前不願意提供謎式密碼機與彭布機的模型機給阿靈頓聽人員參考，阿靈頓聽至今耿耿於懷。為化解敵意，布萊切利園於是派頂尖破譯員出馬，也就是外交手腕遜於數學才能的圖靈。

圖靈在一九四二年已經破譯德國海軍使用的加強防護版謎式密碼機。德國為確保通訊安全，本來就會更換密碼，詎料同年冬天進一步修改海軍使用的謎式密碼機，新增一個輪盤，讓通訊更加保密，嚴重影響往返大西洋兩端為同盟國進行食物補給的船隻。圖靈與團隊同仁無法掌握海軍謎式密碼機傳輸的訊息內容，以致無法通知沒有艦艇護航的貨船改道，造成約五百艘船隻遭到納粹潛艦擊沉，千人喪命，英國恐將餓到投降。但不只是布萊切利園破譯不了德國通訊，連英國的密碼也遭到德國破譯。布萊切利園在一九四二年八月發現德國已經破譯英國海軍與盟邦跨洋通訊使用的海軍密碼三（Naval Cipher 3），雖然有立刻通知海軍部，海軍部卻拖了快一年才解決漏洞，使得更多同盟國船隊遭到擊沉。後來，圖靈的好運總算降臨，英國皇家海軍驅逐艦十月三十日在毗鄰埃及的地中海海域擊沉敵軍潛艦U-599，兩名年紀二十餘歲的英國水手東尼・法森（Tony Fasson）與柯林・葛瑞齊（Colin Grazier）在艦沉之際進入艙內取得編碼簿等機密文件。兩人雖然溺斃，卻未憑白犧牲。編碼簿被送到布萊切利園，順利根據上面的重要線索再度破譯德國海軍謎式密碼機，讓船隊得以避開德國潛艦。

這也成為圖靈在這場戰爭中一項非凡成就，且惠及美國的破譯團隊，他們之前已經靠著圖靈的專業知識與設計圖打造出自家彭布機，如今想趁他在秋天訪美之際，從他身上進一步挖寶。殊不知，圖靈也想為布萊切利園打探美國技術情報。

一九四二年十一月，圖靈搭乘「伊莉莎白女王號」遠洋客輪，好不容易閃避大西洋水下德國潛艦，挨過危險重重的旅程來到紐約，等待他的卻是一場官僚夢魘。這位英國數學家在艾利斯島上被「傲慢的」美國移民官員質問，認為他「手上既無派令，也沒有證據」可以證明是為英國外交部做事，僅憑「公務護照不足以」化解對其身分的疑慮。港務單位有所不知的是，這位三十歲但稚氣未脫的人是訊號情報員，在布萊切利園鼎鼎有名，同仁在他帶領之下破譯希特勒海軍使用的謎式密碼機，協助盟軍贏得大西洋之役。

從圖靈兩週後自華府提交上級的報告可見，此次美國行旨在提供專業協助，並評估美國根據他的設計圖首次研發的兩部彭布機「亞當」與「夏娃」，過程卻要他忍受諸多不悅，和港務單位擺牌只是其中一例。

比起合作無間的政治領袖邱吉爾與羅斯福，即使兩人幾個月前才剛簽署《大西洋憲章》（Atlantic Charter），擘劃戰後共同願景，英美兩國的情報單位仍然互相猜忌。事實上，有些美國官員深深認為英國破譯員早就知道日本要打珍珠港，是邱吉爾為了逼羅斯福宣戰，才隱瞞情報。但這項說法未經證實。美國內心會有芥蒂，可溯自第一次世界大戰，當年布萊切利園的前身四十室破譯齊默曼外交電報，讓美國獲悉德國企圖以美方領土為交換條件，與墨西哥共組軍事聯盟，繼而促使美國在一九一七年宣戰。

圖靈此行原本是要促進英美兩方情報單位合作，化解緊張，卻困難重重。起初，美國不讓他進入專門研發電訊設備的紐約貝爾實驗室，這所實驗室是以發明電話的英國工程師亞歷山大．葛蘭姆．貝爾（Alexander Graham Bell）命名，當時正在研發極機密的言語通話加擾器，代稱為「SIGSALY」（很像是縮寫，但其實不是），目的是確保包括邱吉爾與羅斯福等同盟國領導人通話內容不被軸心國掌握。

由於美方不讓圖靈接觸語音編碼技術，英國派駐華府的三軍參謀團團長暨陸軍元帥約翰．葛里．迪爾（John Greer Dill）爵士便撂下狠話。一九四三年一月七日，迪爾寫信給馬歇爾將軍，警告情報交換不力的後果。迪爾提到：「這件事……違背現有協議精神。除了嚴重造成我方困擾，也會造成美國海軍困擾，美國海軍需要與我方交流暢通。圖靈博士是本案英方專家代表，如果空手而回，後果一定不堪設想。相信您也同意，此等至關重要的事情，滋生疑忌最要不得。」

兩天後，圖靈獲准進入貝爾實驗室。儘管如此，美國陸軍仍然保留權利「不准英國透過祕密設備『牟利』」，可見雙方仍然缺乏互信。

往後數月，英美兩國基於共同利益放下情報對立，共同協議分享密碼知識與相關資源，合作於是升溫。一九四三年五月十七日，美國戰爭部與英國政府代碼與密碼學校共同簽署《不列顛美國協定》（The Britain and United States of America Agreement），又稱為BRUSA，明文規定「兩國應分享情報以支援在歐美軍，也應辦理人員交流，並擬訂高度機敏資料之處置與散布共同規定」。

協定同時規範雙方應進行培訓交流，「凡與訊號探知、辨識與截收……以及代碼與密碼破譯方法有關之資訊」，均應告知彼此。美國主要負責破譯日本通訊，英國則負責破譯德國與義大利通訊。協定簽署後，圖靈根據從貝爾實驗室SIGSALY獲得的心得，自己也創造一部聲音編碼系統，其暱稱為「狄萊拉」（Delilah），卻未實際應用於戰事。

羅斯福總統下令成立新的情報單位戰略局後，英美兩國擴大情報合作，範圍甚至超出《不列顛美國協定》規定的訊號情報。到了一九四三年夏天，戰略局員工人數已多達五千人。相較於美國陸軍與海軍，英國情報界對戰略局和局長唐諾凡更有好感。

美國陸軍與海軍痛惡唐諾凡漠視軍方守則，不滿他搞神祕的作戰方式。對此唐諾凡毫不意外。雙方關係即使緊張，他只在乎有達到互蒙其利。戰略局正在歐亞地區密集吸收訓練上千名情報員，傳授如何竊取機密、走私軍火、炸毀敵人基地與暗殺納粹份子，各地幹員回傳的情報，對陸海軍是一大助益。

唐諾凡心中有宏大情報願景，遠遠超出美軍傳統眼界。他希望幹員冒險犯難，盡量擴大心理戰。英國是他認為可以汲取靈感的榜樣，於是再度找上一九四二年夏天協助他成立戰略局的朋友史蒂文森，請他訓練幹員。史蒂文森透過掌管位於紐約的英國安全協調組織之便，同時管轄加拿大安大略省某處訓練所。這間英國與加拿大於一九四二年共同成立的訓練所，成立最初目的是訓練加國軍隊，學員被安排在安大略湖北畔的X營區學習製作爆裂物、使用輕型武器、跳傘、承受逼供、偽造文件，以及在槍林彈雨環境中滲透敵後。唐諾凡指派約十二名幹員前往學習從事顛覆、破壞與游擊活動，學成之後當種子教官。

比起英國的情報單位，戰略局的幹員更想證明自己名不虛傳，他們迫不及待要讓外界曉得，這個單位雖然年輕，水準卻是世界一流。一九四三年夏天，正所謂初生之犢不畏虎，給他們逮到一次英國遺漏的情報機會。一名反納粹的德國官員佛利茲・柯爾布（Fritz Kolbe）透過熱衷反納粹運動的朋友、同時也是皈依基督教的德國猶太人恩奈斯特・柯赫塔勒（Ernest Kocherthaler）博士，找上英國駐瑞士伯恩大使館，由柯赫塔勒代為提出他想為同盟國從事情報工作的請求，卻遭到大使館三名外交官拒絕。柯赫塔勒向英國使館表示，柯爾布（他未指名道姓）的工作是負責將第三帝國外交部與駐外使館來往的公文按照重要性做排序，能夠接觸到希特勒軍隊動向與情報網絡等機密資訊。英國外交官擔心自己的政府會因此遭到德國雙面諜滲透，拒絕提議。

隔天八月十八日上午，柯爾布交給柯赫塔勒三份德國外交部文件，其中一份是納粹有意滲透北非地區英美情報活動的計畫詳情。由於之前已遭英國使館拒絕，柯赫塔勒改向美國駐瑞士伯恩大使館出示這些文件。看過文件的其中一人是戰略局駐瑞士調查站站長艾倫・杜勒斯（Allen W. Dulles），儘管軍情六處事先提醒他不要相信自稱是反納粹的德國官員，但杜勒斯也有他的壓力，因為上級長官唐諾凡想要看到更優質的情報，此時柯赫塔勒找上門來，實在是好到不能讓機會溜走。幾個小時後，杜勒斯會見柯赫塔勒的「消息來源」柯爾布，柯爾布說他不為錢財而來，純粹是基於愛國心，覺得為了德國與世界和平起見，必須打敗納粹。

柯爾布在戰爭期間將近二十個月內，交付杜勒斯至少一千六百則德國外交部與駐外館處往返的外交電報，內容包括德國情報網結構、德國在歐洲與英國的情報活動，以及納粹對美方密碼的破譯行動。戰略局取得的情報，有些會告知盟軍與盟國破譯員，對布萊切利園也不例外。多虧柯爾布的情報行動，納粹才能被打敗，這也讓唐諾凡的王牌手下杜勒斯更加深信非傳統作戰的重要性，以及必須證明戰略局是貨真價實的情報單位。

戰爭不只考驗英美兩國情報機關，也考驗資源相對匱乏的同盟國情報機關，像是當時隸屬大英帝國自治領的澳洲。澳洲在英國對德國宣戰後，隨即派兵參戰，但情報能力很弱，訊號情報多半仰賴布萊切利園，反情報則仰賴軍情五處。然而參戰三年後，隨著中央局（Central Bureau）成立，情報能力有了長足進步。中央局是集結美澳兩國破譯員的一個同盟陣營訊號情報單位，裡面人物包括辛可夫陸軍少校（Major Abraham Sinkov），他的主要任務是去了解日軍在巴布亞紐幾內亞等南太平洋地區從事哪些任務。

辛可夫自從一九四一年被派去英國布萊切利園，展開與美國阿靈頓廳的雙邊情報合作以來，便很熟悉配合同盟國破譯員作業。隔年，美國道格拉斯．麥克阿瑟（Douglas MacArthur）

陸軍上將被調往澳洲東南方的墨爾本後，辛可夫前往澳州領導新成立的同盟國訊號單位。五星上將麥克阿瑟身為南太平洋戰區盟軍指揮官，先前駐點菲律賓指揮任務，一九四二年菲律賓遭遇日本入侵，讓他被迫在同年三月改以澳洲為軍事據點。為阻止日軍在太平洋地區推進及日本海軍進犯澳洲，他需要借助破譯敵方密碼，於是在抵達墨爾本一個月內成立中央局，隨即任命辛可夫為局長。

中央局成為南太平洋戰區重要訊號情報單位，集結澳洲、美國、英國、加拿大與紐西蘭等多國男女破譯員，以及大學學者與數學家。當年稍晚，該局遷至東岸布里斯班，此時滲透日本通訊已有不少收獲，得知日本在西南太平洋地區「輸送人員物資的運輸地點」。然而破譯日方戰略通訊的成果並不理想，因為日方比照蘇聯的作法，大部分是使用一次性密碼本。辛可夫日後回憶：「基本上，獲取戰略資訊的部分不太順利……因為一次性密碼本的問題，破譯十分困難。」

一九四四年一月二日，情況有所改觀。巴布亞紐新幾內亞休恩半島的戰事打了快一年，日本帝國陸軍在澳洲軍隊進攻與美國空襲下，損失慘重，第二十師部隊因營養不良而戰力耗弱，僅憑有限口糧硬撐。原本想從半島北岸的希奧（Sio）撤退，卻因空中出現盟軍戰機受阻。兩天後，全師為求生做了最後一次嘗試，改從西邊朝馬當（Madang）撤退，一路與滂沱大雨和向上山徑搏鬥。負責集中攜帶全師電訊設備的步兵肩上負荷太重，最重的是一個鋼製箱子，裡頭裝有電訊設備相關的密碼資料，包括編碼簿。於是他們將它埋在溪床就走。

澳洲軍方抵達後，利用金屬探測器掃雷的過程中，鋼製箱子再次現蹤。他們將箱內泥濘不堪的資料送往布里斯班中央局總部。密碼分析專家在這座麥克阿瑟徵用充當訊號機關的華麗丘陵莊園裡，想方設法要讓文件乾燥，有些掛在晾衣繩，有些以電扇吹拂。

辛可夫回憶：「編碼簿全部泡水黏在一塊，得逐頁撥開……後來想到不錯的處理方法，就是在頁面塗上酒精類物質，讓頁面內容顯現。雖然顯現時間不長，卻足以讓我們拍照，順利完整重建資料。」

「這次日軍該師所有密碼資料均遭囊獲，密碼也剛使用不久。對方通常每三個月會更換一次密碼規則，多虧這一輪規則才剛更換，我們才能暢行無阻地查看近三個月對方通訊內容。這就是我方的突出成就。」

美澳密碼專家藉由這次探獲取得優勢，使得在巴布亞紐新幾內亞戰勝日軍的腳步又更快一些。費盡千辛萬苦從泥濘不堪的編碼簿取得機密，得知日方不論軍糧彈藥船艦或者軍備，均面臨短缺。辛可夫的人馬將編碼簿逐頁拍照，傳給位在維吉尼亞州的阿靈頓廳，有了這些資料，阿靈頓廳到三月破譯的日方通訊，已從一月的一千八百四十六則，增加到三萬六千則。

到了二戰動盪末期，辛可夫持續偕同澳洲破譯小組從布里斯班攻擊日方通訊，阿靈頓廳的羅萊特則在同一時間擴編葛萊比爾的團隊，投入更多語言學家與密碼分析師因應大量的蘇聯通訊。戰爭結束幾天不久，隨著蘇聯駐加拿大外交官投誠，葛萊比爾與維諾那同仁這才發現，蘇聯對美國的情報活動規模實在非同小可。

第二部

冷戰

第4章 鐵幕深垂

一九四五年八月初，正當世界目光投注在日本廣島與長崎被美國扔擲核子彈，造成至少二十萬人死亡之際，位於渥太華的蘇聯大使館有一名處理密電的年輕館員，也在為自己的生死搏鬥。伊果．古琴科（Igor Gouzenko）因為將機密公文放置桌上，沒有按照保密規定鎖進使館機密室，遭到革職懲戒。但他被指示在等待接班人到來的四週期間如常辦公，為武官尼古萊．扎波汀（Nikolai Zabotin）陸軍上校加密與解密通訊。他也負責要在長官辦妥極機密公文後，將公文暫時歸檔或燒毀，但他沒這麼做，反而將該燒掉的公文折角存起來，藏在眾多檔案之中，方便日後尋找。

古琴科收集的文件，著重於突顯蘇聯在加拿大、美國與英國境內從事情報活動，希望這些證據能夠確保他投誠順利。時年二十六歲的他深知這是一步險棋，也和太太絲薇特拉娜（Svetlana）商量過，兩人準備要拿自己與幼兒的性命做賭注，不願意回去莫斯科活在「殘暴與壓制自由的政權」。

九月五日晚上八點，古琴科最後一次踏出大使館，大衣底下藏著折角的文件，總共有三個卷宗，一百〇九份公文。他以為這就足以揭穿史達林是如何玩弄「兩面政治」，並且企圖「放暗箭傷害加拿大」。詎料，偷公文不到二十四個小時，加拿大官員就表示對公文沒興趣，讓他頓失信心。加拿大無意在政治上與當時仍被西方視為盟友的史達林政權作對，因此當加拿大司法部人員告知部長路易・聖勞倫（Louis St Laurent）此事時，部長一口回絕。甚至《渥太華日報》（*Ottawa Journal*）也讓他碰釘子，不願意刊登竊取的文件內容。

此時唯一在意公文的人，是四名蘇聯官員，他們在九月六日傍晚闖進古琴科公寓家中要找他，殊不知古琴科全家人已經被走廊幾公尺外的鄰居收留。兩名渥太華市警員一抵達桑莫瑟西街五一一號的公寓，準備調查這次侵入事件時，撲空的惡棍隨即離去。古琴科向警方表示，他一家人深陷危難，手上有文件想提供給加拿大政府。

警員徹夜監視他住的公寓，也將此事通知有處理敏感涉外事務能力的執法單位加拿大皇家騎警。古琴科一夜未眠，隔天早上獲邀前往皇家騎警總部，會見情治部門。部門主管是英國出生的查爾斯・李維特卡納克（Charles Rivett-Carnac）。訊問人員指出，這位蘇聯職員抵達時握著公文，「神情激動且不安」，幾乎要「精神崩潰」，「講話語無倫次，思緒混亂，很難知道他想表達什麼」。人員在訊問時擔心他「精神不穩定」，若非皇家騎警及時介入，恐怕他「早已承受不住險峻局面而殺妻並自殺」。

古琴科從未想過要當情報員，他熱愛藝術與文學，蘇聯在一九四一年參戰時，他已經在主修建築。紅軍為了擴編人員，找上共青團，古琴科是團中可靠的一份子。他被相中，送往莫斯科軍事情報學院進修，畢業掛階少尉，進入陸軍中央密碼部研習加密與破譯機密。一九四三年六月，古琴科通過蘇聯祕密警察內務人民委員會五個月的背景審查，獲准前往渥太華的大使館工作，官方職銜是「公務員」。

兩年五個月後，他躲藏在偵訊室，向皇家騎警交代自己的背景，表明要投誠。調查人員聽完古琴科詳述蘇聯情報網如何以渥太華的大使館為掩護運作，對於史達林的情報組織背信棄義深感震驚。古琴科也提出證據證明長官扎波汀陸軍上校藉外交身分之便，在加拿大為蘇聯軍情單位從事情報活動。還有其他公文指出他曾向一群特務「支付酬勞，指派任務並取得成果」，例如代號「艾列克」（Alek）的英國科學家，以及代號「德布茲」（Debouz）的加拿大工黨政治人物。

蘇聯當局指示渥太華使館收集各式情報，包含「美軍動向」與加國空軍「動員能力」。這讓皇家騎警深信，「從指示的性質與完備程度來看，顯見莫斯科有刺探盟友的意圖與動機」。針對古琴科所持的資料，以及所做的情報鑑定也顯示，「從結構上來看，加國境內的這個情報集團，與大使館密不可分」。

儘管在處理間諜與投誠案子時，偵訊古琴科的皇家騎警的經驗不如英國軍情五處與美國聯邦調查局，但他們曉得既然古琴科負責密電工作，表示「他會經手所有訊息的收發，因此可以從大使館對外往返的通訊與安排，得知相關計畫與活動」。最後他們判定古琴科交代的資訊與個人背景「出奇準確」，於是全面保護他和家人，將他們暫時移往X營區，這是位在安大略湖畔、英國用來培訓美國戰略局人員破壞技術的戰時隱蔽設施。

對加拿大總理列昂・麥肯錫・金恩（Lyon Mackenzie King）而言，戰爭結束才五天，古琴科就突然投誠，這個政治麻煩來得正不是時候。史達林政權向他的政府詢問古琴科的下落，但他不想在外交上和史達林政權攤牌。九月八日，渥太華的蘇聯大使館去函加國外交部，要求立即逮捕古琴科，指他「劫走大使館錢財，與家人藏匿某處」，當時大使館不知道古琴科已經投誠。

金恩政府沒有對蘇聯透露實情，總理私下和英國首相與美國總統商討此事，當時英美兩國換了新政府，讓情報局勢出現變化。在美國，羅斯福總統因併發症於一九四五年四月驟逝，哈瑞・杜魯門（Harry Truman）繼任總統。五個月後，杜魯門下令戰略局停止運作，相關資源與人力分散到國務院及戰爭部，成立戰略局的始祖唐諾凡遭到冷凍。事後發現，戰略局也被蘇聯滲透。在英國，儘管同年五月盟軍在歐陸戰場獲勝，納粹德國投降，厭倦戰爭的人民已不願繼續支持邱吉爾擔任首相。兩個月後，邱吉爾在大選敗給克萊曼・艾德禮（Clement Attlee）。艾德禮和邱吉爾一樣重視情報事務。

隨著渥太華古琴科危機在檯面下展開，英國與美國情報界立即感受到此事的影響。對金恩而言，這名「突然現身」自願洩漏機密給皇家騎警的蘇聯投誠者，掀起一場情報界政變，加拿大可以利用這個機會重新定位自己在情報圈的影響力。金恩、杜魯門與艾德禮三人會面後同意合作，將古琴科事件中身分曝光的蘇聯間諜一網打盡。皇家騎警隨後將投誠者提供的情報，分享給聯邦調查局、軍情五處與軍情六處。為保護古琴科身分不曝光，皇家騎警以代號「柯比」（Corby）稱之，這也是早期加拿大在與英美情報夥伴通訊中對他的稱呼。

古琴科與救他一命的皇家騎警此時壓根沒有想到，這次投誠會引發一場西方國家與蘇聯之間長達數十年的軍事與情報爭王之戰，冷戰於焉展開。

由於史蒂文森仍在紐約領導英國安全協調組織，掌管加拿大與英國當局的情報交換，古琴科一案所有溝通訊息最初都是傳往軍情六處。負責英國國內情報事務的軍情五處得知古琴科機密詳情時，也開始積極對付蘇聯情報活動。李鐸熟悉蘇聯大使館人員如何以外交身分為掩護，對駐在國從事情報活動，靠的是將近二十年前偵辦倫敦全俄合作社一案，該組織以促進英俄商業交流為幌子，實際上是為史達林刺探祕密。即使擊敗納粹史達林有功勞，李鐸在軍情六處的一些同事，也深知共產政權的威脅，不太信任蘇聯當局，像是曾任《泰晤士報》駐外記者並於一九四〇年加入軍情六處的金姆・菲比（Kim Philby）。他在處內歷任宣傳培訓及反情報等職務，代表軍情六處經手古琴科案子所有溝通訊息。

古琴科投誠四天後，菲比會同李鐸商量皇家騎警那邊取得的相關電報，史蒂文森提到哪些西方國家的人，是渥太華蘇聯大使館指使的間諜。其中一人是英國物理學家艾倫・南恩・梅伊（Alan Nunn May）博士，蘇聯業務主辦官以假名「艾列克」（Alek）稱之。這名物理學家定居加拿大將近三年，正在參與一項加拿大、英國與美國三方合作的原子研究計畫。該計畫成形於一九四三年八月的《魁北克協定》（Quebec Agreement），協定將代號為「合金管」

（Tube Alloys）的英加兩國核子研發計畫，與代號為「曼哈頓計畫」（Manhattan Project）的美國原子彈計畫合而為一。這理應是二十世紀最大的科學機密，想不到古琴科指出計畫也被蘇聯透過梅伊等人滲透。

為確保抓到梅伊，將他定罪，李鐸於是和菲比商量不同行動策略。李鐸在一九四五年九月十一日的日記上提到：「金姆帶著大西洋對岸傳來的俄國情報活動電報來找我，渥太華文件顯示，梅伊被指示與當地蘇聯特務接觸。」這名間諜科學家在魁北克蒙特婁實驗室（Montreal Laboratory）深入參與全球首座核子反應爐的建造工作，工作合約已經屆滿，準備要返回倫敦。軍情五處於是評估是否請皇家騎警趁梅伊尚未回到英國就在加拿大逮捕他，還是要「等他回國後再徹底搜索並下馬威」。李鐸的另一個想法是在梅伊回國後跟監他，以利「揪出國內的蘇聯間諜網」。兩天後，雙方再度碰面決定採取何種策略對付梅伊。李鐸比較希望在加拿大逮捕梅伊，因為擔心梅伊回到英國後無法被法律追訴，除非真的被軍情五處逮到「他交付文件給蘇聯窗口」，但他認為可能性很低。菲比則是「殷切希望」讓科學家回到英國，如此便有可能透過他和其他特務的接觸，掌握這些人的身分。李鐸說：「兩相權衡後，我們認為讓梅伊回國，是比較好的作法。」他支持菲比的行動策略，卻萬萬沒有想到，這個能夠接觸古琴科案子所有溝通訊息與梅伊情報的軍情六處官員，也是蘇聯間諜。

李鐸與菲比會面後五天，一九四五年九月十七日，李鐸派臥底幹員到格拉斯哥西南方的普萊斯威克機場，等待從加拿大飛來的班機。飛機在上午六點十五分落地，幹員瞄了一眼別人提供的梅伊近照，在航廈認出梅伊。梅伊身披灰色大衣與匹配西裝，戴著「藍色特里比帽」與「金邊膠框眼鏡」，稍稍遮掩嚴肅臉孔。幹員指出，梅伊雖然三十四歲，看上去卻彷彿「約四十歲」，早禿，「僅剩幾撮深色褐髮」，留著「相對茂密且深褐色鬍子」。

科學家獨自吃完早餐，午後一點轉乘班機，飛往倫敦市中心西南方約三十英里的坎柏里（Camberley）布萊克布許機場，並於下午抵達。幹員混在機上十一名乘客之中跟監他，隨後跟蹤到坎柏里火車站，於下午四點五十分搭同一班列車前往倫敦滑鐵盧車站。

臥底幹員在九月十八日的跟監報告中提到：「梅伊博士在滑鐵盧車站招了計程車，放上行李，車子便駛離。」「等待我到來的同事，此時已接獲我的通知，接手繼續跟監。」

幹員還提到，「有四名和梅伊搭同一班機從加拿大到普萊斯威克的乘客」，也隨後依循相同路線從布萊克布許機場到滑鐵盧車站。沒有跡象顯示他們互相認識，或者知道梅伊是誰。

幹員並不知道，其中一名乘客是皇家騎警便衣警官貝爾菲（Bayfield），此行來到倫敦的目的，是要協助皇家騎警與軍情五處打好關係。幹員未被告知此事，乃是為了避免走漏風聲讓紐約的英國安全協調組織知情。該組織仍是軍情五處在美國與加拿大的利益代表人，自我定位為古琴科事件的主要聯繫窗口，這令李鐸大表不滿。

貝爾菲帶著皇家騎警長官史都華・伍德（Stuart Wood）給李鐸的親筆信。李鐸在九月十八日的日記上提到：「從信件內容及貝爾菲的親口表達，可以知道皇家騎警樂於和我方直接聯繫。」「這麼做確實有必要。」李鐸已經厭倦透過史蒂文森和皇家騎警打交道，因為「他總是先考慮對自己名聲有無好處，才去決定要做或不做一件事。倒楣的是軍情五處」。李鐸在收集對間諜不利的證據時很小心，因為他曉得一個人要被判處叛國罪，法律門檻很高，光靠懷疑遠遠不夠。為找到能夠定罪的證據，他指示全天候跟監梅伊，監聽電話。九月十九日，李鐸寫信給上次來到加拿大偵訊古琴科的軍情五處蘇聯專家、後來當上處長的同事羅哲・霍里斯（Roger Hollis），問他古琴科有沒有提供梅伊「筆跡」資訊，或者提供能夠證明「莫斯科與渥太華原始密電有提到安排梅伊在倫敦密會」的資料。李鐸還提到，能不能起訴該名蘇聯間諜，「完全要靠」古琴科提供的證據，「沒有證據就無法起訴（梅伊）」。

就在軍情五處深入調查梅伊之際，聯邦調查局也在釐清蘇聯滲透美國到什麼程度，但他們不曉得阿靈頓廳調查蘇聯情報活動的維諾那計畫，已經進行超過兩年半。儘管如此，聯邦調查局早在一九四二年已從威塔克・錢伯斯（Whittaker Chambers）那邊察覺到蘇聯在刺探美國祕密。錢伯斯曾經在美國為共產刊物撰寫文章，從事編輯工作，卻在一九三九年時因史達林與希特勒簽署互不侵犯條約，深感意識形態遭受背叛，便退出共產黨，後來和二戰前夕投誠美國的前蘇聯特務華特・克里維斯基（Walter Krivitsky）合作。克里維斯基曾經在一九三九年九月向華府的英國大使館密告，指出倫敦有一名在英國政府從事密碼工作的職員約翰・賀伯特・金恩（John Herbert King）陸軍上尉將外交通訊售予蘇聯當局。克里維斯基透過這個作法證明自己是西方盟友，金恩也在軍情六處與軍情五處李鐸團隊的調查後，遭判處十年徒刑。本案直到二十年後才對外公開。

即使面臨蘇聯內務人民委員會的追殺與索命威脅，克里維斯基仍想揭發更多蘇聯間諜。一九四〇年一月，他以「華特・湯瑪士」的假名身分前往倫敦和軍情五處幹員會面，其中一個會晤對象是李鐸。軍情五處提議給他一千英鎊酬勞，外加日常開支。他則開價五倍，最後「敲定價碼為二千英鎊，皆大歡喜」。克里維斯基向軍情五處透露「相當多」蘇聯祕密警察組織架構詳情，但是有關英國境內其他蘇聯間諜的資訊則不夠具體，無法知道這些人是誰，也無法逮捕他們。

回到美國後，克里維斯基持續發表文章公開反對史達林，也敦促錢伯斯提供共產黨的活動資訊給美國政府。一九四一年二月，克里維斯基被發現頭中一槍死在華府某間旅館，床邊有三張自殺聲明。錢伯斯懷疑他是被蘇聯內務人民委員會殺害，深怕自己也遭遇不測，便在隔年春天找上聯邦調查局。一九四二年五月至一九四五年六月期間，錢伯斯陸續向調查局透露哪些美國政府官員也在為蘇聯服務。其中一人是曾和羅斯福總統有密切工作接觸的美國國務院官員艾爾傑・希思（Alger Hiss）。

聯邦調查局卻置若罔聞。事後調查局內部檢討，承認這是行動失策。當時調查局不積極偵辦戰時蘇聯在美境內情報案件，某種程度上是因為紅軍和美國是同一陣營，美國人民和羅斯福的想法一樣，認為蘇聯是戰友。另一個原因是聯邦調查局與其他美國情報機關，特別是戰略局，缺乏橫向聯繫與情報交換。

古琴科投誠讓聯邦調查局不得不重新檢視錢伯斯提供的情報，但要一直到一九四五年十一月，某位背叛共產主義且深怕遭到蘇聯爪牙殺害的美國女性成為聯邦調查局線民，才讓調查局認真看待錢伯斯的供詞。

伊莉莎白・特瑞・班特利（Elizabeth Terrill Bentley）向聯邦調查局透露不可告人的祕密時，已經為蘇聯從事七年情報工作。美國執法單位先前知道她是共產黨員，且認識曾任蘇聯內務人民委員會特務的傑克布・葛羅斯（Jacob Golos），葛羅斯當時在紐約開旅行社及航運公司，以掩飾蘇聯情報活動。班特利當過康乃狄克州學校老師，在一九三八年被葛羅斯吸收。聯邦調查局在一九四一年對班特利展開調查，卻查無不利於她的證據。後來才知道，葛羅斯不僅是她的聯絡人，也是她的情人。

她的工作之一，是往返紐約與華府當「信差」，負責傳送特務取得的各種機密文件，像是美軍部署情形、空軍戰機技術，以及亞洲、拉丁美洲經濟狀況評估等文件及微縮膠片。班特利的情報活動不外乎蘇聯對美國境內間諜設定的任務目標，即要滿足史達林在二戰期間想要了解的事情，包括美國有無掌握希特勒謀害蘇聯的情報、英美兩國是否暗中安排軍事計畫、西方盟友是否會與德國和談，以及美國正在發展哪些科學技術，特別是核子技術的進展。

這些蘇聯設定的目標，班特利均一一為葛羅斯實現，直到葛羅斯一九四三年死於心臟病。班特利也協助他從美國共產黨物色間諜，從而深知蘇聯在美國境內的情報組織結構，並且掌握這些間諜的身分，包括誰在政府內部做事。一九四五年秋，班特利有意交付上述資訊給聯邦調查局，換取人身保障與不被法律追訴。

班特利時年三十七歲，捱得過十多年來的酗酒及憂鬱，卻不確定是否承受得住蘇聯內務人民委員會。他們認為葛羅斯死後，班特利性格變得衝動難以駕馭，對她的蘇聯忠誠度打上問號，也不再讓她與所有特務往來。

一九四五年十一月七日，班特利在紐約接受聯邦調查局偵訊，決定投誠。後續幾週，她向當局透露數十名間諜的身分，包括白宮經濟顧問勞餃林．柯里（Laughlin Currie）與戰略局資深情報官員當肯．李伊（Duncan Lee）。李伊曾經向她洩漏戰略局在歐洲進行的極機密任務，以及局內正在搜捕支持共產黨的內鬼。班特利、錢伯斯與古琴科提供的情資一致顯示，蘇聯在美國境內的情報活動相當活躍。班特利的情報提到，任職紐約英國安全協調組織宣傳部的影評暨作家塞卓克．貝爾佛萊吉（Cedric Belfrage）曾將蘇格蘭場寫給英國幹員的工作手冊提交蘇聯，由於事涉英國，聯邦調查局便將情報分享給軍情五處。班特利的情報內容保密三年後，才對外公開。

聯邦調查局一邊盤問班特利，一邊將初步結果傳給軍情五處的李鐸。李鐸在十一月二十日的日記上提到：「已經確認約三十個特務的身分，但案子會有哪些影響，仍很難料。」班特利日後會再指認十多名美國境內蘇聯間諜。他還指出：「美國境內蘇聯情報網很符合蘇聯情報的一貫作業模式，也可見它滲透美國政府之深。」「情報提到貝爾佛萊吉，據稱他交給對方一本來自蘇格蘭場厚重的特務訓練報告。」

班特利在偵訊期間也提到加拿大人牽涉其中。據指出，加拿大國會議員弗萊德・羅斯（Fred Rose）曾透過她定期和葛羅斯通信。羅斯最後因間諜案遭判處六年徒刑，不過不是根據班特利的證詞，而是根據古琴科向皇家騎警透露的證詞。

班特利不同於古琴科的地方在於，古琴科投誠時有提供實體證據，班特利則只靠記憶替自己的供詞背書。這導致聯邦調查局無法迅速對她指認的間諜採取行動，只能曠日費時調查更多明確證據。到了一九四五年的耶誕節，聯邦調查局忙於追查班特利提供的線索，皇家騎警持續根據古琴科的祕密情報獵捕北美地區間諜，軍情五處對梅伊的調查也持續進行中。這三個情報單位執行的反蘇任務，預示他們將會擴大反情報合作，並且強化對國內人民的監控。同時也突顯共享資源與人員情報交流的價值所在，以及協調逮捕行動的重要性，避免讓嫌犯脫逃。

古琴科投誠五個月後，英國與加拿大情報單位認為已經對已知間諜搜集充分證據，收網時機成熟。一九四六年二月十五日，皇家騎警在加拿大逮捕二十二名蘇聯間諜的其中十一人，軍情五處也在同一天傳訊梅伊。該英國物理學家在二月四日已經從美國媒體報導得知渥太華這些間諜的存在，隔日加拿大總理金恩成立皇家委員會，對古琴科的供詞展開調查。

面對李鐸手下的偵訊，梅伊雖然不安，卻對在加拿大的工作內容守口如瓶，直到五天後才坦承有將原子研究相關資訊及材料交付蘇聯方聯絡人，包括鈾－233及鈾－235的樣本。李鐸提到：「他除了交出一份報告，也交給對方兩塊鈾。」「他認為讓俄國人參與這件事對大家都有好處，也應該分享實驗成果，才會這麼做。」這也證實軍情五處先前從皇家騎警取得的情報，指出古琴科的前上司扎波汀上校曾經在前一年向蘇聯當局回報梅伊提交的報告，內容「詳述」廣島那顆原子彈的「科學特徵」。扎波汀更提到梅伊提供鈾樣本。一九四六年春，梅伊因違反英國《官方機密法》遭到起訴。此時，西方國家與蘇聯的緊張關係正急遽升溫。

當年稍早，史達林宣告資本主義是戰爭的罪魁禍首，直指「全球資本主義在這個時代，是靠危機與慘絕人寰的戰爭才能向前進展，進展既不平順，也不平均」。同一時間，英美兩國在戰後踏出重大一步，強化雙方的政治與情報合作，以先發反制蘇聯對西方民主的威脅。

同年三月，英國前首相邱吉爾在美國中西部密蘇里州富爾敦的西敏學院發表演說，頌揚英美兩國之間具備所謂的「特殊關係」，讓此稱呼家喻戶曉。在杜魯門總統的引薦下，邱吉爾在演說中還提到，戰後歐洲已經被一條「鐵幕」分割：鐵幕的一邊是自由民主的西方世界，另一邊是蘇聯勢力範圍且「莫斯科控制與日俱增」的東方共產世界。

就在邱吉爾發表演說的同一天，發生另一起不相干但具歷史意義的事件，那就是英美兩國簽署祕密協定《英美協定》。協定由倫敦訊號情報委員會及全國陸海軍通訊情報委員會，代表各自訊號主管機關簽署。《英美協定》是戰時情報交換框架協議《不列顛美國協定》的進一步擴張，從前一年日本投降前夕即展開內容磋商。杜魯門政府與艾德禮政府均支持戰後繼續交換情報以應對各種威脅，例如蘇聯情報活動、新興核子武器競賽，以及未來敵人可能的奇襲。

根據協定，兩國訊號情報的主管機關，如布萊切利園、阿靈頓廳與美國海軍，均可「不受限制」接觸另一方的「程序、作法與設備」，意即能夠讓更多自己的分析專家與對方總部進行整合，共同執行任務，舉辦年度會議，一起進行「局長層級決策」。至於澳洲、加拿大與紐西蘭等英國自治領，雖然並非協定簽署國，但按照協定規範也可以從中獲益，前提是必須參與特定任務，並且「同意相關條件」。

《英美協定》雖然被稱為協定，但其實只是備忘錄，雙方都可以不認帳，且不具約束力。協定所代表的意義，不在於這九頁內容，而是代表兩國破譯員與情報人員在二戰期間的成就與挫敗。如同《不列顛美國協定》，《英美協定》的重點也是訊號情報，但最終不只會從人員情報及執法單位（像是軍情五處、軍情六處、聯邦調查局，以及一九四七年成立取代戰略局的中情局）獲得貢獻，也會對二者做出貢獻。就在英美加三國民意轉向反蘇之際，這項協定強化了英美情報體系的「特殊關係」。西方與蘇聯昔日同屬戰友的團結感，正因共產主義破壞西方民主的憂慮而急速消退。一九四六年五月，物理學家梅伊博士的判決出爐，他因交付蘇聯核子機密，遭判處十年勞役，登上全球新聞頭條，也更加坐實前述憂慮。

正當聯邦調查局持續調查班特利的供詞，一名特別探員羅伯特・藍菲爾（Robert Lamphere）執意將自己的人員情報專長，與密碼破譯相結合。這位反情報專家熟悉古琴科案情，也得知阿靈頓廳葛萊比爾破譯團隊成功滲透蘇聯通訊，因為古琴科曾將蘇聯某些一次性密碼本的線索提供給葛萊比爾的上司羅萊特。羅萊特在一九四五年秋天從加拿大某個祕密場所盤問古琴科。美國國家安全局解密檔案指出：「由於古琴科的工作與通訊有關，羅萊特……也受邀參與偵訊。」「羅萊特從偵訊過程中，充分了解蘇聯國家安全委員會使用的編碼簿規則。」古琴科透露，蘇聯會額外隨機增加字母，讓一次性密碼本更難被破譯。這項資訊讓維諾那團隊在破譯時能夠少費力氣，但仍無法有重大突破。

聯邦調查局特別探員藍菲爾大致清楚維諾那團隊遇到的難題，但也深知自己不該強行介入。畢竟這個計畫比破譯二戰期間謎式密碼機更神祕，連杜魯門總統都要到一九四九年國務院官員希思涉嫌間諜案受審時，才首次獲悉維諾那任務的存在。

藍菲爾必須祭出策略，才能讓維諾那團隊相信他真心想和他們合作，可以協助他們找出遺漏的線索，以利抓到雙方都想追緝的蘇聯間諜。於是他說服聯邦調查局的阿靈頓廳聯絡官威斯・雷諾茲（Wes Reynolds），請他引薦與羅萊特認識。

第5章
人員情報遇上訊號情報

一九四一年冬，藍菲爾自聯邦調查局特別探員訓練所結訓，結訓評語提到此人「其貌不揚」，「舉止普通」，又指這名二十三歲菜鳥是「平庸之輩」，「個性上要更活潑，要對自己更有自信」。任誰都想不到，獲此評語者竟然會是前途大好的王牌戰將。然而，這名愛達荷人也是費了幾年功夫，才讓聯邦調查局另眼相待。初任特別探員前十五個月，先是任職阿拉巴馬州伯明罕分局，後調往紐約市分局，不論到哪都全心投入辦案，平均每日加班三小時處理勒索、汽車竊案等各式刑事案件。然而真正讓他吸引長官目光，則是因為偵辦二戰後的蘇聯情報活動。一九四八年夏，他被調到情報組，主管稱讚他「討人喜歡」，工作始終「主動積極且足智多謀」。時值三十歲的他，正要邁入第二段婚姻，同時準備讓維諾那團隊見識他的厲害。

同年十月，藍菲爾赴阿靈頓廳拜會美國陸軍安全局（Army Security Agency, ASA）（前身是訊號情報勤務局）的情報處處長羅萊特。藍菲爾的偵查實力羅萊特略有耳聞，但對他來說，維持反蘇計畫保密的重要性更勝於借助藍菲爾的長才。他要求藍菲爾保證往後聯邦調查局辦案若有用到維諾那團隊的情報，不得提到情報的來源，也不得提到來自解密的電文，只能說是根據「情報消息來源透露」。這對藍菲爾而言是一大阻礙，因為被告律師經常會以證據不全面公開為由，主張這些對客戶不利的證據無效。

藍菲爾別無選擇，只得尊重計畫的機敏性，接受羅萊特開出的條件。畢竟連前一年剛成立的中情局也無權接觸該計畫，藍菲爾可謂得天獨厚。當局派維諾那計畫主要譯者暨分析員梅瑞迪斯・賈德納（Meredith Gardner）當他的辦案搭檔，賈德納除了會分析密碼，也深諳俄、德、日語等六種語言，一九四六年被羅萊特相中破譯蘇聯情報單位國安會的通訊內容，國安會負責在海外從事史達林交辦的情報任務，且往往以外交手段為掩護。

賈德納過濾大量訊息內容，有些是葛萊比爾與團隊早在一九四〇年代初期所收集。到了一九四六年耶誕節，他已有斬獲，包括破譯蘇聯國安會與旗下紐約分處往返的一則訊息內容，裡面提到數名參與曼哈頓計畫科學家的代號。隔年夏天，賈德納的報告披露蘇聯通訊出現上百名蘇聯國安會特務代號，如ANTENNA（天線）、STANLEY（史坦利）、GOMER（戈摩）與REST（其餘）。

儘管取此代號者的真實身分尚未釐清，仍引發藍菲爾關注。賈德納個性內向寡言，工作上是獨行俠，這個習慣對已經三十六歲的人來說，很難一夕改變。他也不太願意說明自己的作業方法，直到藍菲爾發現他的桌上放著些許焦灼的國安會編碼簿，這才打開他的話匣子，向藍菲爾透露不為人知的祕密。原來，編碼簿是一九四一年夏天芬蘭軍隊突襲蘇聯駐芬蘭領事館時找到的。蘇聯人在遭到降伏以前，放火企圖燒毀密碼室裡的機密文件。有幾件東西被芬蘭人挽救，其中之一即是燒得半焦的國安會編碼簿。

美國戰略局在一九四四年九月芬蘭分別與蘇聯及英國簽署和平協定不久後，從芬蘭那邊購入該本國安會編碼簿等蘇聯密碼資料，並將編碼簿影本送到阿靈頓廳。雖然賈德納收到的編碼簿，已非蘇聯情報單位使用的最新版本，這個舊版本卻有足夠線索讓他破譯國安會某些通訊內容。破譯國安會莫斯科總部與轄下蘇聯駐澳洲坎培拉大使館國安會分處之間的訊息，就是他早期立下的戰功。維諾那解密內容提到幾個人員代號，其中代號 KLOD（柯洛德）的人不斷從澳洲外交部兩名官員那裡取得機密情報，例如英國以電報知會澳洲外交部的戰後戰略計畫。柯洛德再將取得的情報交給人在坎培拉的蘇聯國安會聯絡人，這讓美國警覺澳洲保防出現漏洞。

對澳洲更不利的是，當時立場被認為偏袒共產主義的工黨政府，以及國內有欠專業的情報單位，都未被知會維諾那這個計畫。反觀英國早在一九四五年，即政府代碼與密碼學校更名為政府通訊總部（Government Communications Headquarters, GCHQ）的前一年，已經透過阿靈頓廳有所知情。一九四七年，賈德納向英國破譯團隊報告，指出維諾那解密內容顯示澳洲保防確實出問題。政府通訊總部通知軍情五處此事，當時李鐸已升任副處長，聞訊決心改革澳洲情報單位國協調查勤務局（Commonwealth Investigation Service, CIS），該局係於一九四七年二月由國協調查局（Commonwealth Investigation Bureau）與國協安全勤務局

（Commonwealth Security Service）合併而成。一九四七年十一月二十五日，李鐸在日記上寫道：「破譯工作有所斬獲。約一九四五年從澳洲發出的訊息顯示，我方交付澳方的公文幾近外洩。」鑒於英國提供澳洲大量情報，李鐸有意提升澳洲保防水平，也考慮安插一名軍情五處代表在國協調查勤務局，以「更了解澳洲保安情況，思考對策」。隔年，李鐸與處內同仁展開作業。

英國首相艾德禮從軍情五處這邊得知澳洲保防出狀況，交代火速處理，以利因應一九四八年初冷戰急遽升溫。此時，史達林手下有些間諜專心竊取澳洲機密，有些忙於歐洲各地滋事擾亂。二月，捷克共產黨人在蘇聯政府暗中支持下，推翻民選政府。希臘與中國的共產份子也在打內戰，勝負殊異。英國支持的希臘政府順利阻止共黨人暴力奪權，中國則改由共產黨領導人毛澤東主政，其世界觀至今仍為國內領導人奉行不渝。

艾德禮有意讓澳洲首相明白，蘇聯的威脅有多麼險峻，便於一九四八年二月派軍情五處處長波希·席里托（Percy Silitoe）偕同反蘇情報專家羅傑·霍里斯（Roger Hollis）赴往雪梨。但礙於規定，他們無法向澳洲總理班恩·奇夫利（Ben Chifley）透露情報來源。通常情報交換都會要求取得情報的一方遵守使用條件，而之所以會對軍情五處設下嚴格的維諾那機密使用條件，就是因為美國人不放心直接將機密告訴澳洲人。

二月十二日，席里托與霍里斯在雪梨覲見奇夫利，向他謊稱蘇聯有人前來投誠並且透露蘇聯國安會在澳洲政府內部從事情報活動，令英美兩國深感憂慮。又說，蘇聯早在一九四五年秋天透過某個身分尚未確認的澳洲政府人員取得機密資訊，其中包含印有「極機密」字樣的《西地中海與東大西洋地區安全報告》（Security in the Western Mediterranean and Eastern Atlantic），這會讓史達林在與西方盟國談判戰後歐洲規劃時擁有更多籌碼。

軍情五處編造的說詞未能說服奇夫利，更讓奇夫利感到對他本人與閣員不敬。李鐸在日記上提到：「奇夫利大概覺得我們在怪罪他。」即便如此，澳洲總理仍然下令調查洩密案，並安排兩人會見國防部長佛瑞德瑞克・薛登（Frederick Shedden）爵士，因為來自英國的機密文件，都是由國防部負責保管及管控流向。但當薛登指示負責聯合情報管制的准將弗來德・契爾敦（Fred Chilton）調查此事時，疑神疑鬼的席里托與霍里斯又改說詞。他們告訴契爾敦，蘇聯國安會滲透澳洲政府一事的情報來源，並非蘇聯的投誠者，而是倫敦一個可靠線民。該線民耳聞蘇聯駐澳大使「誇口自己在坎培拉有養不少線民」。契爾敦雖未採信這個說法，但也未戳破。很快地，他們調查出某人涉有重嫌，即任職國務院的伊安・米爾納（Ian Milner）博士，他曾向國防部後衝突規劃委員會兩度索取《西地中海與東大西洋地區安全報告》影本。此人也有權限接觸英國交給澳洲的七份機密文件，這些恐怕都已落入蘇聯手中。由於米爾納形跡可疑，澳洲保防部門遂對外交部展開深入調查。吉姆・希爾（Jim Hill）是米爾納以外的重點調查對象，他也涉嫌援助蘇聯。多虧從維諾那解密內容得知BUR（伯爾）與TOURIST（遊客）分別是這兩名嫌犯的代號，才得以掌握兩人身分。霍里斯留在澳洲協助偵辦米爾納與希爾反情報案件直到四月，期間固定與薛登等高層會面，他曾屢次勸說薛登比照軍情五處模式，成立澳洲的對應單位。

澳洲千瘡百孔的保防狀況讓美國政府疑慮很深，開始不提供情報給英國。美國空軍規定，澳洲若不提升保防等級，就不提供導航武器等情報給英國。英國情報界聞訊震驚，從維諾那團隊截收的機密可見，澳洲政府內部確實有蘇聯間諜。

一九四八年夏，席里托奉艾德禮命令前往華府，目的是要說服負責協調各個國內訊號情報單位的美國通訊情報委員會，請美國公開維諾那機密，唯有如此澳洲才會正視自己的保防問題。美方訊號官員同意軍情五處告訴澳洲總理奇夫利這個機密，卻不同意向其他人透露，包括司法部長兼外交部長赫伯特・伊瓦特（Herbert Evatt）及國防部長約翰・戴德曼（John Dedman）。

席里托不甘被拒絕，找上美國國務卿馬歇爾將軍。眾所皆知，馬歇爾擔心共產勢力擴張，才會有所謂戰後馬歇爾計畫的實現，由美國資助重建西歐基礎建設與經濟，以遏止共產主義蔓延。馬歇爾在二戰期間操刀盟軍行動，勢必清楚澳洲訊號情報單位曾與布里斯班那邊麥克阿瑟將軍麾下的密碼局合作，貢獻不少。馬歇爾接受席里托的請求，指示美國訊號情報部門擴大向澳洲政府人員報告維諾那機密，對象包含奇夫利總理身邊的機要人員。

一九四八年六月底，奇夫利前往倫敦，聽取英國首相親自說明維諾那解密內容。但解密內容可以說明到什麼程度，缺乏共識。美方情報主管要求不能告訴奇夫利完整的情報來源。李鐸指出，美國通訊情報委員會主張告訴奇夫利，蘇聯國安會在澳洲活動的情報是「從某則截獲的澳蘇電報」得知。美方深怕告知「這一連串訊息」的真正來源，「意味著密碼已被破譯」。但艾德禮不顧要求，仍在向奇夫利說明的過程中提到多則電報內容，這可能是基於想強調保防出現漏洞。當時美國已將澳洲的安全許可等級降到最低等級，不提供澳方有價值的情報。一個月後的七月底，澳洲甚至連身為大英自治領而可按照《英美協定》取得局部美國訊號情報的權限，也遭剝奪。美國政府這麼做讓奇夫利大為光火，認為美國無視他在日本所做的軍事貢獻，也就是派澳洲軍隊駐兵日本支援美國，自一九四六年以來，澳洲已派出約一萬六千名陸海空軍兵力督督日本落實去軍事化。

有幾個原因讓奇夫利不得不改革提升澳洲情報水平。首先，缺少美國情報支援，會不利澳洲國防。其次，外交官米爾納洩密給坎培拉的蘇聯大使館，也是事實。再方面，若不能取得美方機密，等於是白花納稅人的錢強化國防訊號情報局（Defence Signals Bureau）及聯合情報局（Joint Intelligence Bureau）。

奇夫利的煩惱不只這一樁，美澳之間的尷尬處境也上了當地媒體，洩密案更引來國協調查勤務處密集調查。直到一九四八年十月，該處正在進行的蘇聯間諜調查案就有十件，統稱為「案件」。總理也不放心由這個單位負責調查，所以授權軍情五處派經驗豐富的反情報人員羅伯特・亨布里斯蓋爾士（Robert Hemblys-Scales）協助他們辦案。一九四九年一月，軍情五處增派兩名人手，其中一人是霍里斯，他除了要針對成立新單位提供專業意見，也要展示維諾那情報內容，有些是與澳洲有關的解密電文。奇夫利一改不配合英美政府要求的態度，反而加緊腳步，計畫成立新單位接手國協調查勤務處的反情報工作，以消除兩國疑慮。一九四九年三月二日，新單位在他的宣布下成立，日後命名為澳洲安全情報局（Australian Security Intelligence Organisation, ASIO），並知會聯邦調查局、皇家騎警與紐西蘭警署等首長，一同展開合作。澳洲安全情報局初期編制十五人，外加一名前來協助建置作業的軍情五處聯絡官，組織宗旨為「保護國協安全，展開情報活動以反制諜報、破壞與顛覆」。

澳洲此時強化保防的種種舉措，適逢西方多國共同簽署軍事條約以扼止蘇聯擴張。就在英國於一九四八年簽定《布魯塞爾條約》（Brussels Pact）（條約內容涉及與法國、比利時等歐洲國家共組防禦聯盟）的隔年，艾德禮深知唯有憑藉西歐國家聯合美國方能有效應付史達林的威脅。於是英、美、加等十二國在一九四九年四月共同簽署跨大西洋防禦公約，成立北大西洋公約組織（North Atlantic Treaty Organisation, NATO，簡稱「北約」），成員國受到集體防禦的保護，任一方若遭受攻擊將「視同全體遭受攻擊」，可能引起軍事反制。

加拿大自從在一九四五年古琴科事件做出重大情報貢獻後，加上隔年成立訊號單位通訊安全局（Communication Security Establishment），便想擺脫在《英美協定》中的次級夥伴地位，不復甘居英國自領地的待遇，希望可以與美國政府交換訊號情報「而不須經過英國同意」。遊說美國政府三年之後，總算在一九四九年六月二十九日，由代表所有加拿大情報機關的加拿大通訊研究委員會，與對應單位美國通訊情報委員會簽署新的雙邊協議，據此取得《英美協定》「對等夥伴地位」。兩個月後，蘇聯核子試爆成功，情勢出現重大變化。美國再也不是獨擁核武的國家。為因應威脅升溫，北約設置新的軍事指揮架構，杜魯門政府與盟友也不得不重新檢討對蘇陣營外交政策。這也讓美國情報官員懷疑，蘇聯應該是靠西方國家間諜的幫忙，才造得出核子彈。之前已從投誠的古琴科那邊得知英國物理學家梅伊將核子機密洩漏給蘇聯，但梅伊三年前已經定罪，正在服刑。聯邦調查局特別探員藍菲爾深入維諾那解密內容發現，另一名英國物理學家也涉有重嫌。

一九四九年九月初，就在藍菲爾試圖了解美國有多少機密被偷來協助蘇聯科學發展的時候，阿靈頓廳再次透過維諾那團隊破譯蘇聯國安會五年前的一則重要電報，內容詳述提煉鈾製造核子彈的方法，而且有某個曾經參與二戰曼哈頓計畫的英國團隊成員提供科學論文重點摘要。藍菲爾於是根據這兩個重要線索，向當初負責曼哈頓計畫的美國原子能委員會索取這篇科學論文的影本，同時要了一份曾經參與開發美國原子彈的英國科學家清單。

不到兩天，他就知道誰涉嫌將論文洩漏給蘇聯國安會，也就是論文的作者德裔英籍科學家克勞斯・艾米爾・尤流士・福赫斯（Klaus Emil Julius Fuchs）。藍菲爾調查發現，福赫斯早在萊比錫大學攻讀物理與數學時，已傾心共產主義。一九三三年二月底的帝國議會祝融事件，讓他擔心自己的意識形態在希特勒上台後，會不為當局所容。那次祝融事件事後證明是納粹自導自演，要共產黨揹黑鍋。身為共產黨員，他在第三帝國境內沒有前途，年紀二十一歲，醉心馬克思主義，又不願意放棄理念姑息納粹，遂於當年夏天取徑法國逃到英國。四年後，獲頒布里斯托大學物理博士學位，後來又從愛丁堡大學取得科學博士學位。

居住英國期間，他以共產黨人自居，公開反對納粹。然而二戰爆發後，英國境內七萬名左右的德籍與奧地利籍人，因為英國政府擔心他們會當希特勒的眼線，或者在德國入侵時提供協助，而遭劃為外國敵人。一九四〇年，福赫斯和上千名德籍居民一起被英國政府送到加拿大魁北克近郊一處拘留營。和他被關在一起的人，大部分是支持納粹，但就在這六個月期間，他認識了德國同鄉共產份子漢斯．卡勒（Hans Kahle），卡勒來到拘留營以前也住在英國。卡勒疑似是蘇聯間諜，一九四一年一月，福赫斯回到英國愛丁堡做科學研究，在卡勒的引薦下認識其他共產黨人。在命運的怪誕捉弄下，福赫斯取得英國籍，又在合金管這個加拿大與英國聯合執行的核子研發計畫取得職位。隨著合金管與曼哈頓計畫合而為一，福赫斯於一九四三年十二月調往紐約參與核子研究，再調到新墨西哥的洛斯阿拉莫斯實驗室協助建造核子彈。早在來到美國以前，他已暗中與蘇聯軍事情報單位總參謀部情報總局合作大約兩年。

藍菲爾雖然懷疑福赫斯是蘇聯間諜，卻沒有直接證據，只有阿靈頓廳破譯的蘇聯國安會電報內容可以間接證明。不過他仍在一九四九年九月十二日知會軍情五處，希望追蹤此人在英國的行跡，福赫斯迄今已在牛津郡哈維爾的英國原子能研究局工作三年。令軍情五處難堪的是，福赫斯因為研究工作涉及機敏，先前已經在一九四一年到一九四七年間被該處查核三次，三次都被認定沒有問題。

對軍情五處來說，藍菲爾的密報幫助有限，因為這也不能當作證明福赫斯犯罪的證據，否則會讓維諾那計畫曝光。於是他們採取傳統手法對付這個科學家，監聽他的住家公司，截收郵件，派人全天候監視，窺探他生活的方方面面，連他和上司老婆有一腿的事也知情。但做了如此詳盡調查，還是找不到有力證據。軍情五處遂祭出最後手段，派主任審訊官威廉．詹姆士．斯卡登（William James Skardon）在十二月二十一日把福赫斯找來問話。斯卡登以前在蘇格蘭場十分能幹，官拜偵緝督察，三年前加入軍情五處。詎料擅長讓間諜嫌犯吐實的他，也奈何不了福赫斯，福赫斯斷然否認曾為蘇聯效力。不過，福赫斯很自豪自己追隨的思想，覺得為史達林政權服務是一種光榮，要他對軍情五處撒謊，實在讓他抬不起頭，因此幾週後要求再次和斯卡登會面。這次，他主動坦承洩露原子彈機密給蘇聯。

一九五〇年一月二十四日，福赫斯在審訊時供認自己從一九四〇年代初期到一九四九年二月曾為蘇聯從事情報活動，先後在紐約、波士頓與聖塔菲等地與上級碰頭，盡己所能提供情報，包括原子彈製造方法細節。福赫斯的假名代號是REST（其餘）和CHARLES（查理），他之所以想當間諜，動機據說是「出於意識形態忠誠」，前後勉為其難收受一百英鎊，「做為象徵性酬勞，這也意味著他和俄國所代表的理念之間，是有親密連結」。

軍情五處坦承沒有提早發現他是間諜，認為這是因為當時側重於他反納粹，而不夠注意他和共產主義的關係。在他供認的隔天，李鐸在日記上寫道：「從反情報角度觀之，當初若在他回國時對他進一步施壓……肯定會讓他俯首投降。」「他之所以後來不再交付情報，是因為喜歡這個國家的生活模式。這個理由是否合理，仍有待驗證，因為一方面福赫斯認為自己像是神，開口閉口都是無關個人忠誠的意識形態法則，另一方面卻也承認，自己對蘇聯政府與其生活模式判斷錯誤。」

福赫斯因向蘇聯洩露機密，遭判處十四年有期徒刑，褫奪英國公民身分。兩個月後，軍情五處准許藍菲爾到倫敦訊問他，以報答藍菲爾當初密報。英國內政部與外交部對此有疑慮，擔心此例一開，往後外國將可遣人訊問我國境內人犯。前一年派駐美國的軍情六處美國分局局長菲比，則是支持軍情五處的看法，主張要讓美國聯邦調查局接觸福赫斯，否則調查局局長胡佛恐怕會不計損失代價，也要讓雙方交流淪為形式。菲比這個舉動，可能是想利用福赫斯保存他接觸藍菲爾等人的聯邦調查局管道，畢竟他仍暗中持續與蘇聯當局聯絡，且如願從藍菲爾那裡取得維諾那機密及調查局其他辦案情報，藍菲爾卻渾然未察菲比與蘇聯有來往。

後來，艾德禮首相介入並批准聯邦調查局派員訊問，藍菲爾遂啟程赴英，決心要讓福赫斯協助證實哪些美國人在為蘇聯政府做事，或者提供相關情報線索。為任務保密起見，軍情五處安排一輛車窗漆黑的廂型車，於五月二十日將藍菲爾與同事克萊格載到溫華德斯克（Wormwood Scrubs）監獄。訊問地點安排在監獄入口旁受刑人與律師用來會面的會議室，福赫斯入內後，由斯卡登開場破冰。藍菲爾在福赫斯面前坐下，發現他有怪癖，頻頻眨眼，常常用力吞嚥，彷彿患有神經抽動症。

福赫斯深知自己曾經是蘇聯間諜，很有價值，沒有義務要透露任何事。但他擔心牽連住在美國麻州劍橋的胞妹克莉絲汀．海因曼（Kristen Heinemann），她在六年前曾經因為接到一通疑似蘇聯間諜的「雷蒙」來電，而被聯邦調查局找去問話。聯邦調查局一問之下，才發現她是在不知情的情況下，被胞兄利用居間聯絡雷蒙，而雷蒙是蘇聯內務人民委員部的特務，也是替該部收受福赫斯情報的窗口。藍菲爾要福赫斯放心，他的胞妹是清白的，調查局當初盯上她是為了確認雷蒙的真實身分。經過解釋，遂取得福赫斯的信任。接下來幾個小時，藍菲爾將他認為跟監對象是雷蒙的每一張相片，交給福赫斯端詳。

烏蘇拉·博頓（Ursula Beurton）是蘇聯內務人民委員部負責在倫敦管理福赫斯的聯絡人，她也是德裔英籍。在她的安排下，福赫斯於一九四三年抵美參與曼哈頓計畫不久聯繫上雷蒙。隔年，福赫斯在不起眼的餐廳，以及電影院等公共場所，至少五度與雷蒙碰面，交付機密。當藍菲爾要福赫斯指認跟監相片中的男人，是否就是雷蒙，福赫斯說很有可能，但無法確定，因為有五年沒見過他了。藍菲爾不滿意這個答案，他要的是百分百肯定，於是兩天後帶著跟監影片回到監獄。福赫斯看到投影影片後，還是說很有可能是雷蒙。藍菲爾依舊不滿意，五月二十四日三度回到監獄，帶來更近期的跟監影片與相片。這回，福赫斯毫不猶豫指認相片與影片中的男人，就是雷蒙，這讓聯邦調查局偵辦這名蘇聯間諜不再有疑慮。

假名「雷蒙」的人，真實姓名是哈利·戈爾德（Harry Gold），他是瑞士裔美籍化學家，最後也認罪自己與福赫斯共謀，一九五一年被判處三十年有期徒刑。聯邦調查局隨後根據戈爾德在審訊時透露的情報，逮到一夥間諜，其中包括愛瑟·羅森堡（Ethel Rosenberg）與朱立尤斯·羅森堡（Julius Rosenberg）夫婦，他們因為替蘇聯從事情報任務，於一九五三年遭到處決。

偵辦福赫斯一案，讓聯邦調查局與軍情五處的合作關係更加深化。藍菲爾對自己在倫敦完成的任務十分滿意，更棒的是讓福赫斯供認，蘇聯能夠提前至少兩年做出原子彈，就是靠他提供的情報。一九五〇年夏天，藍菲爾揮別軍情五處同仁，回到華府繼續查緝敵方間諜。聯合任務才剛結束，軍情五處又有新的合作案，這次合作對象是成立不久的澳洲安全情報局。

軍情五處同事給斯卡登取的綽號叫做「吉姆」。除了綽號和蘇聯間諜希爾撞名之外，這兩個人沒有相似之處。斯卡登被指派到倫敦市中心的澳洲高專署（Australian High Commission）訊問希爾。希爾是外交官，一九五〇年一月被派到高專署工作，表面上是升官，實際上是澳洲安全情報局夥同軍情五處所做的安排，目的是要藉此揭穿他有在接觸蘇聯政府，因為先前英國當局已經查出，維諾那解密內容中某個假名叫做TOURIST（遊客）的人，就是希爾。

軍情五處跟監他三個月，他的所有行蹤，包括在倫敦與澳洲共產份子及英國共產黨人的社交活動，都在他們掌握之中。即便如此仍然一無所獲，因為希爾行事謹慎，不和蘇聯官員碰面，也不從事非法勾當。如此一來，軍情五處只有電文的解密內容，缺乏其他證據能夠證明他有犯罪，而解密內容是無法充當證據，否則會讓維諾那計畫曝光，道理就像福赫斯的例子。軍情五處最後只得請斯卡登出面，試著揭穿他。

斯卡登年紀四十六歲，比希爾年長十四歲。六月六日審訊一開始，即可感受到他氣勢凌人。看得出來，希爾有些不安，但否認接觸蘇聯官員，聲稱從未洩漏政府文書給蘇聯政權。李鐸在希爾審訊結束的隔天，於日記上提到：「斯卡登把證據攤在他的眼前，告訴他我們很肯定情報是對的，但他仍然不承認。」

翌週又進行兩次審訊，希爾依舊矢口否認，反而從斯卡登身上得到寶貴情報。斯卡登為了要讓希爾供認，不經意提到軍情五處與澳洲安全情報局知道希爾和另一名外交官伊安·米納（Ian Milner）及澳洲共產黨大老華特·塞登·克萊頓（Walter Seddon Clayton）關係密切。斯卡登雖然沒有透露，他們是從維諾那解密內容提及的假名BUR及KLOD，確認米納和克萊頓的真實身分，但暗示澳洲安全情報局重視這兩個人，可能會予以逮捕。

斯卡登無意間犯下十二年前紐約聯邦調查局特別探員德魯偵辦魯姆李希間諜案時犯的相同錯誤，也就是洩露任務情報，導致反情報調查失敗。希爾自然根據米納與克萊頓可能會被逮捕的提示有所反應，繼而透過共同管道向他們示警。米納遂於一九五〇年七月投奔捷克，克萊頓雖然日後數十年遭到澳洲安全情報局監視，卻始終否認自己就是將米納與希爾的情報交付蘇聯國安會的情報頭子。

斯卡登訊畢希爾後三個月，希爾被召回澳洲，不久辭任公職。整體而言，由於斯卡登出紕漏，導致軍情五處給澳洲安全情報局幫了倒忙。不過，比起隔年發現英國情報核心圈子藏有蘇聯間諜，這次軍情五處再度臉上無光，乃是小巫見大巫。隔年的這件事，引起外界質疑軍情五處與軍情六處的能力與可信度，也讓藍菲爾怒不可遏。

藍菲爾將近三年來，不斷詢問軍情五處與軍情六處駐華府代表，關於某位英國外交官疑似是蘇聯間諜的辦案進度。他之所以重視這個案子，是因為聯邦調查局在一九四八年冬天已經向他們密報有間諜。而此情報是來自蘇聯國安會被破譯的多則密文，上面提到三個假名，這些假名（包括GOMER在內）根據阿靈頓廳維諾那計畫主任分析師賈德納的判斷，皆指向同一人，他的身分是外交官，曾經在一九四一年到四五年間任職華府英國大使館並暗中交付蘇聯機密。

外洩的機密明確涉及英美兩國往返的極機密電報，包括邱吉爾首相與羅斯福總統對戰爭籌劃的交換意見，以及核子研究的進展。藍菲爾研判，如此機敏的資訊只有英國大使館少數幾名外交人員有權接觸，軍情五處與軍情六處要鎖定對象也比較容易。可是每次問這兩個單位有沒有新進展時，他們都說沒有。

這使他有些惱火，遂於一九五一年夏天找來這兩個單位的代表，一起在他的辦公室開會。軍情五處幹員傑佛瑞．派特森（Geoffrey Patterson）三年前升任駐華府代表以來，藍菲爾固定會和他碰面，甚至視他為要好的朋友。他和軍情六處代表菲比則比較不熟，菲比一九四九年派駐美國以來，主要著重於和中情局建立關係，而非聯邦調查局。藍菲爾多年後回顧此事，認為菲比毫不起眼。「他口吃，穿著邋遢……最重要的是，他對我從不友善，多數時候是和中情局來往。」

藍菲爾六月八日找兩人前來會面的目的，是想談談前一天英國媒體報導兩名英國政府官員唐納．麥克連（Donald Maclean）與蓋伊．伯吉斯（Guy Burgess）叛逃一事。美國政界對麥克連與伯吉斯兩人並不陌生，因為他們曾經是英國大使館外交人員。麥克連一九三五年十月十一日進入外交部，雖然行為古怪，與同性戀暗通款曲又長期酗酒，仍在一九四四年當上英國駐美大使館一等祕書，在大使哈利法克斯（Lord Halifax）勛爵底下做事，這是備受尊敬的職位。四年後，他被拔擢到開羅擔任駐埃及大使館參事，酗酒習慣未改，搞砸婚姻與事業後被召回英國，但未被解職，改任部內美國組組長。時年三十八歲的麥克連，比伯吉斯小兩歲，兩人從劍橋同窗起便是好友。比起麥克連，伯吉斯進到外交部服務，走的是很不尋常的管道。先是在一九三六年擔任英國廣播公司時事節目製作人一段時間，一九三九年再到軍情五處與軍情六處工作，接著一九五〇年七月派駐華府，任中階外交職位，卻因各種不檢點行為，不到一年就離任，包括酒後失態及一天內吃三張超速罰單。早在伯吉斯前往華府赴任半年前，軍情五處已向外交部警告此人「難以信賴且不可靠」，卻未被當一回事。

一九五一年五月，伯吉斯被召回倫敦，隨即發現軍情五處偵辦間諜案已經層層過濾代號為GOMER的可疑對象，鎖定麥克連涉有重嫌。既然麥克連有嫌疑了，伯吉斯肯定會跟著曝光，因為兩人從一九三〇年代中期就被蘇聯國安會的前身內務人民委員部吸收，一直在為蘇聯從事情報任務。為了不被審訊與逮捕，他們便於一九五一年五月二十五日星期五出逃英國，消息直到兩週後才被媒體《倫敦旗幟晚報》曝光。

早在媒體報導以前，藍菲爾已經曉得兩人潛逃。他覺得自己三催四請，要求軍情五處和軍情六處知會辦案進度，卻不讓他知道已經鎖定麥克連，簡直被擺了一道。這兩個單位隱瞞他甚至到了某種地步，會繞過他直接向上級索取更多權限接觸維諾那解密內容，而非只接觸聯邦調查局提供的少量必要情報。一九四九年，軍情五處與軍情六處透過政府通訊總部駐阿靈頓廳的代表提出正式請求，希望就GOMER一案取得更多蘇聯國安會電文相關情報，也因為《英美協定》的規定，最後如願獲得。

得知伯吉斯是菲比很要好的朋友時，藍菲爾又更顯不安。伯吉斯派駐華府的時候，有段時間曾經和菲比住在一起。藍菲爾也曉得，菲比和伯吉斯、麥克連讀的是同一所大學，菲比肯定對軍情五處的調查知情。有沒有可能是菲比直接向麥克連密報這次調查，或者是透過伯吉斯轉達？菲比有沒有可能也是間諜？藍菲爾在會面期間滿腦子有這些問題，但他隱而不言。隨著美國開始質疑軍情六處人員的忠誠度，以及質疑菲比是否就是伯吉斯與麥克連這一夥間諜的「第三人」時，藍菲爾對菲比的疑慮也愈來愈深。

起初，軍情五處對於菲比是不是蘇聯間諜沒有共識。副處長李鐸的立場是寧可相信他的清白，認為伯吉斯可能是剛好在華府看到偵辦麥克連的相關卷宗。六月十二日，李鐸在日記上提到：「我認為不能排除偵辦麥克連的相關卷宗是放在菲比的桌上，伯吉斯趁菲比不在辦公室的時候溜進去。」同一天，已被召回英國的菲比，則是被日後會升上處長的狄克・懷德（Dick White）問話。六月十四日進行後續訊問，菲比雖然「斷然否認曾和伯吉斯談到麥克連」，軍情五處與中情局對他的疑慮仍在。中情局也已經自行對菲比「展開調查，此人在他們眼中是不受歡迎人物」。

還有一件事讓軍情五處更加懷疑菲比是間諜，那就是一九四五年冬天蘇聯駐伊斯坦堡領事康士坦丁・沃科夫（Konstantin Volkov）投誠英國事件。沃科夫當時除了尋求庇護，也提議只要英國支付他五萬英鎊，他就提供一份「在英國情報界為蘇聯政府臥底的七人名單」，名單上有一名反情報官員。沃科夫給英國使館二十一天考慮，且要求不得以書面呈報回國，因為他認為英國的密碼通訊已經被蘇聯滲透。於是英國使館以外交郵袋將沃科夫的訴求傳至倫敦軍情六處處長孟齊士，孟齊士再交辦菲比處理。沃科夫沒來得及交付情報，就已經被獲知他要變節的蘇聯政府派人「綁架，送上蘇聯飛機，載回莫斯科」。從此下落不明，推斷已經死亡。

李鐸在日記上提到，到了一九五一年七月七日，軍情五處與軍情六處「對菲比身居要職憂心忡忡，亟盼展開深入調查」。他們也擔心，「沃科夫所說的反情報官員」，是否就是菲比。菲比發現自己不再被人信任，便於當月辭職離開軍情六處。然而四年後，日後會擔任首相的外相哈洛德・麥克米蘭（Harold Macmillan）卻在國會為他開脫：「我沒有理由認為菲比先生背叛國家利益，也沒有理由認定他就是所謂的『第三人』，甚至根本沒有這種人。」要一直到菲比在一九六三年叛逃莫斯科，世人才得知他背信棄義的真相，包括曾經密報伯吉斯與麥克連，以及為避免自己曝光而通報蘇聯政府沃科夫有意變節。直到叛逃的那一刻，他已經當了三十年間諜。他在就讀劍橋大學期間被吸收，並於一九三〇年代中期協助蘇聯聯絡人吸收伯吉斯與麥克連。這一夥間諜還包括安東尼．布朗特（Anthony Blunt），他在二戰期間曾經任職軍情五處，後擔任女王藝術收藏鑒定師，一九六四年供認是蘇聯間諜；以及約翰．凱恩克洛斯（John Cairncross），他在二戰期間任職布萊切利園與軍情六處，一九七九年被媒體披露是蘇聯間諜。沒有一人遭到起訴。外界向來認為這麼做是因為英國情報單位要掩飾自己的無能。這群間諜又被稱為「劍橋五人幫」（The Cambridge Five），不過在這幾個叛徒全部曝光以前，英國情報單位早就想和蘇聯政府算舊賬。

蘇聯為一己之利干預外國內政，直到一九五二年冬天依舊有增無減。邁入十八個月的韓戰正炙，北方軍隊由蘇聯撐腰，南方軍隊則由美國領軍，英國、澳洲、加拿大、紐西蘭與聯合國其他國家提供奧援。戰場之外，蘇聯對澳洲的情報任務稍做重整，將當地情蒐工作交給甫被拔擢的外交官弗拉迪米．米海洛維奇．裴卓夫（Vladimir Mikhailovich Petrov）全權負責。當年二月，就在裴卓夫成為蘇聯國家安全部（MGB）（蘇聯情報界的一支組織）長駐情報員主任的前夕，澳洲安全情報局也試圖要了解他的底細。但是英國情報單位對他所知不多，只知道他是活躍的情報人員，曾在一九四三年至一九四七年期間，於斯德哥爾摩的蘇聯駐瑞典大使館任職。於是澳洲安全情報局決定自己研究這號神祕人物。

第6章 《英美協定》形成五眼聯盟

裴卓夫神情慌張，來回瞥視前方路況與斯柯達（Skoda）的後照鏡，加速開往坎培拉的蘇聯大使館。他一心想甩開跟在後頭的警用機車，澳洲首都宛如他的賽車道。一抵達目的地，便衝進兩層樓建築，這是一座由高聳圍籬與道路隔開的堡壘，任何人未經邀請或獲得外交許可，不得入內。

時間是一九五二年七月，裴卓夫因違反澳洲法律，可能會招致外交麻煩，避不和警察正面交鋒，最後順利躲過審訊。事後警方針對這起追逐事件調查指出，當時裴卓夫「酒駕，差點撞上一名警官」，該警官隨即騎乘機車追捕在後。「抵達時……裴卓夫已消失在使館之中，館方差人出面安撫警官並駕走斯柯達。鑒於使館的外交地位，警方無法做任何處置。」裴卓夫酒駕或許出乎警方意料，澳洲安全情報局卻毫不意外，因為早在前一年的二月五日，即裴卓夫四十四歲生日前十天，裴卓夫和太太伊芙多琪亞（Evdokia）一進入澳洲，便受到該單位的監視。截至一九五一年五月，裴卓夫已數度前往雪梨，表面上是「與海外抵澳的外交信使會面」，但澳洲安全情報局深知，裴卓夫的跨州之旅是為了要和共產黨官員與工會份子見面，並且「從事不道德勾當，喝酒玩女人」。同時也從線民那邊得知，裴卓夫對善用自己的表面外交身分甚為得意，表示「只要保持低調，在這裡可以幹出不錯成績也不會有危險」。

其實，裴卓夫在澳洲的任務五花八門。身為蘇聯國家安全部（蘇聯國安會前身之一）的資深人員，他的工作是去滲透擾亂蘇聯海外組織，並依據蘇聯當局指示，找出「政治理念正確、有良好社會位階地位、職業婚姻狀態財務良好，交友圈合適且能夠取得情報」的蘇聯支持者，加以吸收。蘇聯國家安全部的上級要他「大膽從事吸收工作，手段需深謀遠慮且帶有創意」。

蘇聯之所以會看上澳洲，是因為蘇聯四分之三的領土位處中亞，涵蓋吉爾吉斯與烏茲別克等國，而澳洲佔據重要地理位置。從澳洲角度來說，中亞地區也具有戰略利益，因為該區域帶來共產主義與軍事威脅。出於國安考量，蘇聯國家安全部與內務部決心要更了解澳洲軍力，以利作戰時讓蘇聯掌握優勢。根據蘇聯政府的指示，裴卓夫體認到「澳洲可能成為戰時補給基地，蘇聯有意了解這些基地的準備情況，因此內務部必須在澳洲強化部署」。

裴卓夫雖然極愛享樂，卻也是幹練的情報頭子，懂得低調行事，擅長獲取與隱匿機密。他在與蘇聯當局通訊時嚴守紀律，呈送公文給長官時，會施以多重保護措施。他會先手寫訊息，再交給在大使館擔任密碼助理的妻子伊芙多琪亞謄寫。接著燒掉草稿，將妻子謄寫的訊息拍照，請外交信使將底片送到莫斯科。蘇聯當局收到訊息後，會密電知會裴卓夫，他再將手上打字版本的訊息燒掉。

此時澳洲安全情報局雖不清楚裴卓夫的通訊內容，卻懷疑他有定期到雪梨的俄羅斯社交俱樂部參與社交聚會，該俱樂部是左翼蘇聯僑胞的社群網絡。加入俱樂部已成為蘇聯官員蒐集情報的常見手段，駐英與駐加拿大的蘇聯官員亦不例外。李鐸評估這種手段時指出：「誠如蘇聯官員所言，如果不能讓他們更自由接觸所在國的國民，就無法取得情報。」

澳洲安全情報局懷疑裴卓夫在雪梨這間俱樂部有養線民，包括波蘭裔的一般科醫師麥可・比亞羅古斯基（Michael Bialoguski），他在一九四一年移民澳洲，於雪梨大學攻讀醫學。儘管六年後成為澳洲公民，卻未因此斷根，繼續透過行醫及參與社交俱樂部，與俄國海外同胞保持往來。一九五一年七月，他在俱樂部認識裴卓夫。裴卓夫發現三十四歲的比亞羅古斯基是潛在可吸收的對象，因為他是專業人士，社會地位高，交友圈廣，且熱衷參與政治行動，政治立場也很相符。兩人在往後兩年內，見面超過二十次，最初見面地點是在社交俱樂部，後來也會選在餐廳，或者選在雪梨東郊派珀角港邊比亞羅古斯基的公寓住家。裴卓夫長期耐心培養這位線民，偶爾問他是否能夠協助取得移民文件與駕照，目的應該是要掩護蘇聯特務的工作與身分。他深知比亞羅古斯基不是任何要求都能辦到，但這麼做應該是想試探他有多少人際管道，以及未來是否有發展成為情報員的潛力。

澳洲安全情報局官員每次在比亞羅古斯基歸詢時，大概也是這麼想。比亞羅古斯基在與裴卓夫第一次碰面的兩年前，已經被澳洲安全情報局吸收擔任特務，代號「扯鈴」。但在更早之前，從他一九四五年剛畢業開始當醫生的時候，他就已經在暗中為澳洲安全情報局的前身國協調查勤務局從事情報活動。他按照聯絡人的指示參加俄羅斯社交俱樂部，回報裡頭親蘇聯份子的狀況。一九四九年八月，比亞羅古斯基加入澳洲安全情報局才幾個月，就當選俱樂部委員，名正言順獲得掩護。他的任務是要蒐集俱樂部裡面蘇聯外交官的情報，了解他們的行為模式、個性以及在大使館負責的工作。澳洲安全情報局不僅操作比亞羅古斯基，還會監聽蘇聯使館通話，外勤人員也在跟監裴卓夫。起初，澳洲安全情報局認為很難證實比亞羅古斯基提供的情報，像是裴卓夫與使館同事不合。有些官員甚至懷疑比亞羅古斯基是雙面諜。從他加入澳洲安全情報局及國協調查勤務局的方式來看，更讓他們如此懷疑，因為他是主動找上門，而不是他們主動找他。

他這麼做究竟是純粹喜歡尋求快感，著迷於情報活動的神祕刺激，讓他因此覺得自己很了不起？真的是因為反蘇聯的關係，以及痛恨一九三九年紅軍佔領波蘭時曾經審訊並拘禁他的蘇聯內務人民委員部的緣故，而讓他決定為澳洲從事情報活動嗎？雖然有人懷疑比亞羅古斯基心懷不軌，雪梨的澳洲安全情報局區域處長喬治・「隆恩」・理查茲（George “Ron” Richards）執意要留住他。事後證明，他的判斷是對的。一九五三年四月比亞羅古斯基回報指出，裴卓夫心情鬱悶，且「雙眼罹患『神經性視網膜病變』」，視神經腫大，必須接受「複雜治療，否則可能眼盲」。他之所以鬱悶，主要是因為經常被蘇聯大使尼可拉・李凡諾夫（Nikolai Lifanov）嘲弄，工作也被他批評。李凡諾夫會對裴卓夫有敵意，是因為他想和裴卓夫的老婆伊芙多琪亞發生關係，卻遭到拒絕。

裴卓夫煩惱增長的同時，莫斯科也正處於動盪，因為史達林在一九五三年三月五日逝世。蘇聯經過獨裁者二十六年的恐怖統治，成為國際社會唾棄且多半不與其往來的強權，經濟一敗塗地。國內外不滿史達林的人，一度對接班的格奧基・馬林科夫（Georgy Malenkov）寄予厚望，期待他會和緩情勢。原本的一人獨裁，如今成為馬林科夫、蘇聯共產黨黨總書記尼基塔・赫魯雪夫（Nikita Khrushchev）與部長會議第一副主席兼內政部長拉夫連奇・貝利亞（Lavrentiy Beria）三人共治局面。新政府看似團結，至少起先是如此，並且會激勵人民，承諾改善生活條件，讓食物更便宜，也採取更友善的外交政策。雖然在蘇聯政府的介入下，被囚禁的英國平民得以獲釋，如一九五〇年七月起遭到北韓監禁的前英國駐韓國總領事維威安・霍特（Vyvyan Holt），但西方國家仍然多疑。軍情五處的李鐸在日記上提到，蘇聯之所以想改變自己的國內外政策，是擔心和西方國家發生衝突。當前蘇聯政府希望鞏固內部，可能也意識到如果對西方國家採取挑釁策略，恐怕會爆發世界大戰，而蘇聯尚未準備好要迎戰。這也顯示，之前就有人不同意史達林的作法，只不過他還在世的時候沒人敢違逆他。

儘管新上任的蘇聯領導團隊釋出善意，人在坎培拉的裴卓夫卻認為了無新意，也不讓人放心。他看穿這只是表面功夫，因此更加看不慣使館同事。裴卓夫身心出問題，正好讓比亞羅古斯基有機可乘，決定要將他納為「艙內」人選，也就是潛在策反對象。比亞羅古斯基持續和裴卓夫建立關係，透過晚宴、飲酒與種種社交場合拉攏他，增進雙方友誼。裴卓夫除了想縱情於社交生活，也渴望擺脫老婆約束，還有掙脫身為館員所受到的隱私束縛，比亞羅古斯基於是投其所好。裴卓夫對他信任有加，甚至提議一起在國王十字這個雪梨市中心夜生活重鎮合買一間餐廳，用於掩護蘇聯情報任務。

為了不讓自己失去裴卓夫的興趣，這名澳洲安全情報局特務假意認真考慮。到了一九五三年五月，比亞羅古斯基大致卸下俄國情報頭子的心防。此時他們認識已經兩年，友誼模糊裴卓夫的專業判斷，開始不重視自己的安全，去雪梨時不在飯店過夜而是睡在醫生在派珀角的公寓，不知不覺將自己的各種隱私攤開來。這時候，比亞羅古斯基會不顧醫師誓詞中保護病人隱私的要求，偶爾會在裴卓夫的飲料摻入安眠藥。甚至有一次裴卓夫擔心自己罹患淋病，請他打一針盤尼西林，比亞羅古斯基卻給他打嗎啡，趁他睡著時執行任務，搜其口袋看有沒有對澳洲安全情報局有幫助的東西，甚至拍下裴卓夫赤裸昏睡的模樣，將照片傳回局內。

甚至連介紹裴卓夫去找雪梨眼科醫師哈利・貝克特（Halley Beckett），幫他安排就診，也是另有所圖，目的是阻止裴卓夫和老婆按照原定計畫到莫斯科旅行，因為比亞羅古斯基擔心他這一去，恐怕就不會繼續派駐澳洲。還好，貝克特醫師告訴裴卓夫，他的情況得要開刀治療，並將他轉診到坎培拉醫院，住院兩週後於一九五三年六月一日出院。在出院前幾天，澳洲安全情報局認定「從裴卓夫幾度取消旅行計畫來看……可以合理判斷他不急著回去蘇聯」。澳洲安全情報局雖然希望策反裴卓夫，卻掌握不到他想變節的跡象。同時擔心如果直接煽動他投誠，說不定他會感到冒犯而向蘇聯大使館通報，引發外交反彈。更麻煩的是，比亞羅古斯基在裴卓夫住院期間突然辭職不幹，因為澳洲安全情報局不願意提供派珀角公寓津貼。當時比亞羅古斯基的任務酬勞是每週十美元，但他覺得應該要獲得更多，因為自己的公寓已經實質上成為刺探裴卓夫的任務根據地。

澳洲安全情報局起先准他辭職，但區域處長理查茲後來插手，讓比亞羅古斯基復職。當比亞羅古斯基得知局內私下接觸裴卓夫，他和局內的關係再度瀕臨決裂。澳洲安全情報局透過情報人員向裴卓夫的眼科醫師貝克特傳達，裴卓夫有意願留在澳洲，只不過如果由情報人員直接接觸他會引起外交風波。貝克特醫師同意協助，趁下一次裴卓夫回診時，笨拙地打探他未來是否有意願定居澳洲。話雖說得隱晦，既未提及澳洲安全情報局，也未提及政府人員，裴卓夫卻依然嗅到情報活動的味道，並將此事告知比亞羅古斯基。比亞羅古斯基怒不可遏，聲稱局內這麼做會破壞他和裴卓夫的關係，也可能讓他的情報員身分曝光。他藉機要求提高酬勞，局內卻不肯，他便辭職不幹，還向澳洲總理的私人祕書抱怨自己被澳洲安全情報局虧待。局內認定他的行為重大失檢，正式與他斷絕往來。但此舉失策，非但沒讓他學到教訓，反而讓他決心緊咬裴卓夫不放。一九五三年十月，蘇聯駐澳大使尼可拉．傑尼拉羅夫（Nikolai Generalov）甫上任不久，裴卓夫對使館同事的不滿已經到達臨界，這讓比亞羅古斯基認為成功在望。隔月，傑尼拉羅夫開除他的私人祕書暨大使館會計，也就是裴卓夫的老婆伊芙多琪亞，以示對兩人的不滿。館員不被使館首長認可，形同外交生涯告終。裴卓夫雖然沒有被開除，老婆受苦卻讓他深受打擊。兩人更一度想過要自殺。

比亞羅古斯基一面安慰裴卓夫，一面利用他的情緒弱點，稱如果他們夫婦想留在澳洲，他能夠幫忙。策反的種子已經種下。二十四小時後，比亞羅古斯基在十一月二十三日星期一對澳洲安全情報局下達最後通牒：讓他復職當諜員，他就交出裴卓夫夫婦，否則他要向媒體爆料這對夫婦想投誠。這其實是場賭注，因為他當時沒有證據可以證明他們想要投誠。但澳洲安全情報局也不敢跟他攤牌。經過三天，理查茲等官員決定讓他復職，甚至將先前離職期間的酬勞都補足給他。這個決定帶動一項情報任務，從而改寫日後數十年澳洲在西方盟友間的情報地位。澳洲安全情報局局長查爾斯・斯普萊（Charles Spry）深知裴卓夫變節除了影響甚鉅，也高度敏感，於是從各個政治層面謹慎考量，同時思考是否會有外交隱患。想要降低這種任務的風險，就得交給專注於作戰情報的人。在作戰情報界，忠貞易變，渲染、事實與謊言的分際模糊。而斯普萊的頂尖手下理查茲，正是擅長作戰情報。

理查茲很會憑直覺追捕間諜，對反情報工作要求極高，乃因為在加入澳洲安全情報局的前身國協安全勤務局以前，曾在警界服務十五年。他的父親在英國靠著砌磚養活七個小孩，理查茲承襲老爸的勤奮精神，年少時當過採煤工。一九二六年移居澳洲後，初期幹體力活，一九二八年二十三歲時，決定轉換跑道，進入西澳警察隊任職，靠著辦案實力步步高升，他偵辦過納粹支持者案件，也偵辦過二戰期間蘇聯滲透澳洲共產黨。

他是澳洲安全情報局的創始成員之一，一九四九年被挑選負責偵辦蘇聯在澳洲的情報活動。他深入維諾那的解密內容，揪出疑似是蘇聯間諜的澳洲官員，包括米爾納、希爾與克萊頓。也因為這次和軍情五處合作辦案的關係，讓他在三年後得以被借調到倫敦的軍情五處總部。他以廉正專業承擔這些重任，使得澳洲安全情報局在偵辦裴卓夫案件的過程中，更加認為此人可以信賴。一九五三年十一月，在斯普萊的指示下，裴卓夫的案子改交由理查茲負責，理查茲隨即展開策反裴卓夫作戰任務。要接觸裴卓夫得經過比亞羅古斯基，雖然這個醫師是很能幹的特務，但也是個鈍器，須小心運用。理查茲不再只能夠靠比亞羅古斯基回憶裴卓夫說過什麼，而是需要有事實根據的鐵證，不能只是二手臆測與詮釋。理查茲交給比亞羅古斯基一個隱藏式錄音機，明確指示他切勿煽動裴卓夫投誠，而是引導他做出這個決定。十二月，理查茲得知裴卓夫想在雪梨西北部凱瑟丘買養雞場時，便要求比亞羅古斯基慫恿他，因為他們曉得，裴卓夫想投入這門生意，表示可以確定他會留在澳洲。

理查茲必須判斷什麼時候出面接觸裴卓夫才最妥當，太早接觸可能會讓比亞羅古斯基曝光，太晚接觸可能會策反失敗。出乎意料的是，裴卓夫在一九五三年平安夜駕駛使館公務車在坎培拉出了車禍，再加上對同事厭惡之情，以及自己憂鬱與酗酒狀況，讓他內心有了定見。他爬出著火的車骸，雖然毫髮無傷，卻深信是某輛大車衝著他而來，迫使他偏離道路。由於事後使館同事對他冷淡，又得知車禍前保險已經過期，大使要他掏錢賠償，讓他的妄想更深。

事故五天後，裴卓夫在雪梨與比亞羅古斯基碰面，告訴他自己再也撐不住了，希望在澳洲重新展開人生，即使要和老婆分開也在所不惜，他的老婆為了要照顧老母親，決心回俄國。

裴卓夫請比亞羅古斯基安排與貝克特醫師會面，他的判斷沒有錯，貝克特確實與情報單位有關聯。經過澳洲安全情報局的同意，貝克特於是在一九五四年一月二十三日與裴卓夫及比亞羅古斯基見面。一如所料，裴卓夫表示自己想留在澳洲，貝克特要他放心，他會介紹可以協助他實現目標的人給他認識。雖然這筆交易有所進展，離確定卻還有一段距離，因為他最後還是有可能被老婆影響而決定不投誠。要讓裴卓夫下定決心，老婆支持的角色至關重要，即使她本人無意夫唱婦隨。在裴卓夫的要求下，比亞羅古斯基到坎培拉見他老婆，評估她變節的意願。雖然她對裴卓夫痛惡使館同事感同身受，卻是馬克思主義的信徒。兩人在一月三十一日見面時，伊芙多琪亞說她寧願回蘇聯被槍斃，也不願意留在這裡。

理查茲得知伊芙多琪亞的態度，深知得要加快腳步採取行動。上級主管斯普萊以及知情此案並願意提供協助的軍情五處，也都抱持相同看法。這個案子斯普萊是透過駐澳資深聯絡官德瑞克．韓布蘭（Derek Hamblen）向軍情五處匯報，畢竟軍情五處處理蘇聯投誠者的經驗豐富（包括一九三〇年代的克里維斯基及一九四五年的古琴科）能夠讓澳洲安全情報局放心。斯普萊仍然希望是靠自家人員成功策反，不過澳洲外交部非常不認同裴卓夫的投誠打算，擔心一旦變節，蘇聯當局也會對澳洲駐蘇聯外交官展開報復，扣上莫須有的罪名，或者沒收使館。儘管如此，韓布蘭依舊慫恿斯普萊不要停下任務腳步，要他放心，蘇聯從來沒有這樣報復過，這次也不會報復。就算被報復，這種等級的變節可以獲得的情報價值，是大於這種風險。

軍情五處認為「應該把握時間慫恿裴卓夫投誠，蘇聯報復的可能性可以忽略不顧……雖然不應忽略冷戰與擾亂關係等面向，但反情報利益也明顯至關重要」。不論是從軍情五處倫敦總部發出的建議，或是透過韓布蘭傳達的建議，終究都只是建議。軍情五處不想讓人解讀他們提供的意見等同於命令，小心翼翼不過度插手澳洲安全情報局。他們相信澳洲安全情報局能夠掌控自己國家安全事務，先前已有實例證明這個單位有能力處理機敏事務，包括美國的維諾那計畫，以及一九五二年十月英國在西澳大利亞州西北外海蒙特貝羅群島展開首次核彈試爆。

該次試爆是極力反共的自由黨籍澳洲總理羅伯特．孟席斯（Robert Menzies）親自批准的極機密任務。他在一九四九年十二月上台，讓英美兩國放心不少，知道他會比前任工黨籍的總理奇夫利更強硬面對蘇聯情報活動。孟席斯知道澳洲要靠英美這兩個強大盟邦提供軍事保障及提升國際地位，所以亟力討好兩國。他在二戰期間前兩年當過總理，清楚情報對政治談判影響重大，特別是澳洲此時仍然深受一九四〇年代末期爆出澳洲政府內有蘇聯間諜，而被美國排擠的影響。如今傳出坎培拉蘇聯使館有個情報頭子可望投誠，他絕對是喜出望外。

一九五四年二月十日，斯普萊在會議上向孟席斯說明裴卓夫一案，孟席斯認同澳洲安全情報局應該保護裴卓夫。情報機關和當時總理討論外交上敏感任務是很正常的事，只不過後來發生的政治事件，讓澳洲安全情報局與孟席斯政府的互動蒙上長達數十年的陰影，也讓外界了解到情報機關與政府首長之間的關係不僅緊密，有時更像是不良的婚姻。

孟席斯得知裴卓夫一事之後三個禮拜，一九五四年二月，理查茲首度與裴卓夫會面，會面地點在比亞羅古斯基的公寓，而且是應裴卓夫的要求安排的。因為稍早他已經向眼科醫生貝克特表示決定要申請政治庇護。裴卓夫再三強調他和澳洲官員互動必須很小心，不想讓那些預期他外派工作即將結束，且將在四月五日返回莫斯科的蘇聯使館同事，知道他的真正意圖。理查茲做事很謹慎，以致於二月二十七日傍晚到達派珀角公寓時，他還故作是第一次和比亞羅古斯基相識，向他自我介紹，免得讓他的情報員身分曝光。

理查茲抵達公寓時已做好萬全準備，帶來裴卓夫申請政治庇護已獲批准的文件，希望可以讓期盼已久的投誠就此確定。這位蘇聯外交官看過文件後，似乎很放心，覺得自己有被善待。他信任這個環境與身邊的人，畢竟已經很熟悉派珀角公寓，在這個安全的空間裡，他可以無懼地接納與表現自己的脆弱，換取朋友比亞羅古斯基看似無私的支持與建議。他明白理查茲當晚會出現在公寓，主要也是為了自己的利益著想，而情報遊戲的普遍交手規則就是養間諜要有捨有得，這一點他懂得遵守。雙方都需要有獲勝的感覺，裴卓夫清楚理查茲想從他這邊獲得什麼，於是告訴他準備好要攤開蘇聯政府的所作所為。他又說，自己是三等祕書兼領事，掌握到的機密資訊對澳洲政府會很有幫助。裴卓夫晃著這個餌，卻仍未打算全面鬆手，希望獲得更多保障，除了要求保證可以獲得五千英鎊，更要求讓他有機會出書爆料，向世人揭穿蘇聯的侵略行為。

從理查茲想從他身上獲得的情報來看，這項要求並不過分。於是理查茲在三月十九日再度於比亞羅古斯基的公寓和裴卓夫碰面，秀出裝滿五千英鎊現鈔的公事包，並且告訴他，做兩件事，錢就是他的了：一個是投誠要確實做到，另一個是在政治庇護申請文件上簽字。澳洲安全情報局官方史學家大衛・霍納（David Horner）指出，秀出錢讓裴卓夫相信理查茲是講信用的人。不過，裴卓夫仍然爭取更多時間安排脫逃，後續至少又和理查茲在雪梨及坎培拉見面六次，商量自己投誠對老婆的影響，他之前告訴老婆自己沒有馬上投誠的打算。他還要理查茲掛保證，投誠時可以讓他一併帶著魚竿、散彈槍及名叫傑克的德國牧羊犬。就在商量這些事項的同時，裴卓夫也持續整理大使館的機密文件，並於四月二日從坎培拉搭機偷偷帶到雪梨。

理查茲陪同他搭機，接著帶他到藏身處，在那裡瀏覽這些文件，文件包括蘇聯政府給裴卓夫下達的任務指示，以及澳洲、英國等西方國家內部蘇聯間諜的身分。文件顯示，蘇聯對澳洲政府展開情報任務在一九四五年到一九四八年間達到高峰，這符合四年前澳洲安全情報局根據維諾那解密內容所做的研判，後續也因此揪出澳洲政府內部的蘇聯間諜。裴卓夫提供的文件需要進一步翻譯與研析，不過理查茲對內容甚為滿意。裴卓夫接著自願簽署文件，順利取得政治庇護，當天傍晚，他在藏身處與斯普萊見面，並首度供認自己為蘇聯內務部服務。這番供認雖然早在意料之中，卻更顯示他已有心全盤吐實。

隔天四月三日，裴卓夫必須趕在和老婆預定四十八小時後返回莫斯科之前，將大使館一些事情做收尾。為了保持自己是在執行剩餘公務的印象，他前往雪梨機場接機來訪的使館官員，安排他們轉飛坎培拉，再為兩名要去紐西蘭的蘇聯官員送行。當天下午，他回到藏身處，理查茲已經在那裡等他。這也是投誠計畫的最後一站，為高潮迭起的劇情劃下休止符，接續的是澳洲安全情報局一連串的盤問。從盤問中，他們獲得大量寶貴情報，得以了解蘇聯當局在美國、英國、加拿大與紐西蘭等西方國家建置的綿延情報網絡與其情蒐手段。澳洲安全情報局最後也告知這四個國家裴卓夫已經投誠，每個國家都很想知道自己的政府與社會被蘇聯滲透的情況。由於軍情五處和斯普萊的關係最為要好，英國得以率先從裴卓夫的投誠獲益。

軍情五處新任處長狄克・懷德定期從駐坎培拉資深聯絡官那邊掌握裴卓夫案子的進展。他是經驗豐富的情報官員，在當上處長之前，曾經投入反情報工作近二十年，包括在二戰期間曾經策反納粹份子，再透過軍情五處的雙十字任務，用他們對付第三帝國。然而如同其他高層的難堪感受，懷德也對於軍情五處未能揪出自家內部的蘇聯間諜伯吉斯與麥克連，而耿耿於懷，自然也希望這次裴卓夫投誠澳洲，能夠讓軍情五處扭轉對蘇作戰頹勢。但他深知澳洲安全情報局此時盤問裴卓夫的「工作沈重」，無意帶給他們麻煩，所以直到裴卓夫投誠五天後，才發送電報向澳洲安全情報局局長斯普萊道賀。私人訊息在一九五四年四月八日發出，上面寫著：「恭賀貴局順利策反裴卓夫，其變節極為重要，對貴我雙方反情報工作有重大影響。」

此時，軍情五處擔心澳洲安全情報局會因為五月底即將要舉行聯邦大選，而被澳洲總理施壓要「充分利用」裴卓夫。斯普萊在大選前已經選邊站，甚至要求軍情五處如果工黨黨魁賀伯特．艾伐特（Herbert Evatt）當選，就不要繼續分享情報給澳洲。軍情五處駐澳代表韓布蘭在四月十二日向英國政府回報「斯普萊力挺總理」，又說「斯普萊先前未明確表態是否會為艾伐特做事，如今表示如果艾伐特當選總理，英國政府應該認真考慮不要交付重要機密資訊」。

孟席斯擔心如果選輸艾伐特，艾伐特恐怕會封鎖裴卓夫的文件，因為文件披露蘇聯和艾伐特某些支持者的往來關係。韓布蘭評估認為，總理相信「必須超越政黨利益，從國家利益角度全面阻止艾伐特當選總理」。話雖如此，孟席斯更可能是為了自己的利益，想要利用裴卓夫的揭密確保自己在這場工黨可望勝選的大選中勝出。軍情五處明白澳洲的政治生態，希望澳洲安全情報局「盡力確保不要為了求快，而犧牲情報收穫」。他們還派一名俄語流利的人到澳洲協助該局作業。

四月十三日，孟席斯在國會公開宣布裴卓夫已經投誠，並在四天後成立皇家情報委員會，用於協助揭發蘇聯對澳洲滲透的情形。就在一場政治混仗鬧哄哄展開的同時，艾伐特公開指控孟席斯利用裴卓夫案子影響大選，澳洲安全情報局也在軍情五處的協助下努力工作。對英國情報單位來說，裴卓夫帶來的機密是情報寶庫，有直接且迫切的重要助益。他們從裴卓夫口中得知，蘇聯政府非常重視伯吉斯與麥克連，這兩名英籍蘇聯間諜遁逃後被安頓在俄國西南部的古比雪夫。策劃兩人逃亡的，是蘇聯內務部的菲利浦．齊斯黎欽（Philip Kislytsin），此人事後被調到坎培拉。軍情五處對齊斯黎欽「興趣濃厚」，希望澳洲安全情報局協助策反他。不過，蘇聯大使館自從裴卓夫變節後便非常警戒，擔心群起效尤。

齊斯黎欽預定要在四月十九日啟程返回莫斯科，裴卓夫的老婆伊芙多琪亞也預定在同一天返國。當天下午，兩人在蘇聯隨行人員陪同下，搭車抵達雪梨機場，現場滿是記者與攝影，一群俄國僑民對隨行人員態度惡劣，再三呼籲裴卓夫太太留在澳洲。這樁媒體圈所謂的裴卓夫事件，此時已佔據新聞版面，相關進展消息不斷走漏媒體，難怪會在機場出現如此場面。

據裴卓夫太太日後回憶：「車子在機場入口附近停下。現場人滿為患，他們朝我大喊：『別回去，回去你會沒命。』」自從老公叛逃後，裴卓夫太太天天以淚洗面，情緒不穩，此時她擔心機場群眾會對她不利，尤其是看到群眾與兩名隨行人員扭打起來。她說：「群眾不斷推擠我們，我掉了一隻鞋子，手提包破了，套裝的兩顆鈕扣遭到扯去。」裴卓夫太太與齊斯黎欽搭上在達爾文轉機前往莫斯科的英國海外航空班機不久，澳洲安全情報局與軍情五處獲得最後一線生機。媒體開始謠傳有人在機場混亂之中聽聞裴卓夫太太表示「不想回去」，還有國會議員聲稱手上有她簽署的求助聲明。為確認是否如此，總理孟席斯指示澳洲安全情報局局長斯普萊聯絡機長，請機長親自詢問裴卓夫太太是否有意申請政治庇護。雖然裴卓夫太太離開雪梨時看不出來是非自願，但她向機長坦承想留在澳洲，後來還請空服員轉告機長，她身邊兩名隨行人員攜有槍械。

機長以兩通無線電訊知會斯普萊。四月二十日清晨接近五時，班機著陸達爾文機場，北領地代理行政長官雷吉諾·雷登（Reginald Leydin）奉斯普萊已獲總理授權之指示，介入此事，率警方於停機坪迎接裴卓夫太太。警方隨即與蘇聯隨行人員扭打，並以攜帶槍械登機卻未申報、違反航空法為由，沒收已上膛的槍械。火爆場面令裴卓夫太太深感痛苦，齊斯黎欽則是怒挺隨行人員。她潸然淚下，告訴雷登她不相信丈夫如同他們所說的安然無恙，而是凶多吉少，她想繼續飛往莫斯科。雷登做最後一搏，安排裴卓夫打電話給人在機場的太太。簡短通話後，太太決定申請政治庇護。這是澳洲安全情報局奪下的策反第二勝，嚴重打擊蘇聯情報界。裴卓夫太太雖然在蘇聯內務部位階不如丈夫資深，卻可協助證實裴卓夫提供澳洲安全情報局與軍情五處的部分情報。

當月底，蘇聯與澳洲斷交，驅逐蘇聯境內澳洲外交官，同時召回蘇聯駐澳外交官。四週後，孟席斯在大選擊敗艾伐特。這場大選在兩方面深具歷史意義，一方面是艾伐特陣營所說的，這場選舉是孟席斯通謀澳洲安全情報局的結果，另一方面是大選餘波最後導致已經在野五年的工黨分裂，繼續在野十八年。

二〇一〇年上任的澳洲前總理茱莉亞·吉拉德（Julia Gillard）表示，不應該誇大裴卓夫事件對工黨造成的傷害。她說：「拿情報當作攻擊手段、孟席斯、操縱、選舉優勢……等等，這些我都懂，但說是這些原因造成工黨在野二十三年，卻是言過其實。一個政黨會超過二十年在野，就是因為不夠多人想投票給它……回過頭來我們還是要捫心自問：『究竟是要繼續糾結於誰對誰做了什麼，以及什麼時候做的這種歷史敘述，還是要去找出民眾不投票給我們的原因？』這不代表書寫探討情報的運用與濫用不重要……這還是該做，只是這件事到底在政治上是有立即的重要性，還是有長遠的重要性，我覺得值得仔細思考。」

撇開政治泥淖不談，裴卓夫投誠事件改變澳洲情報界的地位，澳洲再也不是澳洲安全情報局成立以前那種會被美國冷落、被英國要求改進的糊塗角色，而是搖身一變，成為情報這一行的狠角色。套句軍情五處資深聯絡官韓布蘭的話：「裴卓夫的案子，讓澳洲安全情報局聲名大噪。」

裴卓夫事件讓澳洲安全情報局與斯普萊獲得崇高地位，斯普萊本人也樂在其中。局長如今成為總理的得意下屬，擁有的權勢與掌控範圍遠超出一個年輕部會應有的程度。他享受這番勝利，不願意讓別人沾光，就像先前謝絕澳洲祕密情報局（Australian Secret Intelligence Service, ASIS）提議協助裴卓夫投誠。澳洲祕密情報局成立於一九五二年，角色如同英國的軍情六處，專門從事外國情報任務。要大權在握的斯普萊鬆手，風險太大了。除此之外，美國聯邦調查局、加拿大的皇家騎警等友邦情報單位，都不斷透過軍情五處請求釋出裴卓夫的揭祕內容，但他就是想按照澳洲安全情報局自己的步調釋出。他更進一步施展權力，下令軍情五處未經他的許可，不得與任何單位分享投誠者的情報。軍情五處雖然不滿，這麼做卻得以開始讓澳洲安全情報局更不受到軍情五處的控制，改為保持友好較勁的關係。

一九五四年六月，此時裴卓夫投誠已兩個月，斯普萊同意與美方分享重要情報，而不再只是提供有關蘇聯情報組織架構的零星資訊。除了美方以外，加拿大及紐西蘭也在分享對象之列。披露的情報包括蘇聯當局曾在一九五二年指示內務部特務「有計畫地滲透美國情報與反情報組織」，並要求「了解澳、加、英、紐等國反情報活動情形」。一九五四年一月的另一項指示，則是要求「取得英美集團國家使用的密碼，特別是英國、美國、法國、澳洲與加拿大」。

裴卓夫披露蘇聯對美國的種種挑釁行為，包括要求有系統地刺探美國情報單位，了解「有哪些特務、吸收的方式、當事人的訓練、相關設備、表面說法、各項任務、表面說法的相關紀錄、特務的移動地點與方式，以及滲透蘇聯的管道」。

根據澳洲安全情報局的官方記載，該局分享五十二份報告給西方國家情報單位，包括蘇聯在瑞典的情報任務，乃至蘇聯在英美兩國的情報活動。同時也提供北約相關情報，並於友邦徵詢情報意見時給予協助，像是請裴卓夫夫婦針對五千〇七十九張照片及全球疑似蘇聯特務的姓名進行辨認，最後確定至少五百個人是特務。向來瞧不起澳洲安全情報局的美國聯邦調查局，如今也轉變態度，肯定這項成就。胡佛傳訊祝賀斯普萊，也在一九五四年八月派代表駐點澳洲以加速雙方單位情報交流。軍情五處駐澳聯絡官韓布蘭去函倫敦總部指出：「聯邦調查局以往對澳洲安全情報局的能力有疑慮，自從裴卓夫事件以來，態度明顯改變，甚至信函措辭變得更親密友善……胡佛先生親自參與所有聯絡事宜！」為拉近澳洲安全情報局與美國的關係，斯普萊提議聯邦調查局「可直接接觸裴卓夫夫婦」，並於一九五五年赴美會晤中情局局長艾倫．杜勒斯，持續耕耘與華府的關係。斯普萊與杜勒斯的私交將對雙方的情報交流產生長遠影響。

罵斯普萊是孟席斯政府的傀儡，或許不無道理，但是憑著他這番政治狡詐，挾裴卓夫披露的祕密，謀澳洲安全情報局之利益，確實拉抬澳洲情報單位的地位，足以和英美平起平坐。以裴卓夫位階之高，其投誠所帶來的價值，遠遠大於古琴科（即一九四五年曾向加拿大政府尋求政治庇護的蘇聯聯邦軍隊總參謀部情報總局密電職員）。如同加拿大當年把握情報機遇加上自己的努力，順利被納入一九四九年的《英美協定》一般，澳洲獲得同樣待遇也箭在弦上。澳洲安全情報局現任局長麥可．伯格斯（Mike Burgess）指出，裴卓夫投誠是澳洲情報史上的一大轉變，影響留存至今。他說：「在這一行，尤其是彼此有互信的國家，或是正在培養互信的國家，真正能夠拉近雙方關係的，莫過於任務成功，因為會讓人意識到可望像當年痛擊蘇聯取得情報那樣，從情報取得認知、優勢及獲勝的能力。裴卓夫這個案子之所以重要，一方面是澳洲安全情報局很早期的勝利，二方面是它讓盟邦取得情報優勢，再方面是拉近大家的全球夥伴關係。所以它在整個五眼聯盟的故事中，具有相當重要的地位。」

一九五〇年代初期到中期，澳洲安全情報局大幅提升該國人員情報能力的同時，澳洲的戰後訊號情報單位（此時更名為國防訊號情報局）也在進步。國防訊號情報局從英國政府通訊總部那邊獲得相當大的技術與人員援助，並以「英澳紐三國聯合單位型態運作，人力由各方組成」。冷戰開始十年不久，英美兩國有意改善情報工作分擔，需要針對更多蘇聯素材以及亞洲南美等地截獲的通訊與影像，提升翻譯分析的效率與量能。資源與人力共享不能僅限於兩國，而須擴及全球，以確保做到跨時區無死角的電子監聽。兩國這七年來已經率先根據《英美協定》的協議內容，與加拿大展開合作。從烏拉山以西到非洲之間的歐洲地帶，屬於英國的守備範圍。加拿大負責監聽拉丁美洲、東俄羅斯、北大西洋與太平洋地區。人力與技術設備資源最豐沛的美國，則監視加勒比海地區、中國、俄羅斯、中東與非洲。

經過英美兩國長達兩年的磋商，《英美協定》在一九五六年十月十日正式擴大納入澳洲與紐西蘭兩國。澳洲負責監聽東南亞與東亞地區通訊，紐西蘭負責南亞與西南太平洋地區。兩國的加入，讓一個能夠無時無刻監視全球動態的聯盟於是成形，並且祕密運作逾五十年才被主要創始國英國與美國正式承認其存在。這就是世人所知道的五眼聯盟。

聯盟成員國之間交換的情報都會蓋上「僅供澳／加／紐／英／美五眼參閱」字樣，而且是專門以訊號情報為主。五國未曾針對人員情報單位及執法單位簽署類似的合作協定，儘管有些單位，也就是軍情五處及聯邦調查局，早在二戰英美兩國對訊號情報工作作出重大安排之前，已經在進行合作。五眼聯盟的重點不在於五國之間不具約束力的備忘錄，而在於影響且促進這個聯盟的人物。有些人物是人員情報出身。軍情五處的李鐸、軍情六處的史蒂文森、戰略勤務局的唐諾凡、聯邦調查局的藍菲爾，以及澳洲安全情報局的理查茲——這些人肯定意想不到，當初所做的歷史性貢獻後來會讓這些單位的合作更顯重要，也讓五眼聯盟的功能遠超出訊號情報的集結。

就在一九五六年五眼聯盟正式成立的當月，聯盟遇上第一次考驗：英國聯手法國與以色列發動火槍手行動（Operation Musketeer），暗中入侵並奪取對英法貿易影響重大的蘇伊士運河。入侵行動惹惱美國總統德懷特・艾森豪（Dwight D. Eisenhower），他同時還要應付匈牙利國內掀起的反蘇聯革命，當地只有中情局幹員格薩・卡托納（Geza Katona）一個人孤軍作戰。

第７章
危機重重：在布達佩斯孤軍作戰的男子

卡托納穿過聚集在布達佩斯史達林廣場的重重人群，看見前蘇聯領導人的雕像或被人們踐踏，或被人們以鐵鎚砸爛肢解。這尊高二十六英尺、象徵二戰之後蘇聯箝制匈牙利的青銅像，如今在沸騰民怨之中，從基座上被推倒。一九五六年十月二十三日，一場政治動盪蓄勢待發。卡托納在首府四處走動，查看各地狀況，只見軍警車輛四輪朝天，冒出熊熊烈火，槍聲不斷。

混亂場面顯示匈牙利人再也抑制不住對史達林主義的不滿，想要擺脫蘇聯統治。幾天前，波蘭才剛發生政治革命，從蘇聯手中獲得更大自主空間。數以千計的匈牙利人受到激勵，以學生為首的示威民眾湧入街頭，走向國會，有人強行攻進市內廣播電台，傳達訴求，要求實施民主選舉並撤除二戰結束以來的蘇聯駐軍。匈國政府認為這是在挑釁，維安單位便朝手無寸鐵的群眾開火。這麼做非但沒有恢復秩序，死傷消息一經傳開，反而引爆全國抗爭。

身為外交官的卡托納此時已經住在布達佩斯三年，但外交官只是表面身分，他的真正工作是在匈牙利擔任中情局的「耳目」。中情局當初看上他的原因，不是因為他從匹茲堡大學取得教育學位，也不是他在一九三〇年代後期當過中學老師，而是因為他有匈牙利背景和語言能力。他出生在賓州蒙浩，父母是匈牙利移民，教他學會說母語。對於打算在東歐擴大從事祕密任務的中情局來說，匈牙利是著眼的目標，因此會說匈牙利語很重要。中情局企圖在當地以宣傳活動等「不開戰」手段，煽動反共情緒，「漸次弱化並最終消除蘇聯權力與影響力」。中情局在一九五三年將卡托納派駐匈牙利時，認為他沒有情報經驗沒關係，會說匈牙利語就夠。卡托納的職稱是「政治專員助理」，這個費解的職稱是美國國務院為匈牙利公使館創造的，以利掩飾中情局人員身分。

卡托納當時三十六歲，有老婆及三個孩子要養，不算年輕。連他自己也承認，自己的「位階很低」，即使他早在匈牙利革命發生前一年就已示警民眾對政權的態度大幅轉向，提交給位於維吉尼亞蘭利中情局總部的報告，卻不被重視。中情局一份解密報告指出，當時中情局除了每週收到卡托納的報告，也早就知道蘇聯當局會強化戰後五萬人紅軍兵力，並「在政府快被推翻時進行介入」。中情局雖然有做這番評估，卻幾乎沒有落實原訂的匈牙利任務，結果這場革命來得讓他們措手不及，局內只有卡托納一個人在布達佩斯，以他準備的程度，要他應付這場政治抗爭，遠不如去添補美國公使館的文具櫃，因為一直以來百分之九十五的時間都是在做外交事務：「寄信、買郵票、買文具」，「沒有執行實戰任務」。難怪在十月二十三日革命爆發時，他會「不堪負荷」。

據卡托納日後向家人談到在布達佩斯當中情局幹員的說法，他被派到當地時毫無準備，僅受過中情局一年餘培訓。女兒蘇珊·戴·羅莎（Susan De Rosa）指出：「他到那邊是靠直覺做事。」由於欠缺中情局重要情報訓練，卡托納只能靠年輕時參加童子軍學到的經驗，「找出問題並解決問題」。「我想他能夠撐過來，主要是因為懂得變通，加上有掌握當地人民的脈動。」但因為他無法取得可靠事實資訊，導致很難讓中情局掌握布達佩斯正在發生的事件。他沒有幹員可用，也沒有匈牙利政府裡頭的眼線，多半只能聽取前來公使館民眾的見證說法，再加上消化媒體報導的內容。多年後卡托納回憶指出：「我們不時會傳送摘要到華府，卻無法在後面加註意見，因為政治局勢很混亂，也沒有可靠的事實資訊。」「公使館十分忙碌，前來的人眾多，多數人會隨口告知外面的情況，像是發生什麼有意思的事情，或者哪個地方現在狀況如何，就像是在一面難懂的馬賽克壁畫上留下一片小磁磚，隨即匆匆離去。」

因批判史達林式政策而遭到共產黨解除匈牙利領導人職位的伊姆雷·納吉（Imre Nagy），如今革命份子要求將他復職。十月二十四日，他背負著恢復和平的希望，重新被任命為總理，並挾著這番氣勢，重申革命份子的訴求，要求蘇聯撤軍。然而，隨著危機邁入第四天，死亡人數不斷增加，也愈來愈多當地人民請美國公使館出面要求美國政府提供支援，卡托納於是拍電報給中情局，詢問提供武器彈藥給匈牙利革命份子的政策立場。這項請求並不過分，畢竟中情局向來會插手他國事務，包括在一九五三年聯手英國軍情六處推翻伊朗民選政府。當時會這麼做是因為，這兩個情報單位擔心伊朗和英美兩國石油談判一旦破局，會使伊朗更親近蘇聯，於是動員反政府民眾示威，暴力動盪造成至少二百人死亡，總理穆罕默德・摩薩台（Mohammad Mosaddegh）下台，改由親西方的穆罕默德・李查・巴勒維國王（Shah Mohammad Reza Pahlavi）掌權。三年後的一九五六年春，中情局企圖進一步打擊蘇聯在中東地區的影響力，再次聯手軍情六處策劃政變推翻親蘇聯的敘利亞政府。相較之下，中情局總部似乎比較不熱衷干預匈牙利革命。

十月二十八日，卡托納前一天拍的電報得到答覆，上級指示「只要收集情報，不要做出表明美國利益的舉動，或者讓人有藉口認為美國在干預他國事務」。隔日，卡托納又收到中情局總部的訊息，上面提到「不准中情局送美國武器」到匈牙利。此時，以色列和埃及發生軍事衝突，衝突早在中情局意料之中，顯示英國並不配合美國，也進一步實現蘇聯在中東的政策，這對五眼聯盟不利。中情局同時要應付布達佩斯和蘇伊士運河兩邊衝突，對杜勒斯局長來說，這是一大任務挑戰。

杜勒斯在一九五三年二月上任中情局局長前，已投入外交政策工作近四十年。他曾經在第一次世界大戰前後以外交官身分派駐歐洲，後於一九四二年當上戰略局駐瑞士伯恩外站主任，任內吸收德國外交官柯爾布，藉此獲悉一千六百餘則納粹電報內容，對於希特勒進行的任務取得關鍵掌握。讓杜勒斯因此一炮而紅，奠定情報仕途騰達的基礎。他除了天賦異稟，也勤於借助在華府的政治人脈實現職涯目標。杜勒斯來自顯赫的政治家族，除了長兄約翰・

福斯特・杜勒斯（John Foster Dulles）時任國務卿，外公及姨丈也曾任國務卿。後來維吉尼亞州有一座機場，便是以其長兄命名。

杜勒斯當上中情局局長時，再過兩個月就六十歲。但是他對祕密作戰的熱情與活力，猶如三十歲的伙子，上任旋即屢獲戰功，成為冷戰巔峰時期艾森豪總統對抗蘇聯擴張行動的祕密武器。在杜勒斯的精心策劃下，不到一年就順利推翻蘇聯支持的伊朗政府及瓜地馬拉政府。雖然這兩場政變後來造成中東與拉美反美情緒高漲，但在白宮眼中卻是大獲成功，杜勒斯也因此成為艾森豪的心腹。

一九五六年初，中情局與軍情六處在杜勒斯的主導下，謀以多重手法推翻敘利亞政府，包括建立民兵，以及煽動黎巴嫩與伊拉克等鄰國內亂再將矛頭指向敘利亞。敘利亞之所以成為英美兩國的眼中釘，是因為不願意加入一年前成立的《巴格達協定》（Baghdad Pact），這是美國政府在背後撐腰的軍事聯盟，成員包括土耳其、伊朗、巴基斯坦、英國等國家，目的是要削弱蘇聯在中東地區的影響力。協定才剛成立，蘇聯隨即透過數百萬美元的武器買賣收攏埃及與敘利亞這兩個戰略關係緊密且反對協定的國家，作為反制。美國和這兩個中東政權關係緊張，也引發中情局的近親單位美國國家安全局（National Security Agency, NSA）關注。國安局過去極為倚賴政府通訊總部提供當地情報，如今藉由旗下軍事訊號單位陸軍安全局攜手中情局，開始在當地擴大插旗。一九五六年春，美國國安局指派逾四十名訊號專業人員及阿拉伯語言學者監視埃及與敘利亞兩國的蘇聯勢力增長情形。由於兩國受蘇聯影響會危害美國國家安全，杜勒斯決心利用非傳統作戰手法進行顛覆，作法之一是謀劃在同年秋天推翻敘利亞政權。就在同一時期，中情局剛投入運用的高空偵察機洛克希德 U-2（這款機種能夠從離地面七萬英尺的高空攝影，顛覆高空偵察作業）發現，以色列境內有六十架神祕型（Mystere）法國戰機，比法國政府宣稱出售以色列的架次多出兩倍。

再加上法國政府分別和以色列政府及英國政府的通訊量有所增長，更讓中情局懷疑埃及可能會有危機發生。自從埃及總統賈邁・阿布杜・納瑟（Gamal Abdel Nasser）在一九五六年夏天提出蘇伊士運河收歸國有的主張以來，英法兩國就想奪回運河主控權。運河收歸國有，會危及英法兩國的戰略利益、貿易與石油運輸線，同時改變中東地區權力平衡。英國與法國雖然都持有營運運河的公司股份，但大股東是英國。納瑟這一舉動，大大打擊英法兩國八十餘年來對埃及的影響力。艾森豪雖然同情英國首相艾登的不滿感受，卻認為出兵埃及恐怕會和蘇聯發生政治與軍事衝突。艾森豪也確實因為埃及曾在一九五五年和蘇聯衛星國捷克從事一筆上億美元的武器買賣，而更加擔心納瑟與蘇聯走得很近。但是考量隔月即將舉行總統大選，他希望此事和平解決，以免增添不必要的國內麻煩。

在艾森豪的支持下，美國與法國等二十二國代表團於一九五六年八月齊聚倫敦，召開國際會議處理蘇伊士運河危機。納瑟並未出席，乃在意料之中。最後提出一項方案，規定埃及主權應受尊重，運河交由國際監管。澳洲總理孟席斯負責將此方案提呈埃及總統。孟席斯除了因為國內政績優秀，讓他在一九五五年十二月連任四屆總理，也因為裴卓夫事件建立澳洲安全情報局的良好名聲，所以有資格進一步在國際舞台擔任要角。至少他自己是這麼認為。他的立場和美國總統及英國首相一樣，決心遏止共產主義蔓延，於是也跟著在一九五三年加入東南亞條約組織（SEATO）。這個成員包含紐西蘭、菲律賓與巴基斯坦等國的防禦聯盟，除了讓孟席斯強化自己親近英美兩國的地位，也讓澳洲安全情報局有機會在一九五六年初協助亞洲國家進行情報人員軍事與飛行培訓，繼而擺脫英國軍情五處小跟班的形象。藉由這些培訓計畫，澳洲安全情報局在曼谷與伊斯蘭瑪巴德等各個城市建立雙向情報消息來源，但目的不在於阻撓軍情五處，而是維持裴卓夫事件之後的自身地位。對孟席斯而言，蘇伊士運河危機是擴大自己聲望的絕佳機會，去到埃及和納瑟解決如此重大的國際事件，可以讓艾登與艾森豪對他刮目相看。

但英國首相艾登並不這麼認為，雖然在外界看來，他會尋求白宮能夠接受、也不會破壞英美「特殊關係」的解決方案，但這只是虛晃一招。甚至在孟席斯尚未抵達開羅展開此行任務，艾登似乎就已經要讓他無功而返，因為艾登早已同意法國在賽普勒斯島上的英國軍事據點駐軍。孟席斯再如何堅定、幾近盲目地支持艾登，這件事卻顯示自己完全在狀況外。另一方面，中情局探察到法國兵力在這座距離埃及六百英里的地中海島上有所增長，更加懷疑英法兩國在打什麼主意。

九月，杜勒斯就埃及這場潛在醞釀的危機，向美國國家安全會議提出兩份情資評估報告，國家安全會議是提供美國總統外交政策與國安方面建言的諮詢單位。其中一份評估報告見於近期解密的美國國安局文件，報告指出「即便沒有進一步挑釁行為，只要英法兩國認為無法從談判迅速獲得有利於他們的結果，仍有可能動用武力。」報告又提到，若是如此，「英法兩國政府會記下納瑟不願接受這個談判方案，誇大一番，昭告國際社會他們被納瑟拒絕，所以有理由動武」。評估報告完全正確，因為當時英國雖然正在公開折衝埃及解決方案，首相卻私下與法國及以色列密謀出兵埃及，名為「火槍手行動」，規劃以色列從西奈半島攻入埃及，英法兩國再據以要求停火，並以「維和」名義駐軍運河區。三國領導人達成共識，這次任務必須保密才能成功。艾登只有讓幾個人知情，包括外相塞爾溫．勞埃德（Selwyn Lloyd）。美國總統艾森豪及澳洲總理孟席斯，均被蒙在鼓裡，這麼做不僅有違剛達成的五眼聯盟協議，也讓十年前同盟國得以擊潰納粹的道德團結一文不值。更糟的是，艾登表裡不一的作法沒有考慮到一旦任務失敗，可能會讓英國情報界付出昂貴代價，英國的情報專業地位以往是領先五眼聯盟所有成員。

匈牙利革命發生在十月底，這個時機點有利於艾登實現他的計畫，因為白宮及中情局正忙於應付蘇聯可能入侵布達佩斯。十月二十九日，火槍手任務發動，以色列攻打埃及，讓英法名正言順介入並下達最後通牒，要求隔天停火。一切都照著三方策劃的劇本走。雖然納瑟一如所料，不同意他們的條件，但出乎艾登這群共謀者意料與期望的是，美國並不支持他們。艾森豪聞訊震怒，譴責這次攻打埃及。他很擔心這次出兵往後會導致地區動盪，這對蘇聯反而有利。他向英法兩國聲明，美國不會提供軍援。但艾登不理會艾森豪的顧慮，執意要扳回英國在國際舞台地位下滑的頹勢。十月三十一日，就在英法兩國否決美國提出的安理會決議案的同一天，英國對埃及發動空襲，接著英法進軍當地。

蘇伊士運河危機讓艾森豪和杜勒斯互看不順眼，總統認為這次攻打埃及出乎他的意料，但中情局局長堅稱出兵前就曾多次提出示警，只不過白宮充耳不聞。

此時釐清真相不是重點，至關緊要的是蘇聯領導人赫魯雪夫已經宣布給予埃及道義支持，讓國際社會猜疑他的下一步是否就要軍援納瑟。中東地區的事件發展，讓蘇聯政府在布達佩斯採取行動獲得適時掩護。此時，匈牙利革命看似已經取得勝利，街道復歸平靜，讓中情局幹員卡托納深受鼓舞。

一九五六年十一月一日，革命發生已逾一週，卡托納看見匈牙利人紛紛慶祝所謂抗蘇成功及擺脫蘇聯控制。多年後他回憶：「四處不見俄國人，人民歡樂，生活開始回歸正常。」「商家復業，許多地方街頭會發放食物……政治局勢也很安定，有望達成調解撫慰。在納吉的領導下，有可能演變為真正的議會民主。」布達佩斯的歡樂氣息讓卡托納「有理由保持樂觀」。不過，樂觀之情很快就被澆熄。卡托納日後幾天從公使館武官那邊得知，俄軍正在匈牙利東邊集結，且額外支援兵力正取道羅馬尼亞趕來。十一月三日，匈牙利國防部一名上校向卡托納證實，俄軍確實進逼，並示警蘇聯可能會攻打匈牙利，儘管幾天前才讓人們以為他們要撤軍。

卡托納認為「局勢發展難料」，但做了最壞打算。事發當夜，他在公使館辦公座位收聽新聞廣播，急切想要掌握是否有任何資訊，能夠證明上校所說，結果聽到睡著。十一月四日凌晨，隆隆的砲擊聲與答答的機槍聲，給了想知道局勢現況的卡托納明朗答案——俄國戰車駛入布達佩斯鎮壓革命。當地民眾以及報導這場革命的美國與西方國家記者，為躲避不分青紅皂白的砲擊與射擊，成群湧入美國公使館。革命份子屍首散落街頭，許多遭到裝甲車的履帶輾壓。最後逾二千五百人喪命。甫任命為匈牙利總理的納吉深知自己被俄軍緝拿，逃至南斯拉夫大使館。多年後卡托納曾經省思，如果納吉當初找上美國公使館尋求政治庇護，美國政府會如何回應，歷史軌跡是否會因此改變。會問這個問題，突顯卡托納不清楚他的長官杜勒斯對納吉的看法。

就在匈牙利革命開始的隔天，納吉短暫再次掌權，杜勒斯隨即下令動員包括中情局資助的自由歐洲廣播電台等各種政治宣傳，去指控納吉是心向共產主義的叛徒，不可信賴。杜勒斯這麼做的目的，是為了擊垮納吉，以便讓強力反共的匈牙利天主教會主教暨樞機若瑟·敏真諦（József Mindszenty）取而代之，美國公使館在十一月四日給予敏真諦政治庇護。不過，杜勒斯的計畫未曾實現，不僅如此，匈牙利反抗軍聽聞自由歐洲廣播電台聲稱美軍會前來援助他們，受到激勵，力拚俄軍，承諾卻食言而肥。上千匈牙利人死於俄軍之手，二十萬人逃離匈牙利流離失所，都得部分歸咎於中情局對種種事件的處置不當。

中情局對於自身在匈牙利革命扮演的角色，曾做過機密檢討，報告提到「本局連能夠或應該被誤認為情報行動的素材都沒有。」中情局的主要情報來源是卡托納，而這些情報多數來自報章報導與目擊者「片面之詞」，無法讓他們得知想知道的事情，像是蘇聯軍隊動向。解密報告提到：「本局無法完整掌握介於革命首次勝利到俄軍鎮壓這段期間的革命局勢。」又說：「缺乏相關資訊，使本局難以機敏展開革命支援行動或改善情報範圍。」話雖如此，真相可能介於二者之間。因為卡托納縱使情報能力不佳，他確實有告知中情局可以協助的幾種方式，只不過中情局不願意採納。卡托納日後回憶指出，在戰事正熾的當時，人員面臨折損的匈牙利叛軍曾經多次請求美國公使館奧援，且特別表明要的是武器而非兵力。他說：「德國有相當多美製武器庫存，可以送過來。我還知道西德某個兵工廠有成堆韓戰當時繳獲的俄製武器，如果我們想要保持低調的話，也可以調一些過來。」讓卡托納洩氣的是，中情局和艾森豪壓根不曾考慮提供武器支援這場暴動。卡托納表示：「這麼做是錯的，華府連考慮都不考慮。他們只是眼睜睜看著匈牙利人濺血，默默旁觀蘇聯以優勢兵力蹂躪這場光榮革命。」匈牙利革命份子當初是受到中情局鼓動，中情局卻無視自己有援助的道德義務。這番誤判無意間使得蘇聯在東歐更加坐大。中情局戰略錯誤，突顯出卡托納與杜勒斯方向的不一致，卡托諾有意提供協助（雖然他的專業與資源都不足），杜勒斯卻鐵了心要擊垮這場革命的政治領袖納吉。實際後果讓這群自由鬥士自掘墳墓。

也因為中情局單方面在匈牙利犯錯，使得加拿大、英國與澳洲等五眼聯盟國家受到連累，頓時要面對大量流離失所的匈牙利人前來申請庇護。這些國家最重視的莫過於防止蘇聯間諜利用庇護管道混入國內。以澳洲為例，派駐在歐陸地區且以外交身分為掩護的澳洲安全情報局聯絡官，都必須協助處理前來維也納申請庇護的難民案件。由於缺乏相關文件可以確認申請人的背景，聯絡官只好面談每個家戶的家長與單身人士，若認為說詞不合理，就會駁回申請或者要求重新面談。澳洲安全情報局也清楚，在總共一萬三千一百七十七名最後落腳澳洲的匈牙利難民當中，一定有一些不受歡迎的人士混過他們的篩檢機制入境。

美國駐奧地利大使館也湧入大量匈牙利人想要申請庇護。就在使館人員馬不停蹄消化申請案件的同時，密切監控蘇伊士運河入侵情勢的美國國家安全局，則是接獲指示調查蘇聯對英、法與以色列等侵略者的放話威脅，是否屬實。蘇聯總理兼國防部長尼古拉·布爾加寧（Nikolai Bulganin）十一月五日曾致函侵略國，表示蘇聯政府「堅決以武力粉碎侵略者，恢復中東和平」。

十一月六日，這一天是美國總統投票日，艾森豪公事如麻。除了要顧及自己能否連任總統，也要顧及蘇伊士運河危機，布爾加寧放話令他擔心事態會升溫成蘇聯對英法展開核武攻擊。艾森豪雖然和蘇聯一樣希望中東停火，也極不認同艾登首相等人的作法，但畢竟這些人是關係密切的盟友，令他對蘇聯政府的威嚇大為不滿。密切監控埃及情勢的美國國家安全局要艾森豪放心，認為蘇聯是在虛張聲勢，除了言語上支持納瑟，迄今並無實際援助作為。為了確認是否真的如此，艾森豪指示中情局派兩架 U-2 偵察機飛到敘利亞及以色列上空，釐清蘇聯是否已在敘利亞基地駐軍。中午時分，就在美國選民投票的同一時間，中情局向艾森豪報告敘利亞沒有蘇聯駐軍，這讓白宮暫時鬆了一口氣。

但對大西洋另一端的英國來說，蘇聯方面的情報卻顯示不是這麼一回事。為了協助蘇伊士運河入侵行動，政府通訊總部除了滲透埃及的外交軍事通訊，也利用先前與軍情五處一次聯合行動在埃及駐英大使館安裝竊聽器，截收大使館與埃及政府往返的機密電文。他們掌握到蘇聯意圖最關鍵的一份情報，來自蘇聯外交部長與埃及駐蘇大使在莫斯科的會面。大使再將會面內容告知埃及駐英國大使，訊息在傳送過程中卻遭到政府通訊總部截獲，內容顯示蘇聯意圖出動戰機和英國作戰。政府通訊總部旋即通知負責國安威脅評估與提供政府相關建言的英國聯合情報委員會此事。有歷史學者因此認為，正是因為這份截獲的情報，讓早已承受美國政府關切及聯合國立即停火決議案壓力的英國首相，被迫取消十一月七日的埃及入侵行動。艾登究竟多大程度是受到這份情報而改弦易轍，恐怕永遠會是個謎，不過多年後事實證明，蘇聯當初說要出兵蘇伊士運河，只是虛晃一招嚇唬英國。蘇聯政府早就知道埃及駐英國大使館的密電通訊遭到英國政府通訊總部滲透，便利用這個管道釋放假消息給英國情報單位。十一月十一日，就在蘇聯聲稱自己勝利結束蘇伊士運河衝突的四天後，蘇聯再度宣布勝利瓦解匈牙利革命，讓西方國家更加難堪。

蘇伊士運河危機讓艾登引咎下台。更嚴重的是，這次危機事件削弱西方國家在中東地區的影響力，拉抬蘇聯政府在阿拉伯領導人心中的信用地位與影響力，也將中東變成蘇聯與美國不斷進行代理人戰爭的地區，同時殃及情報行動，政府通訊總部設在錫蘭（八年前脫離英國獨立，後更名為斯里蘭卡）西北海岸波卡（Perkar）的訊號基地，被當地政府強迫關閉，因為發現英國利用當地港口為入侵埃及的艦艇途中補充燃油。這個訊號基地是五眼聯盟在印度洋最重要的訊號情報據點。蘇伊士運河危機也造成伊拉克人民更加痛恨英國帝國主義，以及與英國交好的伊拉克領導人費瑟國王二世（King Faisal II）。一九五八年，國王遭自己軍隊政變弒殺，隨後軍隊佔領巴格達附近哈巴尼亞的英國軍事據點，這裡也是政府通訊總部的訊號情報祕密基地。遭逐出錫蘭與伊拉克的英國訊號分析專家，只得撙節並屈就政府通訊總部的其他據點辦公，像是改去賽普勒斯、馬爾他、直布羅陀及阿森松島。

艾登的過分行為與不幸災禍，堪稱英國首次公開背叛最親密的友邦美國，也破壞英國從二戰之初擁有的情報優勢與政治資本，導致英國淪為永久次等夥伴地位。蘇伊士運河危機後，再也沒有疑義英美兩國誰是「特殊關係」中的老大，事實攤在世界的眼前，那就是美國。蘇伊士運河雖然只是英國第一次冒犯頑固的美國，卻開啟回不去的先例，使得五眼聯盟變成由華府來領導。

不過，美國情報單位（特別是中情局）沒有立場批評英國以祕密行動主導他國內政的帝國野心。杜勒斯與軍情六處原定攜手推翻敘利亞政府，因蘇伊士運河事件而推遲至一九五七年才執行，結果計畫走漏敘國情報單位而失敗。政權爪牙逮捕中情局在大馬士革的幹員洛基．史東（Rocky Stone），刑訊逼供得知中情局的陰謀後，再透過媒體予以揭發。史東隨遭驅逐出境，敘籍共犯則處以死刑。這場拙劣的中情局行動讓原本反西方情緒日漸高漲的中東地區，情況變得更加嚴重。杜勒斯卻依然故我，執意推翻其他國家的政權，直到四年後試圖暗中武裝並資助古巴流亡人士（還承諾會給予空中支援）推翻古巴費戴爾．卡斯楚（Fidel Castro）未果才罷休。如同中情局在匈牙利革命口惠而實不至的紀錄，承諾要提供古巴人的援助，從未實現。一九六一年四月十五日，美國戰機外觀塗成古巴空軍模樣，打算出任務摧毀古巴機場並嫁禍古巴，結果失敗。攻擊事件以及戰機重新上漆的照片一經媒體報導，世人發現這場侵略行動是美國在背後撐腰。約翰．甘迺迪（John F. Kennedy）總統只好取消後續空襲行動。四月十七日豬玀灣入侵行動失敗不到二十四小時，超過一千二百名敗陣逃脫的古巴流亡人士遭到卡斯楚部隊逮捕，逾百人被處決。中情局的這場拙劣行動，迫使杜勒斯引咎辭職。

即便英美兩國政客與情報官員經歷這些起伏、政治詭計與故意欺騙，五眼聯盟未因此分崩離析，反而蓬勃發展。政府通訊總部的官方歷史提到，英國訊號情報界與美國訊號情報界之間的信任關係有受到蘇伊士運河事件的衝擊，即便英國方面曾向美國國安局再三保證沒有在入侵行動期間分享任何情報給法國。美國國安局的官方歷史倒是冷靜看待此事，指出這場危機是「高層之間的爭執，未影響到國安局與政府通訊總部的日常關係」。

對照蘇聯對五眼聯盟的持續性威脅，蘇伊士運河事件引起英美兩國的緊張關係只是暫時性，重要性也無法相提並論。但到了一九七〇年代，英國和澳洲各自開始質疑與美國同盟的價值何在。澳洲總理高夫・惠特蘭（Gogh Whitlam）槓上白宮，打算切斷兩國情報合作關係，痛批中情局干預澳洲政治制度。英國新任首相泰德・希思（Ted Heath）則希望拉近與歐洲的關係，不願以美國總統為尊。由於希思不願透露軍情五處是如何在蘇聯投誠者協助下進行蘇聯間諜驅逐行動，使得英美兩國特殊關係危在旦夕。

第8章
意見不合

軍情五處覺得有些可疑，奧列格・李亞林（Oleg Lyalin）竟然如此積極坦承在蘇聯駐英大使館從事的業務。一九七一年四月二十一日，軍情五處接獲倫敦北部漢普斯泰德警察局的通知，稱這名年輕蘇聯官員當天稍早走進警局，主動向警方透露他表面上是具外交身分的蘇聯貿易代表團紡織代表，實際上卻是蘇聯國安會的間諜。從他上門接受盤問的前後行徑來看，很像是被派來提供蘇聯假情報的雙面間諜的作風。軍情五處覺得事有蹊蹺，迅即將他帶到處內藏匿所。李亞林同意將供詞錄音，卻未索求大筆酬勞，也不要求人身保護。這讓現場兩名英國情報人員更加懷疑此人的真正動機。李亞林是不是想聲東擊西，透過揭穿蘇聯國安會的某項行動，以隱瞞其他行動？他是不是被指示前來探求軍情五處對蘇聯貿易代表團知情多深，因為這個貿易代表團早已被軍情五處懷疑是用以掩護蘇聯情報人員的輸送帶？

軍情五處對於蘇聯間諜投誠並不陌生，例如一九四〇年代古琴科向加拿大投誠，以及一九五〇年代裴卓夫向澳洲投誠，但是這些間諜投誠的目的多半是想獲得政治庇護。一九六〇年代初期蘇聯情報總局特務奧列格・彭科夫斯基（Oleg Penkovsky）投誠事件也是如此，對方是出於移居西方國家的目的而主動效力於中情局及軍情六處，提供機密情報數以千計，拍攝的軍事文件披露蘇聯在古巴設置核武導彈，可在開戰數分鐘以內襲擊美國本土。彭科夫斯基的機密後來釀成美蘇兩國角力的古巴飛彈危機，承諾要給他的政治庇護卻未實現，因為他被蘇聯政府逮捕並以叛國名義遭到處決。

然而，李亞林上門不是為了尋求政治庇護，即使經過軍情五處兩名人員的盤問，也不見有此跡象。他也不像是因為大澈大悟，才會透露自己在專門從事破壞任務的蘇聯國安會V部門工作。根據他的說法，他在一九六九年七月被派任倫敦，負責找出適合蘇聯破壞人員登陸或降落的境內地點，例如北約克郡海岸一帶。蘇聯國安會因應有朝一日要和英國開戰所做的應變計畫當中，也包含毀損鐵道、確認適合暗殺的重要政治人物，以及滲透軍事據點等諸多破壞行動。例如，一九六〇年初以來英美兩國共同管理的英國皇家空軍菲林岱爾（Fylingdales）預警雷達站，就是蘇聯想滲透的軍事據點。李亞林透露，蘇聯國安會的陰謀大多並未實現，要軍情五處放心，更提示有英國地方公務員受其指揮從事蘇聯反情報行動，此人名為胡珊・哈山納利・阿布杜凱達（Hussein Hassanally Abdoolcader），在大倫敦理事會的監理站工作，且一直在提供李亞林尾隨監視蘇聯情報員的軍情五處車輛車主資料。軍情五處隨即對阿布杜凱達展開調查，確認李亞林所言屬實。後續幾週盤問下來，李亞林協助確認其他蘇聯間諜的身分，聲稱英國國防部、貿易委員會、軍隊與工黨都遭到蘇聯政府滲透。隨著調查人員和他拉近關係，他的行為的真正動機終於浮現，且和職業無關，而是偏向私人與家庭。李亞林面臨許多自找的壓力，除了婚姻觸礁，又和已婚英國女人及想娶進門的俄國戀人伊蓮娜·戴普莉亞科娃（Irina Teplyakova）大搞不倫。他希望能夠被軍情五處安排驅逐出境，以便和戴普莉亞科娃回到莫斯科，在當地繼續為軍情五處服務。這個要求很奇怪，軍情五處愈來愈覺得他的行徑詭異難料，加上他的冒險性格與酗酒脫序傾向，令人擔心到了蘇聯會很難掌控。鑒於處內正不斷遊說政府驅逐境內蘇聯間諜，為方便偵辦其他境內蘇聯間諜，李亞林哪兒都不能去。

當時，軍情五處估計至少有一百名蘇聯國安會及情報總局的情報人員在英國境內活動，多數祕密未申報，或如李亞林般以蘇聯貿易團的身分為掩護。英國政府起初不贊同軍情五處大量驅逐的提議，擔心在冷戰巔峰的此刻，這麼做會傷害英蘇貿易與兩國關係。而且蘇聯也有可能報復蘇聯境內英國情報人員。為克服難關，軍情五處向內政部與外交部提出相關證明，這當中必定有來自李亞林的情報，說明他們鑑別的這些嫌犯會高度危害英國國家安全。有了這項說帖，外相艾列克·道格拉斯霍姆（Alec Douglas-Home）爵士與內政部長雷吉·毛德林（Reggie Maudling）便於一九七一年七月三十日呈報希思首相，表明他們的憂慮，為大量驅逐創造有利條件。

希思想當然耳知道，驅逐這麼多人會讓美蘇兩國政府從一九六〇年代末實施至今的緩和方針（detente）受挫。兩大強權之間的摩擦有所緩和，不代表互信提升，方針的用意在於避免爆發核戰，展現兩國志在維持和平，儘管各自仍然在資助越戰等代理人戰爭。理查·尼克森（Richard Nixon）在一九六九年初的總統就職演說中重申支持緩和方針，呼籲敵國與美國從事「和平競爭，勿攻城略地，勿擴張領土，應豐富人類的生活」。尼克森若是意喻要開啟合作與開放的年代，隔年希思入主唐寧街時，顯然將他的話當耳邊風。希思想要重新定位英美之間的特殊關係，他不像前任首相哈洛德・威爾遜（Harold Wilson）那樣認可英美特殊關係的價值，反而有意強化英國與歐洲的關係。這讓白宮感到不快。威爾遜在任期間，英國對最緊密盟友忠心耿耿，即使美國參與越戰引發爭議，也力挺到底。威爾遜雖未派兵前往越南，卻曾下令暗中部署特勤部隊，並指示政府通訊總部旗下亞洲各地通訊情報據點的分析專家支援美國國安局。如此友誼之舉，尼克森大表讚賞。

但到了希思上任，此時越戰已經讓美國政府與五眼聯盟當中一些國家鬧得不愉快，加拿大雖然有賣武器給美國，卻拒絕參戰，紐西蘭則是在尼克森的前一任總統林登・詹森（Lyndon B. Johnson）的反覆施壓下，才百般不願地於一九六四年出兵。澳洲雖然前後海陸空三軍出兵逾六萬人，有些人更與中情局共同執行備受爭議的鳳凰計畫，刑求、「策反」或暗殺越共人員，澳洲工黨黨魁惠特蘭卻對外聲明，只要他當選總理，他就要撤軍。

越戰雖突顯五眼聯盟各國在政治上不合，蘇聯的威脅卻再度讓各國行動更緊密，情報收集更具規模。早期，五眼聯盟截收的是高頻率無線電訊，這是一九五〇年代末以前國際上通用的電訊方式，後來迅速進步，由英美及後來的加拿大駐蘇聯大使館技術團隊聯手破譯一九六〇年代蘇聯政府採用的微波中繼系統，截收通訊內容。隨著商業衛星問世，其中包括二十世紀在國際通訊位居要角的國際通訊衛星公司（International Telecommunications Satellite Organization, Intelsat）旗下營運的衛星，讓五眼聯盟的情報收集能力取得重大突破。英美兩國紛紛設置地面衛星站截收 Intelsat 的衛星訊號，同時有能力藉由潛艦竊聽海底電纜。

第一座 Intelsat 同步衛星在一九六七年入軌運行，通訊技術旋即飛快進步。四年後，Intelsat 第四代衛星問世，歐洲議會的研究報告指出該衛星能夠「同步處理各種通訊管道，包括電話、電傳、電報、電視、資料及傳真」。此時英美兩國已設置兩座衛星站用以截收通訊，一座衛星站位於華盛頓州雅基馬（Yakima），由美國國安局運作，另一座衛星站位於英格蘭南方靠近康瓦爾海岸的摩溫斯托（Morwenstow），由美國國安局及英國政府通訊總部聯合運作。英國據點負責截收大西洋及印度洋上空的 Intelsat 衛星訊號，太平洋上空的 Intelsat 衛星訊號，則交由美國據點負責截收。由於兩座衛星站運作成功，往後二十年間又在加拿大安大略省（Ontario）、西澳大利亞州科賈雷納（Kojarena）及紐西蘭懷禾白（Waihopai）設置衛星站。

摩溫斯托衛星站（日後更名為政府通訊總部布德衛星站）和其他五眼聯盟國家設置的衛星訊號截收站一樣，均由美國國安局出資設置硬體，提供技術，地主國負擔局部營運成本。希思首相質疑英國境內設置這些美國出資的衛星站價值何在。他會有這樣的疑慮，也是因為痛恨英國歷來許多首相在外交政策上都聽命於白宮。但內閣有人對他的態度不以為然，認為他忽略美軍及美國情報對英國的價值。國防大臣卡靈頓勛爵（Lord Carrington）遂出面說明

《英美協定》讓英國在應對軍事威脅以及蘇聯、中國與中東情勢發展上，獲取哪些好處。首相顧問也提醒首相，英美兩國的特殊關係需要用心培養，不宜視為理所當然，畢竟一九五〇年代蘇伊士運河危機已讓美國懷疑英國的忠誠度。卡靈頓勛爵出面或許有增進希思對英美情報關係的認識，卻顯然無法動搖他想隱瞞情報直到時機成熟才告訴白宮的決心，包括驅逐英國境內蘇聯間諜的計畫。一九七一年夏天，希思有意證明給美國總統尼克森看，自己可不是他的傀儡。

八月三十日發生一起突發事件。當時已經為軍情五處從事四個月情報任務的李亞林，即將在無意間讓希思首相獲得忤逆美國政府的絕佳機會。他因酒駕在某天清晨被警方逮捕，拘留期間拒絕驗血驗尿。被捕後短暫出庭，惹來不必要的注目，引發蘇聯國安會上司對其行為與心理狀態的疑慮。李亞林接獲蘇聯國安會要他返國的指示時，知道沒有時間了，便於九月三日通知軍情五處的聯絡人，表示他想要帶著俄國戀人戴普莉亞科娃投誠。

當天傍晚，兩人來到軍情五處藏匿所的同時，帶來李亞林從館內偷得的一疊蘇聯國安會文件。他的投誠來得正是時候，讓希思原定的蘇聯間諜驅逐行動「大腳行動」（Operation FOOT）得以名正言順執行。首相快馬加鞭，於九月二十四日將九十名以外交身分為掩護的蘇聯國安會及蘇聯情報總局人員，全數驅逐出境，並禁止正在蘇聯休假的十五名人員入境。

這是全球史上規模最大的蘇聯間諜驅逐行動。

軍情五處官員在倫敦市中心總部萊康菲爾德大廈（Leconfield House）舉杯慶祝粉碎蘇聯情報能量，開啟冷戰重要轉捩點。媒體報導指出：「蘇聯在英國境內『戮力從事』情報活動，除致力獲取軍事及工業機密（如超音速飛機協和號的相關資料）也擬定計畫派遣破壞人員滲透本國。」軍情五處則指出，大腳任務首度讓蘇聯踢到英國鐵板，不再容易刺探。「蘇聯國安會有長達數年時間……被迫要靠蘇聯集團及古巴的情報單位補足情報缺口。」

軍情五處與唐寧街沉湎於勝利的同時，華府情報單位情緒低迷，特別是美國國安顧問亨利．季辛吉（Henry Kissinger）辦公室。希思雖然早在兩個月前便批准這次行動，季辛吉卻直到驅逐行動的當天，才接獲官方通知。英國駐美大使致函季辛吉，諉稱遺憾未能提早通知尼克森總統英方驅逐蘇聯間諜一事，英國政府是因為消息走漏媒體，才被迫加速驅逐行動。希思這番矇騙說詞，季辛吉與白宮均不買帳，也使得英美兩國情報關係開始緊張。

儘管政治上希思與尼克森關係不睦，軍情五處仍然將李亞林提供的情報分享給美國中情局與聯邦調查局。軍情五處曾經替聯邦調查局盤問李亞林關於紐約的蘇聯間諜嫌犯，李亞林也協助監視四十五個「紐約地區蘇聯國安會新面孔」，他們分別任職聯合國蘇聯代表團或者聯合國安理會。五眼聯盟其他夥伴國也受惠於李亞林的情報，澳洲安全情報局雖查無實據蘇聯國安會密謀於澳洲境內展開破壞行動，卻因此重新衡量各個國防據點的安全措施。澳洲政府也公開表明，蘇聯後續要在雪梨成立的貿易辦公室，不具外交豁免權，以免成為蘇聯間諜的掩護。即使英國如此大方分享情報，卻澆不熄白宮對英國首相在李亞林案件一意孤行的憤恨。英美兩國政治關係惡化的同時，美國也開始擔心和澳洲這個五眼聯盟夥伴國的情報關係。二十年來，澳洲在保守黨執政下，成為美國的緊密盟友。然而隨著工黨黨魁惠特蘭在一九七二年十二月當選總理，情況有所改觀。

一九七二年十二月四日，惠特蘭當選澳洲總理後兩天，中情局要尼克森總統放心，表示惠特蘭堅定支持美澳聯盟，已將它納為「澳洲外交政策基礎」。澳洲政府透過五眼聯盟和美國的情報合作，此時也已臻於成熟。

一九七一年夏天以來，負責海外情報活動的澳洲祕密情報局一直在智利替美國中情局暗中執行任務，打擊薩爾瓦多．阿言德（Salvador Allende）主政的社會主義政府。澳洲配合美國政府在聖地牙哥設置據點，代為指揮為中情局效力的智利特務，再將情資報告傳回位於維吉尼亞州蘭利的中情局總部。惠特蘭上台時，這項行動已執行十八個月。得知此事不久，惠特蘭不顧美國可能會被激怒的顧慮，下令終止行動。澳洲祕情局遂於阿言德被奧古斯都．皮諾契（Augusto Pinochet）將軍政變推翻的兩個月前結束祕密行動。皮諾契上台後，對成千上萬政敵展開刑求與謀殺。

澳洲祕情局替美國中情局從事齷齪勾當差不多同一時期，負責國內情報業務的姐妹單位澳洲安全情報局則和英美兩國保持密切關係。總理惠特蘭上台時，前局長斯普萊早已順利將他二十年來耕耘有成的華府人脈，傳承給繼任局長彼得．巴布（Peter Barbour），由巴布持續維繫。

讓中情局高層安心的另一個原因，在於澳洲成為五眼聯盟一員，確實強化美、澳、紐三國於一九五一年單獨簽署旨在維護太平洋地區安全的軍事性《澳紐美安全協定》（ANZUS）。在中情局的眼中，該協定使美國在與惠特蘭政府打交道時多一份保障，也提供緩衝。中情局清楚惠特蘭政府有意檢討前任政府與美方簽署容許美國在澳洲建造「軍事與科學設施」的協定，但仍希望（甚至預期）惠特蘭跳脫左翼政治立場，去檢視諸多明顯對雙方有利的合作計畫，例如西澳西北岬（North West Cape）的訊號情報站，該據點設置於一九六三年，旨在讓美國海軍能夠和印度洋活動的核武潛艦通訊。其他美澳協定包括一九六六年在澳洲北領地松樹谷（Pine Gap）及一九六九年美國空軍在南澳沙漠努冷加（Nurrungar）設置用來監視蘇聯發射飛彈的衛星地面觀測站。

松樹谷是澳洲最神祕的監視基地，也是「梯隊任務」（ECHELON）的一環。梯隊任務是代號，指的是一九六〇年代英美兩國以五眼聯盟名義實施的監視計畫，最初目的是監聽外交軍事訊號通訊。後來，五眼聯盟各個國家都在國內戰略地點設置情報基地，使監聽計畫範圍擴及電話、傳真、公家私人單位的網路通訊，甚至一般百姓也在監聽之列。對中情局而言，松樹谷可謂梯隊任務最重要的基地，過去稱為聯合防禦太空研究站，一九八八年後正式更名為松樹谷聯合防禦站。表面上，它的任務很籠統，目的是協助維護兩國國家安全。但外界都知道，它的真正目的是做為美國情報衛星的地面控制站，截收商業通訊等各種目標，以及蘇聯具核彈負載能力的洲際導彈試射資料。

松樹谷位處澳洲中央艾麗絲泉郊外沙漠地帶，占地四平方英里，是東半球最有價值的情報截收平台。表面上是由美國國防部先進研究計畫局管理，實際上卻是中情局的祕密計畫，中情局也致力不讓惠特蘭政府知情、審視與干預。

對於這樣的能力，中情局很有自信，以致在一九七二年十二月四日的總統每日匯報中（總統每日匯報是中情局專門為了讓總統掌握全球安全事務所做的情報評估）向尼克森指出：「顯然某些政黨領導人對這些美國設施認知不足。只要明白這些設施對澳洲有哪些好處，相信新政府會認定設施符合《澳紐美安全協定》框架的條約。」殊不知，中情局錯了。

惠特蘭對美國外交政策的態度，基本上是嗤之以鼻。他擔任在野黨黨魁時，便曾說過越戰從軍事角度來看「是災難與騙局一場」，上任首相第一個月，即譴責美國轟炸北越造成平民一千六百人死亡，同時完成三年來的分階段撤軍，結束澳洲參戰。剛上台就在軍事關係槓上美國，惹怒了尼克森政府，讓美國開始認為惠特蘭傾向蘇聯。

惠特蘭的目光接著轉到與美國情報單位有密切行動往來的澳洲安全情報局。兩國情報單位的關係雖然礙眼，惠特蘭卻選擇優先檢討澳洲安全情報局的境內行動。他對該局的看法，肯定是受到工黨影響，工黨懷疑該局在二十年前的裴卓夫事件中串謀孟席斯讓他得以連任，更將二十三年持續在野的這筆帳，算在那場選舉的種種事件。儘管澳洲安全情報局後來換人領導，改由巴布於一九七〇年繼任，惠特蘭卻仍然想要大整頓，增加課責。一九七三年三月南斯拉夫總理澤瑪・畢耶迪奇（Džemal Bijedi）來訪澳洲，正好給惠特蘭對付澳洲安全情報局一個藉口。

惠特蘭對於這個情報單位針對國是訪問所做的事前安全準備不甚滿意，因為當月他從警方得知，澳洲境內有個克羅埃西亞極端份子意圖暗殺薩爾維亞籍共產黨人畢耶迪奇。由於澳洲安全情報局由司法部長黎昂內・摩菲（Lionel Murphy）負責領導，惠特蘭便要摩菲施壓該局提供更多暗殺計畫相關情報。摩菲心想可以藉機對這個右傾且圖謀不軌的單位還以顏色，遂指示巴布提供南斯拉夫總理暗殺情報。不到四十八小時，摩菲認定該局未如實交代情報，有失調查職責，便聯合聯邦警方無預警對他們展開行動。

三月十六日上午，警方二十七人突襲澳洲安全情報局位於墨爾本的總部，扣留保險櫃，下令員工離座並集中於禮堂，隨即展開調查。摩菲也親蒞現場查閱克羅埃西亞極端份子的檔案。「摩菲掃蕩」動作之大，前所未見，隨即波及澳洲安全情報局與五眼聯盟情報單位的合作關係。美國下令中情局等執法機關與情報單位停止分享情報給澳洲。美國國安局因此拒絕提供機密文件約三千頁，聯邦調查局也不再和澳洲安全情報局往來，儘管澳洲安全情報局局長巴布再三保證這次掃蕩沒有搜刮美方情報。美國總統尼克森及國安顧問季辛吉認同美方情報單位的顧慮，澳洲安全情報局的官方歷史提到，美國白宮對於惠特蘭授意摩菲這麼做非常震驚。

南斯拉夫總理在三月二十日安穩抵達澳洲訪問。澳洲安全情報局在國是訪問期間，與警方合作偵破克羅埃西亞極端份子可能即將犯下的炸彈案，搜出嫌犯在坎培拉住家存放的炸彈雷管。澳洲安全情報局忙於辦案的同一個月，其他五眼聯盟成員開始對自己與澳洲之間的情報關係起了疑慮。英國之前規劃向惠特蘭說明抗蘇維諾那計畫的內容，如今暫緩。加拿大皇家騎警收回先前分享給澳洲安全情報局的滲透蘇聯情報內容，更下令銷毀一切相關通信。

摩菲掃蕩引起的情報風波，肯定讓澳洲司法部長和總理始料未及。掃蕩也許讓上台三個月的惠特蘭能夠掌控澳洲安全情報局，卻也是誤判，使得該局比其他五眼聯盟夥伴至少暫時退步數十年。歷史學者向來認為，摩菲是司法部長，大可以基於職權前往澳洲安全情報局總部索取訊息，不必透過突襲方式引發軒然大波。突襲沒有達到他和惠特蘭想要達到的目的，即按照新政府設定的開放透明精神，重新整頓澳洲安全情報局。就在美國情報單位觀望澳洲情勢發展的同時，白宮與英國唐寧街的關係也持續緊張。希思政府和法國深化情報合作，令尼克森與季辛吉愈發不滿。季辛吉的疑心病並非沒有根據，只是當時他並不曉得，英國聯合情報委員會確實故意不將法國方面多數情報分享給美國。美方官員心生疑慮，英國是否在積極串通法國打擊美國外交政策。眼見英國在一九七三年一月加入歐盟的前身歐洲經濟共同體，美方疑慮更深。

一九七三年夏天，英美兩國關係急遽惡化，季辛吉失去耐性，不再像年初那樣給英國政府好臉色。英國從年初以來持續協助他安排北約國家及華沙公約組織國進行軍備控制協議。七月底，季辛吉斥責來訪的英國代表團協助不力，讓他遲遲得不到歐洲各國對《互相平衡裁減武力》（Mutual and Balanced Force Reduction）協定草案的回應。協定內容要求蘇聯裁減包括東德在內的中歐駐軍及軍備。

希思政府執政三年來只是耳聞季辛吉脾氣難料且易怒，如今終於領略到了。季辛吉是尼克森的情報沙皇，藉由這次武器協定動怒，順便要算希思的舊帳。他不只對英國與歐洲之間的關係有疑心，也沒忘記一九七一年希思企圖對美國政府隱瞞驅逐蘇聯間諜的大腳行動往事。

一九七三年八月九日，季辛吉在電話中向尼克森總統埋怨希思跟歐洲走得很近，如同「當年追求與我國建立特殊關係般專心致志」。季辛吉痛批英國「自以為沒有義務告知我方他們與歐洲國家商談之事」，主張美國情報交付希思政府極不可靠。「如果給他們什麼，他們就分享給歐洲人什麼，兩國之間的特殊關係還有什麼信賴可言。」

季辛吉在電話上展現權威，告訴總統他要下令情報首長終止和英國情報合作。他說：「我不會再提供給他們情報，說詞是我們要重新評估所有合作關係。但命令不會是由白宮下達，我會叫情報單位首長下達。」尼克森同意季辛吉的安排，隔日起便無預警終止三十年來美國先是經由《不列顛美國協定》，十年後改經由五眼聯盟持續提供給英國的情報資訊。季辛吉這個舉動，不僅令瞬間被排擠的軍情六處及政府通訊總部感到錯愕，連中情局與國家安全局等美國情報機關也有同感。

白宮與唐寧街雖然在政治上交惡，兩國的情報首長卻有意維持合作。美國國安局向季辛吉表示，若不分享情報給政府通訊總部，不僅會危害對方的任務，也會危害我方任務。中情局則告訴季辛吉，此舉將危害他們和軍情六處共同從事人員情報辦案。美國國安局與中情局遂不顧季辛吉的指示，繼續根據雙方所需，分享局部情資給英國情報單位。忤逆季辛吉也顯見英美兩國情報界的行動關係與友誼深厚。

基於互惠，英國情報單位也費時近二週時間遊說希思，請他疏通情報中斷的問題。希思遂於九月初寫信安撫尼克森，表示英國堅決與美國維持友好關係，絕不敵對。同時指出，他明白英國與歐洲建立關係會挑起白宮敏感神經，但英歐友好不會危及英美關係，而是會補其不足。即使遞上橄欖枝，美國國安委員會對於英歐友好仍然疑慮未消。希思有意修補情報嫌子，卻不被領情。

雪上加霜的是，希思在一九七三年十月的一個舉動，激怒尼克森與季辛吉。埃及與敘利亞等阿拉伯國家為收復一九六七年六日戰爭中的失地，在蘇聯撐腰下，選在贖罪日這個猶太人最神聖的節日對以色列發動奇襲，美國旋即出手支援以色列，英國卻保持中立，不僅不分享戰爭情報給美方，更禁止中情局利用賽普勒斯的英軍基地從事U-2飛航任務，使兩國關係更加緊張。希思還下令SR-17黑鳥偵察機未經部長批准不得飛離英國。美國高空偵察機遂被迫要從紐約空軍基地起飛，航程與燃料均大幅增加。希思這番政治姿態，目的若是要惹惱白宮，則如他所願。但這麼做也激怒中情局，畢竟一個月前他們才冒險暗中違反季辛吉的命令，繼續分享情報給英國。眼見希思在贖罪日戰爭的種種舉動，中情局立刻與英方斷絕往來。

希思與尼克森的持續糾葛彷彿罣固酮過量，宛如兩個同一掛的漫威人物，為了維護自己的尊嚴而不惜將周遭人們拖下水。十月二十五日，英美衝突再次升溫，這一天尼克森為了嚇阻蘇聯領導人列昂尼德·布里茲涅夫（Leonid Brezhnev）插手贖罪日戰爭，下令美軍展開核戰高度戒備，卻未通知希思。希思是看到新聞報導才知道美國政府要脅動用核武，儘管英美雙方當日化解衝突，此事依舊令他極為不滿。

希思和尼克森儘管齟齬不小，兩人以國安為由謀求政治利益並對付自己的人民，這一點倒是沆瀣一氣。尼克森在越戰期間經常要求情治單位調查參與反戰運動的「顛覆份子」，中情局、聯邦調查局與陸軍情報單位遂以此為藉口，廣泛滲透並利用電子設備監視記者、民權領袖與國會議員。美國國安局在一份報告中，引述參議院特別委員會的美國情報調查指出：「政府不僅廣泛對異議人士展開調查，更會披露並阻撓異議人士影響民意。」此外也提到，「政府經常暗中監視特定政治思想的人民，即使思想沒有暴力或違法之虞」。

希思很早就想利用軍情五處對付工會，因為他偏執認定共產黨是罷工活動的幕後主使，目的是要打倒他的政府並取而代之。在他眼中，罷工美其名是示威爭取勞工權利，實際上是要顛覆政府。就任首相之初，希思曾指示軍情五處監聽工會開會，確認他們在搞哪些陰謀。軍情五處知道他的政治盤算，拒絕配合。一九七二年冬，歷經近兩個月的罷工後，希思雖退讓妥協，同意全國礦工工會改善薪資條件的訴求，卻再次施壓軍情五處展開調查，他深信這次罷工是顛覆政府。軍情五處監聽英國共產黨總部後發現，共產黨只是對工會有影響力，卻控制不了工會。這讓希思政府大失所望。

一九七二年夏天，希思拔擢軍情五處前副處長麥可．漢利（Michael Hanley）擔任處長，因為他知道漢利會對工會採取強烈行動。他要漢利確認共產黨人與罷工之間的關係，而軍情五處也發現愈來愈多證據顯示英國共產黨和全國礦工工會，正在共同以推翻政府為最終目標擬定相關策略。希思在一九七四年初大選期間，為圖求個人政治利益，遂利用軍情五處的情報，提出反工會主張：「是工會還是政府在統治英國？」

儘管詭計多端，他仍在一九七四年大選落敗。六個月後，尼克森總統也因競選連任涉入水門案醜聞辭職下台。在這起醜聞中，一名中情局前幹員闖入位於華府的民主黨全國委員會總部竊取機密文件，並且在政敵的電話上安裝竊聽器。事後尼克森指示中情局阻止聯邦調查局調查這起入侵事件，然而過去協助他實現私人盤算的中情局，這回卻拒絕配合。鑒於尼克森曾經慫恿中情局從事監視反戰運動等非法行動，傑洛德．福特（Gerald Ford）繼任總統後不得不指示展開調查。

新上任的美國政府不只要應付中情局在國內為非作歹，還得面對澳洲總理惠特蘭指控中情局干預他國政治。惠特蘭從黨內同仁得知，與澳洲保守政黨國家黨有政治關係的中情局人員理查·史塔林斯（Richard Stallings），是松樹谷衛星地面觀測站第一任站長，這讓惠特蘭起疑，中情局是否在觀測站扮演某種角色，儘管美國政府一直保證這個設施是由國防部運作。

史塔林斯在一九六六年抵達澳洲的時候，已經在許多職位為祖國美國效力。他在二戰及韓戰期間擔任情報人員，官拜海軍少校，後於一九五〇年代中旬加入中情局。年紀近四旬的他，不像許多中情局同仁只待在蘭利總部從事內勤，反而在局內電子監視處（ELINT）展現行動管理長才，非常適合外派，遂被派到法蘭克福為中情局從事歐洲地區訊號任務，並且負責聯絡協調美國國安局及西德情報勤務局。後來，中情局需要為松樹谷觀測站找一個「檯面下」代表人，便找上史塔林斯。擅於截收通訊固然是他們找他的原因，但最重要還是他以前有軍方的背景，可以做為掌管據點的完美掩護，因為外界以為松樹谷是美國國防部計畫，不知道幕後主使是中情局。

澳洲與美國政府在史塔林斯抵達澳洲三個月後的一九六六年十二月達成公開協議，明定松樹谷觀測站「由澳洲國防部及美國國防部先進研究計畫局共同成立、維護與營運」。但這只是對外的說法。協議由美國大使館一名代表與澳洲外交部長共同簽署，期限十年，任一方可以在提前十二個月預告的情況下終止協議。隔月，史塔林斯離開坎培拉前往艾麗絲泉，待在當地直到一九六八年十二月，有相當充裕的時間監工這座中情局要暗中用來擷取衛星通訊的觀測站。他在松樹谷的事蹟，按理而言應該嚴加保密。

但六年後，惠特蘭總理從工黨同仁那邊得知，史塔林斯任職松樹谷觀測站站長的時候，也在為中情局服務，差點讓這樁祕密曝光。為了求證，惠特蘭指示外交部提供這十年來公開且正式派任到澳洲工作的中情局人員名單，結果發現名單上沒有史塔林斯的名字。美澳兩國政府先前有共識要告知彼此有哪些情報人員在對方國家活動。然而史塔林斯卻始終暗中活動，連澳洲安全情報局都不知情。這讓總理更加起疑。他基本上鄙視中情局的各種活動，包括擾亂他國政局、推翻左派政府，以及和澳洲情報單位打交道。

惠特蘭早在一年前，已下令澳洲安全情報局和中情局斷絕往來，卻在局長巴布的勸說下打消主意，巴布警告若缺少美方提供的情報，會危害澳洲國家安全。惠特蘭雖然態度軟化，澳洲安全情報局仍然被迫只能和中情局保持官方往來，不能有私下互動。華府情報界聞訊極為不滿。此時適逢一九七四年六月惠特蘭二度贏得大選，他任命吉姆・凱恩斯（Jim Cairns）博士為副總理，而美國國務卿暨國安顧問季辛吉認為凱恩斯反美傾向中共。據澳洲安全情報局官方歷史記載，季辛吉的顧慮使得美澳關係面臨重新檢討，包括提供情報給澳洲，以及在澳洲保留監視據點的利弊，均被檢討。雖然美方檢討後支持繼續和澳洲保持往來，兩國領導高層依舊缺乏互信。

惠特蘭開始懷疑史塔林斯的時候，尼克森早已因為水門案的關係被迫下台，繼任的副手福特擔任總統甫滿一年。福特先前指示設立委員會，對中情局廣泛監視反對政府政策的美國人民等權力濫用情形展開調查。一九七五年六月，洛克斐勒委員會調查報告出爐，卻被批評是在粉飾，因為內容只建議中情局加強「監督」相關人員與行動，加強人員的「判斷能力、勇氣與獨立性去抵禦白宮、中情局或其他單位不當的施壓與糾纏」。報告還提到，中情局「要靠員工發揮紀律與誠信」。惠特蘭最在意的，正是某位中情局人員的誠信問題，遂要求國防部長亞瑟·譚吉（Arthur Tange）說明。根據公開協定，澳洲國防部名義上是松樹谷的共同營運單位，譚吉不僅知道史塔林斯在中情局服務，更知道松樹谷實際上是由中情局運作，不是美國國防部。然而，據說因為美國無法確定松樹谷日後要由中情局或由美國國安局運作，譚吉才會沒有告知惠特蘭。

惠特蘭總理決定披露松樹谷真正操盤手的身分。他在十一月二日造訪艾麗絲泉時，在沒有證據佐證的情況下，公開宣布中情局資助工黨的對手國家黨（當時聯合政府由國家黨和自由黨共同組成），背後依據應該是史塔林斯曾經在一九六七年向國家黨黨魁道格·安東尼（Doug Anthony）短暫租屋。此話目的是要打擊中情局及他的政敵。中情局、美國駐澳大使及安東尼本人，均否認中情局有提供政治資金。

惠特蘭的指控雖未指名道姓，但《澳洲金融評論報》隔天刊登的報導，卻點名史塔林斯就是那位中情局人員。寫這篇報導的記者布萊恩·杜伊（Brian Toohey）專跑國安路線，擅長挖掘不為人知的政府祕密，是情報界的頭痛人物。隨著史塔林斯見報，不再只有政府核心圈內人士知道中情局在松樹谷做些什麼，社會也湧現質疑聲浪。媒體報導肯定正中惠特蘭的下懷。政敵安東尼要他在國會出示史塔林斯是中情局人員的證據，惠特蘭遂計畫在十一月十一日國會開議的那一天攤開證據。由於惠特蘭有國會特權，國防部長譚吉提供的史塔林斯在松樹谷職務內容與中情局背景等情報，他肯定都可以引用。

這場國安危機發生時，正好眾議院和參議院多數黨是不同黨，出現權力鬥爭，而惠特蘭只在眾議院佔有多數優勢。數週前，參議院封殺攸關政府日常運作的預算案，提出改選。惠特蘭拒絕接受，聲稱依照憲法規定，參議院無權決定由誰主政。美國政府非常關注澳洲政治危機的走向，但更關心情報危機。從澳洲安全情報局總部在十一月九日收到中情局的訊息可知，中情局擔心自己一再成為澳洲的焦點，會「讓澳洲境內設施曝光，特別是艾麗絲泉的設施」，也就是松樹谷觀測站。

據指出，澳洲國防部官員收到訊息的當日，即轉告澳洲總督約翰．克爾（John Kerr）爵士，總督的工作是根據女王的授權，負責維護實施憲法及國會通過的法律。十一月十一日，即惠特蘭意圖在國會抖出史塔林斯的那一天，克爾基於職權將惠特蘭免職，任命反對黨黨魁麥爾坎．福來瑟（Malcolm Fraser）擔任臨時總理直到改選。這是澳洲政治史上爭議最大，也是史無前例的一次決定。根據澳洲國會網站的事件紀錄，免職的表面原因是「預算案被封殺後」惠特蘭拒絕辭職也不實施改選。但是記者杜伊指出，即使如此，惠特蘭政府仍有預算足以維持十九天運作，令人很難不去懷疑這麼快將他免職，恐怕是因為中情局擔心惠特蘭要在當天將史塔林斯以及松樹谷是中情局在運作的內幕抖出來。儘管惠特蘭主張他的免職和中情局有關，他的支持者、某些媒體權威和歷史學者也認為如此，卻未獲證實，中情局與克爾均一再否認。直到四十五年後的二〇二〇年七月，外界才知道當初克爾免職惠特蘭，沒有事先徵詢女王的同意。

陰謀也好，巧合也好，總之接替惠特蘭的福來瑟聯合政府比較讓華府滿意，澳洲安全情報局與中情局的情報關係也得以恢復。一九七〇年代上旬澳洲惠特蘭與英國希思的執政，是五眼聯盟內部重大權力鬥爭，澳洲與英國都想擺脫美國對其外交政策與情報圈的束縛。最後是美國獲勝，也因此強化美國在五眼聯盟的地位。不過，美國仍須證明能夠讓五眼聯盟最大的生存威脅蘇聯處在自己的支配。一九七七年吉米・卡特（Jimmy Carter）當選總統後不久，一個可以和蘇聯較勁的代理人戰爭機會來了。自從在長達二十年的越戰輸給蘇聯撐腰的軍隊以來，華府氣氛低迷。如今，卡特的國安顧問茲比格涅夫・布里辛斯基（Zbigniew Brzezinski）提議，不妨也「讓蘇聯嘗嘗越戰的滋味」。但他不想為此犧牲美軍性命，遂請中情局提供協助。

第9章 引誘蘇聯上鉤

一九七九年的平安夜，成千上萬美國人準備歡度最盛大的文化與基督教節慶之際，美國國安顧問布里辛斯基的心思卻放在六千英里外剛展開的事件：蘇聯入侵阿富汗。冷戰至今三十年不久，蘇聯政府正無意間踏進布里辛斯基借助中情局安排的圈套。外界當時並不曉得，中情局早在蘇聯入侵阿富汗的六個月前，便已經在暗中武裝人稱聖戰者（Mujahideen）的阿富汗叛軍，同時提供訓練與金援。不出布里辛斯基所料，代號「氣旋行動」（Operation Cyclone）的這項中情局祕密計畫，不僅為叛亂搧風點火，最後也讓蘇聯上鉤出兵。

阿富汗被入侵時，布里辛斯基的國安顧問資歷儘管不到三年，事實卻證明他是經驗老道的機會主義者。他發現阿富汗這個國家具備「優秀條件」，或許可以讓蘇聯捲入一場贏不了聖戰者的戰爭，成為「蘇聯版的越戰」。他在呈交美國總統卡特的備忘錄中提出這番評估，敦促卡特加強援助阿富汗叛軍，近兩年來叛軍為推翻接連不斷由蘇聯撐腰的阿富汗政府，正在強化作戰力道。布里辛斯基於一九七九年十二月二十六日、現已解密的長信說，「意即我國應提供叛軍更多金援、武器，配合相當程度的技術協助」。他又告訴卡特，蘇聯入侵會激起穆斯林憤慨，美國「或許可以好好利用」，建議「和伊斯蘭國家協同宣傳，一起暗中幫助這些叛軍」。

布里辛斯基自從蘇聯紅軍在一九三九年二戰爆發之初入侵他的母國波蘭，就對蘇聯深惡痛絕，立志要協助打敗。他出身外交家庭，年少時對地緣政治有濃厚興趣，後來投入蘇聯研究。一九五〇年初獲頒哈佛大學政治學博士後，他取得美國籍，隨即積極為這個第二故鄉精進外交政策。往後二十年間，他在課堂內外講述並書寫蘇聯擴張主義的威脅，擔任兩屆民主黨政府的諮議，最後於一九七七年獲總統卡特任命為國安顧問。

在這個重要位子做了兩年後，布里辛斯基對美國情報界與國際事務的影響力之大，已經堪比前兩屆政府主政期間的季辛吉。布里辛斯基對一九七〇年代末蘇聯在南美、非洲乃至中東等地擴大軍援與影響力，疑慮也愈來愈深。

一九七九年一月，二十六年前憑藉中情局與軍情六處聯手政變扶植上台的伊朗巴勒維政權，如今被國內革命份子推翻垮台，改由伊斯蘭基本教義派掌權。美國失去中東一個戰略盟友，也失去能夠刺探蘇聯飛彈活動的監視據點。兩個月後，在蘇聯的支持下，加勒比海地區的格瑞那達與中美洲的尼加拉瓜，其現任政府也分別因政變垮台。尼加拉瓜極度親美的阿那斯塔西奧·索莫薩（Anastacio Somoza）政權，遭到社會主義叛軍桑定陣線（Sandinista）推翻。蘇聯對第三世界影響力與日俱增的同時，又提供軍備給古巴與利比亞等從屬國，引發白宮極深憂慮。蘇聯入侵阿富汗後，美蘇原定要簽署的武器限制協定，也隨之破局。

布里辛斯基在備忘錄上向卡特說明，「蘇聯在阿富汗的行動可能會很果決」。果不其然，入侵阿富汗不到七十二小時，蘇聯軍隊就在十二月二十七日戕殺上台甫三個月的親蘇阿富汗總統哈菲祖勒・阿明（Hafizullah Amin）。阿明在一九五〇年代末就讀紐約哥倫比亞大學的背景，讓蘇聯不甚放心，擔心有朝一日他會背叛蘇聯改支持西方陣營。基於這番評估，加上蘇聯國安會懷疑他當過中情局特務，蘇聯領導人布里茲涅夫於是下令暗殺。

阿明和支持者被集中槍殺的前一日，布里辛斯基敦促卡特要對蘇聯更強硬，不要只是對蘇聯在阿富汗境內的行動「表達關切」，這樣做蘇聯領導人只會當耳邊風。如果美國不願意在該對抗蘇聯的時候對抗蘇聯，國內是會反彈的，「相較於蘇聯的『果決』態度，我方的克制會愈被視為膽怯，而非謹慎」。

布里辛斯基的警告可謂改變卡特對付蘇聯的策略。不過，卡特無意單打獨鬥，而是找上五眼聯盟最親密的盟友——英國柴契爾夫人（Margaret Thatcher）。

十二月二十八日，卡特總統和首相柴契爾夫人通話時指出，因應蘇聯入侵阿富汗，必須即刻採取行動。柴契爾夫人在這之前已經從中情局的定期彙報掌握喀布爾局勢進展，而中情局會這樣做，是出於卡特的指示。柴契爾夫人的想法和卡特不謀而合。她出任首相雖未滿一年，卻下定決心要在地緣政治發揮影響力。出動英國情報團隊對付蘇聯，對她來說幾乎是不假思索的決定，因為可以達成兩個目的：一是暗中打擊蘇聯共產政權，二是滿足自己對情報的迷戀。自從上台以來，她不僅迅速熟悉軍情五處、軍情六處及政府通訊總部的業務，也嗜讀他們呈交的情資報告，作風宛如二戰期間的邱吉爾。

一九八〇年一月底，柴契爾夫人與卡特通話後不到一個月，轉任外相的卡靈頓勛爵端出對付入侵蘇軍的祕密行動計畫，責成軍情六處訓練聖戰者並提供武器。英國情報單位與中情局都同樣想對付蘇聯，只不過採取的方法不同，基本上也是各自為政，遵守的規則也有差異。白宮深怕中情局人員進入阿富汗會被蘇聯發現，繼而引發美蘇戰爭，因此禁止相關人員入境阿富汗，中情局只好在邊境外的巴基斯坦境內進行作業，和巴國情報單位配合支援聖戰者。軍情六處則無此禁令，其情報人員可以自由進出阿富汗。

然而，中情局與軍情六處在和聖戰者交手的過程中，同樣遇到難題，因為叛軍內部並不協調，這些來自部族與城鎮的小組，效忠不同軍閥，而軍閥各有各的重點政治課題與領土需要顧及。此外，美英兩國提供叛軍的祕密援助被巴國情報單位三軍情報局（ＩＳＩ）把持，各個軍閥受其青睞的程度卻不一致，多數援助被分配給主導抗俄戰事、人稱「白沙瓦七團體」（Peshawar Seven）的這群聖戰者軍閥。這群軍閥再將資金武器層層分配給戰場指揮官及底下在內陸各地作戰的部族戰士。

其中，有個名叫賈拉魯汀．哈卡尼（Jalaluddin Haqqani）的普什圖部族人，是這場衝突中少數獲得中情局雄厚金援與武器奧援者，他為了推翻阿富汗共產政權，早在一九七〇年初期成立哈卡尼組織，並於阿富汗東南邊境的巴國北瓦吉里斯坦（North Waziristan）訓練民兵將近十年。再加上他和其他民兵團體有隸屬關係例如伊斯蘭黨，而伊斯蘭黨旗下某個派系是由正在和阿富汗境內蘇聯部隊作戰的伊斯蘭學者尤尼斯・哈利斯（Yunis Khalis）領導，因此中情局認為押注在他身上比較可靠。

軍情六處不像中情局將期望寄託在普什圖軍閥，而是找上有塔吉克血統的艾哈邁德・沙阿・馬蘇德（Ahmad Shah Massoud），主要原因不是看重他的伊斯蘭大會黨（Jamiat-i-Islami）擅長作戰，而是因為阿富汗北邊大片領土受其掌控。住在喀布爾東北方約九十英里潘傑希爾（Panjshir）河谷一帶的十五萬人，視年僅近三十歲的馬蘇德為革命家，地位崇高。由於蘇軍輸往喀布爾的補給當中，有四分之三要靠大型車輛走貫穿河谷的薩冷公路，馬蘇德控制的河谷便成為蘇聯砲擊重要目標。馬蘇德的部下採取打帶跑的游擊策略對抗蘇聯，毀其補給損其兵力。在英國的奧援下，他們的行動更加強化。

蘇聯入侵不久，馬蘇德和軍情六處會面，表示他的部下需要專門武器，加上相關培訓，才能繼續抵抗。軍情六處雖然擅長情報而非軍事行動，仍舊答應他，因為他們有門路找到人稱「迴圈」（circuit）的退役皇家特種部隊小團體。熟悉該團體運作詳情的英國軍方退役人士指出，這些人是「天生的冒險份子，擅長作戰」。其中，從空降特勤團與舟艇特勤團退役下來的成員年紀僅四十出頭，極具愛國情操，向來嚴守國家機密。軍情六處從中挑出精銳，納入旗下所謂「增隊」（increment）的「準軍事」部門。

軍情六處與增隊人員合組六人左右團隊，冒充記者或是其他身分，一年前往潘傑希河谷祕密地點兩次。透過冒充身分，能夠讓英國政府在他們遭逮捕時「合理推諉」（plausible deniability）。英方團隊每次會停留二至三週，訓練馬蘇德部下學會使用狙擊步槍、迫擊砲，以及製作土製炸彈。這些訓練讓馬蘇德部下獲益匪淺，蘇聯上百輛戰車與裝甲車盡遭摧毀。

中情局也有一套合理推諉的做法，以否認自己暗中支持聖戰者。中情局會從埃及與中國等地購入AK-47步槍、SA-7肩射防空飛彈等蘇聯設計的武器，送到阿富汗戰場上使用。「透過這項祕密採購，不僅隱瞞美方介入的足跡，也得以確保軍火適足，且和叛軍從蘇聯撐腰的敵方繳獲的武器並無二致。」

英美兩國雖然在暗中介入阿富汗這方面緊密配合，圖謀擊潰蘇聯，但是在其他外交事務上，雙方及其他五眼聯盟成員看法卻不一致。具體而言，即是否要參加一九八〇年的莫斯科奧運。加拿大與澳洲支持卡特總統的杯葛立場，英國與紐西蘭卻執意參加，再次顯示五眼聯盟之間的情報配合不代表其他政府事務領域也會立場相同。澳洲的福來瑟政府甚至終止和蘇聯從事學術、文化與科學交流，以及暫緩穀物出口等部分商業合約。但最重要的決策，莫過於停止發放入境簽證給有情報背景的蘇聯外交人員。限制令使蘇聯無法繼續假借外交名義派遣間諜到澳洲，最後蘇聯澳洲雙方政府不分領域，人員均不再交流往來。但也不盡然都是好事，澳洲安全情報局即發現蘇聯情報單位加強聯繫澳洲媒體，目的想必是要改善蘇聯在媒體界的形象。

當時西方媒體已經成為情報界（特別是軍情六處與中情局）打擊阿富汗境內蘇聯軍隊的重要陣線。英美兩國情報單位都希望民意站在聖戰者這邊，於是會向媒體提供匯報。軍情六處處長迪基・法蘭克斯（Dickie Franks）甚至宴請媒體記者，向他們歌頌身經百戰的阿富汗人是如何勇猛抵禦蘇聯軍隊。他說，這些非傳統戰士不是蘇聯貶稱的叛軍，而是「自由鬥士」，蘇聯政府公然藐視國際法。「自由鬥士」的美譽當時獲得不少支持，後來更成為伊斯蘭叛亂在西方世界與穆斯林國家心中的標誌特徵。果然符合布里辛斯基向卡特總統提出的訴求，也就是藉由「宣傳戰」強化祕密行動。

聖戰者這種代理人，成為英美兩國企圖打敗蘇聯的手段。伊斯蘭叛軍躍為媒體寵兒，他們愛用暴力、宰制女性與忽視人權等不光彩的一面，卻不會被報導，甚至媒體報導中情局介入阿富汗的時間點，也是經過操弄，好讓外界以為中情局的介入比蘇聯入侵更晚。布里辛斯基多年後回憶，「官方版本歷史提到，中情局從一九八〇年才開始援助聖戰者，晚於蘇聯陸軍在一九七九年十二月二十四日入侵阿富汗。實情絕非如此。」美方沒有逼迫俄方介入，「只是故意提高俄方介入的可能罷了。那場祕密行動是絕佳點子。」布里辛斯基如是說。「我們就是要引誘俄方踏進陷阱。」

雖然卡特只當一屆總統，使得布里辛斯基未能深入影響蘇阿戰事期間的美國情報單位，但以祕密行動對付蘇聯成效卓著，仍獲一九八一年繼任總統的羅納德・雷根（Ronald Reagan）的重視。雷根增加金援與軍援的對象，不僅止於阿富汗聖戰者，也涵蓋北非利比亞及拉美尼加拉瓜等所有共產政權內的反共運動，以期強化攻勢反制蘇聯挑釁。阿根廷軍政府總統列奧波多．加爾鐵利（Leopoldo Galtieri）和雷根有志一同，也想推翻尼加拉瓜政權，且自從尼國社會主義民兵份子桑定陣線一九七九年上台以來，即持續提供右翼叛軍康特拉（Contras）金援與培訓，對此白宮大表肯定。但沒多久，加爾鐵利在一九八二年四月二日下令入侵南大西洋福克蘭群島時，隨即發現自己和華府關係再好，也比不過和華府有著「特殊關係」的英國。

福克蘭群島自從十九世紀上半葉即是英國屬地，惟阿根廷宣稱對它擁有主權。這起奇襲入侵事件，突顯政府通訊總部與軍情六處出現情報疏漏，該預見的結果卻未預見，十分恥辱。督導這兩個單位的外相卡靈頓勛爵，為此辭官負責。英國情報界有人也質疑，美國情報單位是否早已知道阿根廷要打福克蘭群島，只是為了拉攏加爾鐵利政權而隱瞞英國。事實上，美國政府想要阿根廷政府減少挑釁，敦促撤軍，因此公開保持中立，私底下卻暗中提供情報協助英國對抗阿根廷。其中包括中情局拍攝的空照圖及報告，上面顯示阿國地面軍隊在福克蘭群島首府史丹利周圍「增強散兵坑」。一九八二年五月二十八日的情資報告指出：「阿根廷佔領軍在史丹利南方郊區築十六處散兵坑。」並詳述進犯國戰機資訊，包括「一架 F-28、兩架疑似塞斯納 150、三架契努克直昇機，以及疑似一架 UH-1 直昇機」。

柴契爾夫人先前已經斷然否決美方提議，不願依循外交途徑與阿方解決此事。雷根政府當初提議由美國或加拿大等第三方國家出面調停，確保阿國撤軍。如今靠著美方提供的情資報告，英國對福克蘭群島有了更佳掌握。

一九八二年四月九日，美國國務卿亞歷山大·海格（Alexander Haig）結束與柴契爾夫人、國防大臣約翰·諾特（John Nott）等高層長達五小時會面後，以電報呈報雷根總統，稱「首相心意已決」，且「外交手段不在考量之列」，首相「顯然準備動武」，「堅決要回復原狀，任何解決方案都必須搭配報復。國防大臣立場一致，惟意識形態色彩稍淡。他有信心打勝仗。」海格事後回憶：「柴契爾夫人無法容忍英國權威受到侵犯。」英國在福克蘭群島的反攻，除借助美方情報，最主要還是倚賴政府通訊總部截收阿國海軍向海上戰艦下達的指令。當時，阿根廷艦隊均未進入福克蘭群島中心起算的半徑二百海浬英國宣告禁航區，「貝爾格勒諾將軍號」（ARA General Belgrano）亦不例外。儘管如此，政府通訊總部截獲情資顯示，「貝爾格勒諾將軍號」奉命攻擊英方特遣隊，故被視為威脅，於是在五月二日以核子動力潛艦發射魚雷攻擊該艦，船上三百二十三人喪命，佔整場戰爭阿軍陣亡人數近半。

福克蘭戰爭打了七十四天，一九八二年夏，阿國軍政府戰敗。雖然整場任務中，情報工作最主要是由英美兩國負責，五眼聯盟最資淺的成員國紐西蘭也有所貢獻，靠的是剛成立的情報單位政府通訊安全局（Government Communications Security Bureau, GCSB）。該局透過位於威靈頓北方一百六十五英里的旗下 NR-1 監聽站（又稱為伊利朗基〔Irirangi〕）截收阿根廷海軍在南太平洋的通訊，讓英國情報單位更清楚進犯者的作戰計畫。截至此刻，紐西蘭不論在情報或地緣政治上，大致仍然是五眼聯盟聽話的一員，只要聯盟有需要，也在該國能力所及範圍，就會支持聯盟。但到了一九八〇年代中期，紐西蘭也像數十年前惹毛美國政府的英國和澳洲一樣，打算要唱反調。

政治人物惡名昭彰的一點是，當選就將選舉期間開出的支票拋諸腦後。不過，這句老掉牙的話，不適用於一九八四年當上紐西蘭總理的大衛．藍伊（David Lange）。藍伊曾是自由派律師，轉任國會議員僅七年便協助工黨在大選中取得壓倒性勝利，能夠這麼快就當上總理，得歸功於選戰主打核武裁減。時年四十一歲的他，是紐西蘭史上少數最年輕的總理，也是堅定對抗強權、直言批評美國介入越戰的一輩。上任不到一年就忤逆雷根總統，拒絕讓美國驅逐艦靠港，因為選舉期間他曾經承諾，當上總理就要禁止核武船艦與核子動力船艦進入紐西蘭領海。而具備核彈發射能力的美國驅逐艦「布坎南號」（USS Buchanan）原訂一九八五年二月造訪紐西蘭，儘管向紐國保證艦上沒有附載武器，藍伊卻表示，政府禁止該艦來訪是因為「來訪意味著政府低頭，無關艦上是否有附載武器」。國際社會對他堅守核武立場讚譽有加，和白宮對幹也讓他登上國際頭條新聞。藍伊主張核武在道德上站不住腳，認同其論點者，視他為理想主義者，反對其論點者，視他為機會主義者。

反對者之一的白宮，迅即對其不從展開報復。二月二十七日，藍伊與美國國務院某位官員會面，場面火爆，期間他被告知即刻終止紐、澳、美三方維繫長達三十四年的軍事《澳紐美安全協定》，美紐兩國不再舉行聯合軍事演習，同時停止雙方軍隊官方交流。藍伊無動於衷，稱美紐軍事關係遭到斷絕乃是為保持非核狀態「我方準備好要付出的代價」，即使這可能會影響紐國國家安全。國際媒體以為美紐風波會殃及兩國情報協定，其實不然，因為儘管訓誡紐西蘭這個小夥伴並將其地位從「盟友」降為「友邦」符合美國的利益，五國情報聯盟卻太重要，解散不得。聯盟中最強大的情報單位美國國安局，其局長林肯．福勒（Lincoln D. Faurer）空軍中將即強力反對將紐西蘭逐出五眼聯盟。

二〇一四至二〇一八年擔任美國國安局局長的麥克．羅傑斯（Mike Rogers）海軍上將指出：「五眼聯盟的特點在於，即使成員國在某些領域的關係不佳，也不會影響到其他領域的關係。從軍事角度來看，兩國的軍事關係確實有受到紐西蘭核子事件的影響。」但美國國安局在風波期間也向白宮表明立場，「我們從中獲得許多利益，如果今天真的變成訊號情報四眼聯盟，付出的代價會遠大於好處。」羅傑斯指出，能夠在這場危機期間持續在訊號情報上和紐西蘭合作，突顯五眼聯盟的彈性。「不同領域可以有不同程度的關係與合作，不是全有或全無，而是比想像中更具彈性、更圓融，也更有韌性。這確實是五眼聯盟的一大優勢，也是它能夠走到今天的原因之一。」

比起聯盟其他成員，紐西蘭在這場情報遊戲中算是大器晚成。儘管早在二戰期間，就有紐國訊號專家協助美國麥克阿瑟將軍在澳洲成立的中央局截收日方通訊，卻要直到紐國加入五眼聯盟的前一年，即一九五五年，才在英國通訊總部某位高層的建議下，成立紐西蘭綜合訊號局（New Zealand Combined Signals Organisation, NZCSO）。這位高層也建議該局固定將三分之一人員派駐英國與澳洲訊號站，以利取得進階訓練。紐西蘭綜合訊號局雖然是紐國海軍部旗下單位，卻是由訊號委員會獨立監督。直到一九七〇年代末停止運作以前，該局固定派員駐點海外，包括新加坡。新加坡島中央附近有英國和澳洲共同運作的訊號截收設施，負責截收東南亞國家訊號。但該局最重要的工作仍在紐國境內，負責從威靈頓北邊的NR-1監聽站截收訊號情報，並和五眼聯盟夥伴成員緊密配合。

紐西蘭在二戰結束後十年才開始發展人員情報，起步很晚。一九五六年十一月，五眼聯盟正式成立後一個月，紐國政府在軍情五處的協助下，仿效軍情五處成立紐西蘭安全情報局（New Zealand Security Intelligence Service, NZSIS）。該局隨即投入五眼聯盟的冷戰任務，與澳洲英國相關單位針對蘇聯目標展開聯合行動，並從中情局獲得培訓與行動建議。一九六〇年代初期，該局攜手澳洲安全情報局，對佯裝成蘇聯駐澳洲大使館一等祕書的蘇聯國安會人員伊凡・費德洛維奇・史基波夫（Ivan Fedorovich Skripov）展開調查，從此茁壯成熟。十年前因裴卓夫事件斷交的澳蘇兩國，如今雖然已經復交，澳洲安全情報局深知境內仍有蘇聯間諜在活動。此次調查除了揭穿史基波夫的間諜身分，史基波夫也在一九六三年二月遭到澳洲驅逐出境。

紐西蘭安全情報局除了從事反情報任務，也負責在一九六〇至一九七〇年代對公務人員進行身家調查，避免顛覆份子混入公家體系。這個人員情報單位開始受到五眼聯盟其他成員夥伴器重的同時，紐國也想改善並擴大訊號情報活動，遂於一九七七年成立政府通訊安全局，取代原本的戰後訊號情報單位。這個新單位收集到的情報對美國國安局很有價值，以至於美國國安局不顧藍伊政府與雷根政府之間的關係生變，亟盼能夠和對方保持往來。政府通訊安全局在紐國北島的唐吉毛納（Tangimoana）設站監聽中國、越南、日本、埃及、東德乃至法國等外國無線電及衛星通訊，成果豐碩。

紐西蘭雖未被逐出五眼聯盟，政府通訊安全局從美國取得的情報卻不如往常，不得不靠自己補強訊號情報缺口。紐國政府也提高該局預算，以利擴編員額及強化專業。針對兩伊衝突及正在發生的蘇阿戰爭，該局借助五眼聯盟的情報均得以持續掌握，卻未能提前掌握泊於奧克蘭港的綠色和平旗艦「彩虹勇士號」（Raindow Warrior）遭人以炸彈犯案。爆炸案發生在一九八五年七月，主使者是紐西蘭的盟友法國，目的是要阻止該船前往法國在南太平洋的核子試爆預定地抗議，結果造成一名船員死亡。起先法國政府否認涉案，然而謊言抵擋不住人民怒火，最後以國防部長與職司外國情報的對外安全總局（DGSE）局長雙雙去職收場。這起紐國認定為恐怖活動的事件，自然造成紐西蘭與法國外交關係緊張。甚至有紐西蘭情報官員質疑，也許美國位於華盛頓州雅基馬的監聽站有截獲預知這起爆炸案的法國通訊情報，只是為了報復反核的紐西蘭而未告知。

面對法國和美國帶來的難題，藍伊反倒有意讓外界知道自己在外交事務上獨立自主，不是美國傀儡。他和雷根總統關係不合，隨即落入蘇聯的圈套，因為蘇聯正是企圖拿美國當犧牲品，要在大洋洲地區擴大勢力。不過，解密的中情局報告顯示，藍伊也看穿蘇聯為其反核政策喝采圖謀的是什麼。一九八七年七月的一份報告指出：「蘇聯設定的特定目標，就是要破壞澳紐美關係，慫恿當地成為非核區。」中情局深信蘇聯將「持續與南太平洋各國建立商業關係」，惟藍伊會斷然拒絕。中情局還提到，藍伊不希望與蘇聯有任何經濟方面的安排，以免被視為「為拉近蘇紐關係敞開大門」。

中情局憂心蘇聯企圖拉攏紐西蘭的同時，蘇聯正努力不懈滲透英國等西方各國政府。軍情五處幹員麥可．貝塔尼（Michael Bettaney）因效力蘇聯國安會未遂，一九八四年遭判處二十三年徒刑，由於私下效力軍情六處的蘇聯國安會倫敦情報站副主任奧列格．高迪耶夫斯基（Oleg Gordievsky）的密報，英國情報才未釀災。而高迪耶夫斯基之所以會想當雙面諜，要從一九六八年八月蘇聯與華沙集團進軍捷克說起，這起事件如同十二年前的匈牙利革命，不僅讓蘇聯進一步牢牢控制東方集團，數十萬人流離失所，西方國家援助也不積極。他因此對蘇聯政權感到幻滅。然而，讓他下定決心自一九七〇年代初期開始為軍情六處從事情報任務，則是因為看到捷克「布拉格之春」反蘇抗爭行動遭到蘇聯鎮壓。他在一九八五年投誠英國以前，曾經提交情報給英方聯絡人，披露蘇聯誤認一九八三年美國與北約的聯合軍事演習「神射手行動」（Operation Able Archer），是對蘇聯展開核子先發攻擊的事先準備。這份情資也呈交到白宮與中情局，以利說明蘇聯高層的妄想多疑。就在東西陣營極度欠缺互信的此時，中情局有意在蘇軍與聖戰者持續困鬥的阿富汗，擴大展開祕密行動。

中情局到了一九八〇年代中旬，每年援助叛軍所撥發的預算已達七十萬美元，多於軍情六處全處預算。但軍情六處未因此收手，而是透過把持阿國境內祕密任務的巴基斯坦三軍情報局，轉交水下爆炸雷給聖戰者，讓他們炸毀蘇聯駁船。據稱也夥同巴基斯坦與中情局在鄰國烏茲別克與塔吉克打游擊，攻擊輸往阿富汗的蘇軍補給線。

軍情六處提供阿國叛軍援助雖然獲得中情局的肯定，但前者投入的程度其實遠遜於後者。除了提供的地對空肩射型「吹管」（Blowpipe）飛彈效果不彰，中情局向軍情六處索取四億發子彈用於聖戰者使用的大英帝國古董步槍，軍情六處卻只能提供五十萬發。一年後的一九八六年，中情局提供地對空「刺針」飛彈，一舉改變阿國戰爭走向。

一九八六年夏末，十名阿富汗伊斯蘭黨民兵團體某派系的聖戰者，來到北巴基斯坦勒瓦平迪（Rawalpindi）的祕密訓練營學習使用新武器。蘇聯入侵阿富汗至今已經七年，戰事打得激烈，中情局一直有在軍援與金援阿富汗伊斯蘭黨。雖然這群聖戰者頑強抵抗蘇聯，他們使用AK47步槍與迫擊砲，基本上仍不敵蘇軍火力，特別是蘇聯戰機。隨著中情局帶來刺針飛彈，情況即將改觀。刺針飛彈是一款便於攜帶的輕型飛彈，搭配肩射型發射器，可以根據飛行器在排氣時散發的熱，藉由紅外線感測予以鎖定。

這組小型聖戰者團隊花了一個月時間學會在肩上平衡發射器及對準目標，起先是使用假彈朝遠方目標發射，後來十個學員只有八人有資格使用真彈操作，他們被分成兩組派到阿富汗，其中一組負責攻擊喀布爾的蘇聯運兵機，另一組負責攻擊雌鹿直昇機（Hind helicopters），自從蘇聯進犯以來，阿富汗無數平民與聖戰者已死於這種重裝甲直昇機的攻擊。

一九八六年九月二十六日午後，負責獵殺雌鹿直昇機的這組人馬來到阿富汗東部賈拉拉巴德（Jalalabad）郊區農地，進行訓練成果驗收。此時，天空傳來推進器轟轟作響，原來是十架雌鹿直昇機正在前往機場途中。某個阿富汗學員從地面將刺針飛彈對準其中一架發射，頓時直昇機起火墜地。聖戰者學員一陣歡呼，開心萬分。五眼聯盟所有成員國也隨後慶賀。眼見實驗大獲成功，中情局後續又提供兩千枚刺針飛彈給聖戰者。

雷根總統甚至在一九八七年十一月，於白宮會晤五名聖戰者領袖，包括甫獲選為阿富汗聖戰者伊斯蘭聯盟第一主席的伊斯蘭黨叛軍某派系領導人尤尼斯・哈里斯（Yunis Khalis）。會後雷根向媒體表示：「美國對當地抵抗勢力的援助，將會有增無減，以利他們為自由有效作戰。」所謂「援助」所指為何，雷根雖然沒有多說，但當時中情局給聖戰者的金援，早已從一九八〇年代中期的每年七十萬美元，增加近七百倍到每年五億美元。這場阿富汗祕密行動，中情局前後總共投入三十億美元，但真正讓蘇聯撤軍的關鍵，則是中情局將刺針飛彈投入戰事運用。蘇聯後來與巴基斯坦、阿富汗及美國政府分別簽署雙邊協定，合稱《日內瓦協定》（Geneva Accords），並於一九八八年五月開始將十一萬五千名兵力撤出阿富汗，至隔年二月始完全撤離。

從阿富汗撤軍，是壓垮軍事與經濟一敗塗地的蘇聯的最後一根稻草。一九八九年十一月分隔東西德二十八年的柏林圍牆倒塌，則是加劇其傾頹。鐵幕塌落，終結了東歐與中歐的共產主義勢力，也在一九九一年耶誕節瓦解了蘇聯，領導人米海耶爾·戈巴契夫（Michael Gorbachev）辭職下台。如此重大一刻，阿富汗聖戰者自是歡慶。一九九二年四月，阿國叛軍推翻穆罕默德·納吉布拉（Mohammed Najibullah）總統主政的蘇聯傀儡政府，日後將其殺害。喀布爾迎來新的時代，也引來一名沙烏地阿拉伯人。此人一九八〇年代待過阿富汗，專門資助從海外（特別是阿拉伯國家）前來的聖戰者的機票與住宿費用。他的年紀二十餘歲，雖然和某些聖戰者領袖關係密切，中情局卻不認識他，也對他的小團體阿富汗勤務局沒有掌握。此人即是奧薩馬·賓拉登（Osama Bin Laden）。

一九八八年，蘇聯從阿富汗撤軍結束前六個月，賓拉登眼見叛軍力克蘇聯，膽子開始變大。大量聖戰者與來自北非、亞洲與中東等阿拉伯世界的志願者基於參與聖戰的共同目的追隨其下。賓拉登接著創立蓋達組織（Al Qaeda），該民兵團體的最初目標，是要將聖戰者的鬥爭散播到其他國家。一九九〇年，眼見美軍應沙烏地阿拉伯政府之邀駐軍當地，他的新鬥爭目標來了。美軍駐軍當地是為了保護沙國不受凶惡鄰國伊拉克威脅，畢竟伊拉克當年八月已入侵科威特。但賓拉登排斥由美國來保護先知穆罕默德的出生地，認為這本應是穆斯林戰士的義務，不是不信教的「異教徒」的工作。

後來，賓拉登離開沙國前往蘇丹，協調安排早期對美恐怖攻擊，包括一九九三年紐約世貿中心炸彈案。犯案後，他躲回阿富汗繼續從事任務。中情局駐伊斯蘭馬巴德情報站主任比爾・莫瑞（Bill Murray）發現，愈來愈多來自阿拉伯世界的志願者因為阿富汗不再有聖戰可以讓他們參與，於是改去巴基斯坦西北部聯邦直轄部落地區參加訓練營。他表示：「他們在這裡受訓，追求所謂全球聖戰。」一九九〇年代中旬，這群戰士在抗俄車臣戰爭中，首度成為砲灰。另一方面，美國國家情報總監辦公室指出，聖戰者領袖哈卡尼在蘇阿戰爭結束到一九九六年之間的某個時間點，成為少數和賓拉登「最親近的導師」。這位普什圖領袖領導的哈卡尼網絡（Haqqani Network，後來被美國政府歸類為恐怖組織戰爭）多年以來始終獲得中情局的資金與武器援助，專門以輕兵器、火箭、自殺炸彈及土製炸彈實施攻擊。哈卡尼提供阿國東南部訓練中心給賓拉登使用，其中部分訓練中心是哈卡尼網絡的根據地。這讓蓋達組織得以策劃恐怖攻擊打擊美國利益，像是一九九六年六月造成十九美軍死亡及近四百人受傷的沙國美軍基地燃油車爆炸案。

儘管全球伊斯蘭恐怖攻擊事件愈來愈多，早已不擔任白宮國安顧問的布里辛斯基，依舊無悔支持美方的阿富汗戰略。一九九八年一月，他被法國媒體《新觀察家》（*Le Nouvel Observateur*）問到是否後悔當初在蘇阿衝突中支持伊斯蘭基本教義派時，如此答覆：「哪件事對世界歷史來說比較重要？是塔利班（Taliban），還是蘇聯帝國瓦解？是一群穆斯林憤慨不平，還是中歐獲得自由，冷戰終結？」

採訪後七個月，賓拉登這名「憤慨的穆斯林」策劃坦尚尼亞美國大使館炸彈案，造成十二名美國人在內共二百二十四人死亡。三年後的二〇〇一年九月十一日，更發動西方世界迄今所見最大恐怖攻擊行動，也是美國自一九四一年珍珠港事件以來本土遭遇的最慘烈攻擊，約三千人喪命。這起事件也暴露出美國情報單位的重大失職。賓拉登將五眼聯盟捲入一場新衝突——反恐戰爭。

第三部

反恐戰爭

第10章 後九一一世界

二〇〇一年九月十二日，三名英國情報官員現身倫敦西北方牛津郡的布萊茲諾頓空軍基地，打算前往大西洋對岸。令基地指揮官意外的，不只是他們無預警現身，而且是要前往美國，這幾乎是不可能的任務，因為前一天美國才遭遇恐怖攻擊，北美空域處於關閉狀態。儘管他們表明身分，分別是軍情六處處長理查德．迪爾洛夫（Richard Dearlove）、政府通訊總部部長法蘭西斯．理查斯（Francis Richards），以及軍情五處副處長艾麗莎．曼寧漢布勒（Eliza Manningham-Buller），基地指揮官依舊半信半疑。曼寧漢布勒指出：「指揮官不相信我們是誰。」曼寧漢布勒當天受命代替處長和迪爾洛夫及理查斯一同出任務，因為處長接獲指示留在倫敦向首相東尼．布萊爾（Tony Blair）報告蓋達組織的威脅。曼寧漢布勒除了資歷深，有情報任務經驗，二十年來也和美國情報單位建立深厚合作關係，這趟美國行由她代表軍情五處，自是再適合不過。

曼寧漢布勒短暫當過中學老師，一九七五年進到軍情五處服務時，年近三十歲。一路以來，她曾參與處內極機密任務，包括揪出內奸貝塔尼，以及盤問一九八五年投誠英國的蘇聯國安會上校高迪耶夫斯基。在這個由男性主導的情報單位，曼寧漢布勒不曾退怯，卻在一九八〇年代婉拒出任該處駐華府資深副聯絡官，因為得知華府的聯邦調查局代表「不和軍情五處女人共事」。即便如此，她仍在一九九〇年代升任高階職位。至一九九〇年代末，她已經是五眼聯盟情報圈內備受敬重的人物，可望成為軍情五處處長。因此派她代表軍情五處在九月十二日前往華府，完全合理。這次美國行雖已獲得布萊爾首相及美國總統小布希（George W. Bush）核准，但因為布萊茲諾頓基地指揮官對任務可行性提出質疑，被耽誤一個多小時才出發。

英方代表團搭上VC-10飛機，最後由多架F-16戰機護送飛抵華府郊外安德魯斯空軍基地，乘車隊前往蘭利中情局總部。在中情局局長喬治・譚奈特（George Tenet）的主持下，一行人與美國國安局局長麥可・黑頓（Michael Hayden）等高階官員共商反擊蓋達組織的聯合部署能力。曼寧漢布勒、迪爾洛夫與理查斯三人如同當年小羅斯福總統的特使唐諾凡，在二戰之初被派往英國了解邱吉爾首相需要何種援助；如同一九四一年出任務的辛可夫，展開阿靈頓廳與布萊切利園雙邊訊號情報交流。如今三人正要創造歷史。英美兩國的特殊關係，以及五眼聯盟成員之間的情報交換與行動協調，即將變得更加緊密。

隨著蘇聯垮台，五眼聯盟早在十年前就不再有共同的威脅需要因應。儘管聯盟結構依舊完備，當初對抗蘇聯侵略的成立目的，已經不合時宜。聯盟成員並非不再有威脅需要因應，只不過不是共同威脅。以英國為例，軍情五處與相關單位正身陷北愛衝突的最後階段，這場三十年武裝衝突愈演愈烈，一方是支持留在聯合王國的新教保皇派及統一派準軍事團體，另一方是決意掙脫英國對北愛爾蘭統治的愛爾蘭共和軍（ＩＲＡ）等民族主義份子。愛爾蘭共和軍這支準軍事團體，不僅在根據地北愛爾蘭實施恐怖攻擊，也在英國甚至歐洲本土犯案，殺害不少無辜百姓。一九九〇年，兩名澳洲遊客被愛爾蘭共和軍誤認為休假中的英軍，遭到槍殺。這起事件自然引起澳洲安全情報局的注意，該局一直以來有在監控愛爾蘭共和軍可能會對澳洲境內英國人犯案，但除了找到國內有金主資助愛爾蘭共和軍之外，苦無其他證據。

軍情五處與相關單位從北愛衝突學到種種經驗，像是招募特務、滲透與破壞恐怖主義犯案計畫等，不僅讓英國更懂得如何應付蓋達組織，也讓五眼聯盟其他成員同樣獲益。曼寧漢布勒指出：「反制愛爾蘭共和軍的恐怖主義活動，是軍情五處的重要日常，也是本處歷史的一大篇章。」「這也意味著，本處面對蓋達組織準備比較齊全，面對恐怖威脅也有相關規範可以和警方協同應處。」

雖然愛爾蘭共和軍的活動全球皆知，其行動多以國內為主，往往採用炸彈這類傳統武器，恐怖主義份子犯案時也不會想被逮捕或者喪命。許多時候甚至會在犯案前事先警告，一方面不造成大規模死傷，二方面無損於政治訴求的傳達。反觀蓋達組織則是志在全球犯案。五眼聯盟於是有了共同威脅，這種威脅比冷戰時期的敵人更難預料，也更難防堵。擁護蓋達組織觀念者，往往願意為理念犧牲性命。他們無所不在，卻又無處可見。這是一種受到有毒宗教意識形態束縛的無國界現象，既無法輕易找出打擊的對象，也不是扔擲炸彈就能一勞永逸。

他們志在造成大量傷亡，是誰死傷都一樣，哪怕是穆斯林與非穆斯林、軍人與百姓，連女性與孩童也不放過。

蓋達組織在通訊與謀劃犯案時，不會透過複雜加密手段，而是倚賴認同伊斯蘭教偏頗曲解詮釋的志同道合者。某些邊緣宣教者採納這種世界觀，對狂熱信徒鼓吹仇恨西方國家，助長「非我族類其心必異」的思維。九一一事件以前，五眼聯盟不認為這種行為會嚴重危及國家安全，多以「激進」為由忽略。「九一一事件之後，突然間要應付這樣一個現身多國的跨國界且不是國家的組織，僅憑五眼聯盟單一成員的力量很難對抗。」某澳洲情報官員如是說。「中東發生某起恐怖主義陰謀或是攻擊事件，澳洲墨爾本也可能跟著出現類似狀況。當然，中情局像是章魚，它的觸手遍佈各地，可是也頓時力不從心。」

中情局與軍情六處在蘇阿戰爭期間是從遠方且透過代理人協調行動，運作起來得心應手，如今美國遭受攻擊，這才突然發現處於劣勢，不論是自己或聯盟夥伴單位，幾乎沒有深諳阿拉伯文的分析專家。整個聯盟低估蓋達組織，必須迅速調適。需要更多聯絡人，而非密碼專家，重心也必須從訊號情報轉移到提升人員情報能力。國內情報與國外情報再也不是如此涇渭分明。蘇格蘭場前反恐事務主管彼得．克拉克（Peter Clarke）指出，軍情五處開始密切配合倫敦警察廳辦案，收集與評估情報變成「英國反恐行動的命脈」。情報單位與警政單位聯合設定目標，擬定辦案策略，成為「每天例行公事」。

軍情五處以往業務重心放在境內威脅，如今有意主導伊斯蘭恐怖主義相關的一切情報業務，包括傳統上屬於軍情六處權責範圍的海外情報。在反恐戰爭以前，基本上是由軍情六處負責與中情局保持關係，有人甚至認為被軍情六處獨佔把持。如今軍情五處好不容易和中情局建立直接聯繫管道。曼寧漢布勒一行人透過這次與美方官員會面，不僅強化英美雙邊合作關係，也隨即延伸到五眼聯盟其他情報機關。

澳洲的反恐進展則是從二〇〇一年底萌芽，當時掌管境內情報業務的澳洲安全情報局，與掌管境外情報業務的澳洲祕密情報局，聯合成立單位並各派代表，最主要是要因應來自印尼、馬來西亞、泰國與菲律賓等地區的伊斯蘭威脅。曾經督導聯合任務的前澳洲情報官員指出：「雙方共享亞太地區情報與長才，也和五眼聯盟夥伴密切配合，尤其是中情局與聯邦調查局。」為了提前掌握恐怖攻擊事件，聯盟成員之間會交流情報技巧、密報資訊與原始情報。「分享情報變得更加迫切，因為恐怖份子的威脅是全球性。」該名卸任官員如是說。「此外，針對恐怖份子的意圖與能力所做評估，也必須分享，這是有效反恐的關鍵。」

儘管如此，情報評估不見得很精準，像是中情局早在發生九一一事件的近三年前，就曾示警指出蓋達組織首腦有意劫持美國飛機。一九九八年十二月四日的總統每日匯報顯示，中情局曾向柯林頓總統示警，指出該局接獲英國情報單位密報，蓋達組織「正準備攻擊美國，包括劫機」，而且「賓拉登網絡中某些人曾經接受劫機訓練……但是直接與賓拉登蓋達組織有關連的團體，從來沒有劫機過」。儘管中情局得知蓋達組織「即將在不明地點展開反美攻擊事件」，卻無法判斷這些事件，就是「劫機」。

二〇〇一年夏，美國遭遇攻擊的兩個月前，軍情五處與軍情六處曾接獲美國政府通報，指出蓋達組織正在策劃重大恐怖攻擊行動，不過攻擊對象是科威特、巴林、沙烏地阿拉伯與肯亞等身處海外的美國人，而非美國本土。軍情五處當時也有建立蓋達組織的威脅情報，得知賓拉登策劃以汽車炸彈與自殺炸彈攻擊波灣地區、中東與土耳其等旅外美國人。即使五眼聯盟各個情報單位做過情報評估，也察覺到蓋達組織幹員之間聯繫更為頻繁，仍無法阻止十九名恐怖份子劫持美國民航機，並衝撞紐約雙子星大樓與墜落華府近郊五角大廈等美國都會地標。

這場危機會談在中情局舉行到二〇〇一年九月十二日的深夜。磋商數小時後，曼寧漢布勒等英方代表覺得此行受到美方重視。三人在華府情報界患難之刻及時造訪，雖然減輕他們的不安，然而中情局與其他美國情報單位，卻因自責而更想報復。事實上，當時也已經在考慮軍事反擊，而且不僅美國如此打算，英國也有計畫。曼寧漢等三人啟程前往中情局的當天，英國葛雷姆·蘭姆（Graeme Lamb）陸軍中將也從布萊茲諾頓基地搭乘軍機前往美國。

蘭姆是英國特種部隊指揮官（空降特勤團〔SAS〕即屬於特種部隊分支）此行奉首相指示前往美國，衡量美方如何從軍事面與情報面回應這次攻擊事件。幾天下來，他短暫造訪重要情報與軍事單位，如中情局、北卡羅萊納州的布雷格堡（Fort Bragg），以及相當於英國特種部隊的聯合特種作戰司令部（Joint Special Operations Command）。據熟悉其心得者指出，有些美國官員「深感難辭其咎，九一一事件彷彿否定自己是軍事情報專家。他們的所有想法與策略，都離不開這個心態」。

回到英國後，蘭姆赴英國東南方白金漢郡首相的鄉村官邸契克斯（Chequers），向布萊爾報告所見所聞。他說，去美國這一趟見到的官員，每個人對於國家遭遇恐怖攻擊都很「感情用事」。據說他還向首相表示，「人如果感情用事，會決策不良」。沒有錯，對蓋達組織展開報復的決策，並沒有經過軍事與情報冷靜評估。更糟的是，決策嚴重受到布萊爾與小布希等政客影響，甚至可以說是由他們下達。這些政客總是自以為比情報軍事顧問還要專業。英國某官員指出：「不論是軍事界或情報界，這些部會都是為掌權者服務，決策本身自然會有傾向主子想法的偏誤。」

沒多久，美國與英國決策高層就找到他們眼中可靠的情報，來支持政治任務。這個政治任務不只是要去找到據信躲在阿富汗的賓拉登，小布希與布萊爾還想對抗某個宿敵，也就是伊拉克獨裁者薩達姆．海珊（Saddam Hussein）。他和蓋達組織是不是有關聯？他和賓拉登的關係是什麼？這個獨裁者應該有存放化學武器，而這些武器可能會落入恐怖份子手中，或者也會拿來對付西方國家吧？在收集情報過程中，種種提出的問題，包括九一一事件後英美兩國提出的問題，基本上得到的答案都是不完整的，就像是一塊又一塊個別拼圖，可以拼出局部圖像，其餘部分則有詮釋空間。

就在英美兩國情報單位調查海珊的化學武器的同時，兩國也動員頂尖軍人及情報人員，對阿富汗展開軍事行動，優先獵捕賓拉登。九月底，五十名中情局人員以及美國特種部隊三百人進入阿富汗打擊蓋達組織，推翻窩藏賓拉登且不配合將他交給美國的好戰伊斯蘭政權塔利班。起先英國派英國特種部隊約一百人協助美國，當中有些來自皇家海陸突擊隊旗下的舟艇特勤團，他們擅長暗中執行極機密突擊行動。軍情六處也不遑多讓，他們之前早就在「阿富汗從事反毒與國際反恐任務」，「在當地建立人脈」，等到接獲英國政府在二〇〇一年九月二十八日的部署命令，便善用當地人脈「支援美軍主導的祕密軍事行動」。

英美兩方人馬除了在地面展開突擊任務，也配合在喀布爾、坎達哈與賈拉拉巴德等地實施空襲。他們還獲得伊斯蘭軍事陣線北方聯盟（Northern Alliance）的協助，該聯盟自從塔利班五年前上台後就和它纏鬥至今。面對如此陣仗，塔利班毫無勝算，英美攻打約六週後，便於十一月十三日垮台。戰事迅速告捷，消息不僅席捲西方國家媒體頭條，英美領導人也享有盛譽。然而整體卻頗為空洞，因為英美特種部隊再怎麼跋涉搜索阿富汗東部的托拉波拉（Tora Bora）山間洞穴群，依舊沒有找到蓋達組織首腦賓拉登。

托拉波拉的環境非比尋常，它局部橫跨白山（Spin Ghar），長寬皆約六英里，盡是狹谷與一萬四千英尺的尖峰。英國特種部隊指揮官指出，要在這種條件下找到賓拉登，幾乎不可能。他說：「賓拉登並不笨，不要以為英國或美國可以利用科技掌握他的行蹤。」「當時阿富汗的基礎傳播設施都不在我們的掌控範圍，他也曉得不要使用手機或衛星電話，以免被抓到，所以通訊多半是靠口耳相傳。」二〇〇一年底，位於托拉波拉的英美部隊曾經請求加派援兵圍捕賓拉登，美國國防部不願配合，認為封鎖巴阿邊境無濟於事。國防部的觀點是否正確，見仁見智。總之，賓拉登逃跑了。指揮官指出：「想要封鎖托拉波拉邊境，根本是天方夜譚。就算能動員大批兵力，叫他們像羅馬禁衛軍那樣肩並肩排成一列，賓拉登還是可以從別條路逃脫。」他更指出，沒有人曉得賓拉登確切所在位置，也沒有人曉得他是如何逃走，只有傳聞。而且往往是當地腐敗的軍閥在散播這些傳聞，他們只要被賓拉登用錢賄賂，肯定會二話不說就將他偷渡帶離阿富汗。

賓拉登雖然逃走了，底下掌管托拉波拉近郊軍事訓練營的資深特務伊本·沙伊赫·黎比（Ibn Sheik Al-Libi）卻逃不了，一跨過阿富汗邊境就被巴基斯坦軍方逮捕。這個利比亞人先是在二〇〇二年一月被巴國軍方交給中情局，隨後又被「引渡」到埃及。透過「引渡」，中情局得以將人犯轉送不尊重人權國家。這些國家既不尊重人權，也沒有善待人犯的法制。黎比長期遭到刑求，面對各項犯案密謀指控，包括美國駐葉門大使館炸彈案，均供認不諱。他還供出某些蓋達組織資深激進份子的下落，並宣稱「伊拉克有在支持蓋達組織，而且提供化學及生物武器」。這番供認讓中情局如獲至寶，因為目前為止他們一直有壓力要找到證據，去證明蓋達組織與伊拉克政權有關連，以及海珊與生物武器有關連。

黎比的供詞鞏固了所謂蓋達組織與伊拉克獨裁者有關連的小布希政府主張。副總統迪克·錢尼（Dick Cheney）更相信一份來自捷克政府、但未經證實的情報，裡面提到九一一攻擊事件主謀穆罕默德．阿塔（Mohammed Atta）在事發前曾在布拉格與伊拉克情報人員會面。英國情報界對於賓拉登與海珊兩人是否有關連，態度基本上是存疑的，但是布萊爾仍然執意要找出證據證明海珊握有生物武器。他和小布希總統兩人施壓情報首長，要求判斷伊拉克的威脅有多大。而最能夠就所謂海珊的生物武器提供獨到見解者，莫過於某個自稱是化工工程師、在千禧年前夕逃離伊拉克到德國尋求政治庇護的人。

拉菲迪．阿邁德．阿萬．札拿比（Rafid Ahmed Alwan Al-Janabi）在一九九九年十一月抵達慕尼黑國際機場時，雖然持有觀光簽證，但並不是普通的遊客，他無心參觀德國東南方巴伐利亞邦這座首府的名勝古蹟，而是希望利用這個簽證過個更好的人生。他只需要找到一個機會將背得滾瓜爛熟、催人熱淚的故事說出來。他找到的聽眾，就是入境審查人員。他向對方表示，由於盜用殘暴海珊政權的公款，擔心遭遇不測，所以逃離母國伊拉克。他用阿拉伯語夾雜不流利的英語，訴說逃亡尋求政治庇護時遇到的悲慘故事。

聽完這個出生在巴格達且想申請政治庇護的人的故事後，當局將他送到慕尼黑以北約一百英里的琴朵夫（Zirndorf）難民中心，準備進行後續訪談與身分確認等流程作業。就算運氣很好，申請政治庇護也是傷神費力。三十一歲的札拿比於是想出一個能讓自己的案子被加快處理的捷徑，也就是讓出逃巴格達的故事更引人入勝。這個故事不只引起德國聯邦情報局的注意，最終也引發五眼聯盟的關切。

他告訴德國情報官員，當年還在巴格達大學工程學系就讀的時候，就被伊拉克軍事工業委員會吸收，負責帶領一群工程師打造移動式生物武器實驗室。這個實驗室是由大約七輛改裝成戰爭用途的卡車組成，裡面搭載用來製造大規模毀滅性武器（WMDs）的設備。有些設備甚至是德國製。札拿比希望藉由編造故事，引發大家的興趣，想不到卻很符合向來執著認定海珊在推動生物武器計畫的西方國家的胃口，自從一九九一年波灣戰爭結束以來，聯合國武器查驗人員便試圖要揭穿這個計畫。初步盤問幾個月後，這名伊拉克幻想者獲得政治庇護，改安置在一棟公寓，並持續被德國情報人員訪談直到二〇〇一年夏天為止。德國將不少訪談結果分享給軍情六處及美國國防情報局（US Defense Intelligence Agency, DIA），不過沒有透露札拿比的身分，也不讓他們直接接觸他。美國方面以「曲球」代號稱之，但他基本上是德國的資產，也只屬於德國。既然是資產，道理如同資產所生成的情報，資產也會是一種生成品。控制並擁有生成品，以及能夠從生成品獲得多少行動、個人與政治方面的資本，在在攸關情報機關及聯絡人的名譽。

為了牢牢掌握曲球，德國方面甚至宣稱他不會說英語，而且討厭美國人。語言障礙當然只是小問題，找個可以信賴的口譯員就可以克服。德國人真正在意的是，如果真如曲球所說，海珊的武器有使用德製設備，可能會導致社會強烈反彈。儘管如此，德國還是有將一百份盤問曲球的結果報告，傳給美國國防情報局，再由該局分享給美國其他情報單位。技術層面而言，曲球提供的情報被華府某些有權接觸者認定可信，尤其是某些亟欲讓小布希政府放心出兵伊拉克的中情局官員。但有些美國官員以及軍情六處的專家，卻對曲球情報的真實性有所存疑。

美國國防情報局的生物武器專家認為，曲球的說詞前後不一致，不應盡信。「整體而言，報告內容的不一致，已經減損線民的價值，以及報告的重要性。」根據伊拉克戰爭開打前唯一獲准可以直接接觸曲球的美國國防部某借調人員的說法，他與這名伊拉克線民會面的當天上午，線民「嚴重宿醉」，在聽信他的話當作「伊拉克確實持續實行生物武器計畫重大發現的依據」以前，應該要對他展開進一步調查。

英美情報界雖對曲球供詞有疑慮，兩國首長卻置若罔聞。二〇〇二年九月十二日，小布希總統對聯合國大會發表談話，宣告伊拉克政權持續「發展大規模毀滅性武器」，「我們恐怕要到他使用核武的那一天（最好不要）才能真正確認他有核武。全力阻止這一天的到來，是我們對人民責無旁貸的義務。」同一時間，英國首相也和小布希唱雙簧，針對巴格達局勢提出自己的看法。他準備提出的證據是來自聯合情報委員會所做的伊拉克大規模毀滅性武器調查評估，又稱作「九月卷宗」或「伊拉克卷宗」。督導評估的是曾任軍情六處的聯合情報委員會主席約翰・斯卡雷（John Scarlett），他是俄國專家，當年蘇聯國安會特務高迪耶夫斯基在一九八五年投誠英國以前，就是受其指揮，也因此讓斯卡雷樹立名聲。斯卡雷督導的伊拉克卷宗內容，有些是軍情六處的情報，其中部分又是來自德國轉述曲球的情報。

九月二十四日，布萊爾在國會發表談話，闡明卷宗內容顯示「對英國國家利益有立即且嚴重危害」，令他深感憂慮。他說，卷宗內容「廣泛詳盡且具權威」，結論提到「伊拉克有化學與生物武器，海珊至今持續製造這類武器，目前也有積極軍事計畫將化學與生物武器投入運用。這類武器只需四十五分鐘即可啟用，用來對付的對象甚至包括海珊同國的什葉派人民。他也積極試圖獲取核武能力」。布萊爾向在座國會議員保證，海珊的威脅「並非空穴來風」，他的武器是貨真價實，不是「美國或英國的政治宣傳」。布萊爾並表示，他要的不是軍事衝突，而是由聯合國主導「去武裝化」。他也深信，「除了海珊本人，沒有人會對這個政權垮台感到遺憾」。

一名當時定期向布萊爾匯報伊拉克與阿富汗事務的英國軍事官員也表示，布萊爾堅決支持美國外交政策，再次顯示二戰以來美國對於英國的利益是大於歐洲對英國的利益。他說：「歐洲離我們很近，所以我們是歐洲人，但是基本上歐洲只是經濟目的的貿易空間。反觀我們注重的全球利益價值，在於和美國所共享的價值與自由。布萊爾顯然明白，在伊拉克這件事上，支持美國外交政策非常重要。」

雖然布萊爾在二〇〇二年九月的這場國會談話完全沒有提到海珊與蓋達組織有關連，小布希總統隔月在俄亥俄州辛辛那提的一場公開談話中卻指出，伊拉克獨裁者政權曾經訓練賓拉登的組織，教他們「製造炸彈、毒藥與毒氣」，且「伊拉克隨時都可能決定將生物或化學武器提供給恐怖組織或個別恐怖份子」。

隨著戰鼓聲逼近當年耶誕節，中情局駐巴黎情報站主任莫瑞正試圖吸收伊拉克外交部長納吉．沙布里（Nani Sabri）。沙布里不僅參加過所有海珊也在場的政府會議，也是伊拉克政權中與海珊最親近及最高階的消息來源，是所有西方國家情報單位最想策反的對象。莫瑞在中情局工作三十五年，培養線民無數，特別是在曾經待過的沙烏地阿拉伯及黎巴嫩等中東地區。自從蘇聯軍隊撤出阿富汗後，他始終密切調查聖戰者的動態，以及聖戰者和賓拉登這群人的互動，他不僅經驗老道，也擅長揭穿謊言，備受美國情報界敬重。他透過中間人向沙布里提出一連串有關海珊武器的問題。

莫瑞表示：「我提出一連串關於大規模毀滅性武器儲備的問題，像是化學、生物及核子武器，他的回應是，這些武器根本不存在。」另一方面，莫瑞也取得鋁管採購單影本，內容顯示海珊打造大規模毀滅性武器的計畫未曾實現。莫瑞將詳細的調查報告上呈局總部，後續傳閱局內高層及白宮。然而，他的報告結果，卻未出現在彙整各情報單位調查結果的全美情報鑑定報告（National Intelligence Estimate）。莫瑞指出：「我的情報沒有出現在全美情報鑑定報告，不知道是誰決定不要提交給他們。」

二〇〇三年冬，美國國務卿科林．鮑威爾（Colin Powell）在聯合國報告海珊的生物武器計畫，而他引述的情報，最主要來自某個「伊拉克化工工程師」。雖然鮑威爾沒有指名道姓，但他所指的化工工程師，就是曲球。鮑威爾又說，該情報已經獲得「其他消息來源證實」，且聲稱掌握「車載生物武器廠的第一手情報」。鮑威爾更試圖串起海珊與蓋達組織的關聯性，宣稱儘管一方是世俗獨裁者，另一方是極端宗教團體，「野心與仇恨」卻足以使雙方合作，「讓蓋達組織學習製造更複雜的炸彈，學習偽造文件，以及向伊拉克請益製作大規模毀滅性武器。」鮑威爾所指的雙方有關聯，一部分是根據一年前被引渡到埃及且遭到刑求的黎比供詞。

儘管鮑威爾如此宣稱，聯合國專家在伊拉克三百個場所查核四百次，卻找不到武器。英美政界及情報圈內鷹派人士，對於聯合國查核人員的調查結果視若無睹，認為只是這些人找不到，不代表大規模毀滅性武器不存在。然而，有人看法不同，某些中情局人士知道海珊在一九九一年波灣戰爭開打前，曾經儲備化學武器，但後來已經銷毀。英美兩國以外的五眼聯盟情報成員也未能影響白宮或唐寧街的看法，因為他們沒有獲取伊拉克或蓋達組織情報的直接管道。曾任澳洲安全情報局的某位官員指出：「雖然美國有和其他四眼國家分享曲球等人的情報，澳洲情報界的看法基本上比較謹慎。只不過，澳洲沒有獨立驗證的能力。」

五眼聯盟輩份較低的夥伴無法對抗，也無法否定英美兩國倚賴的情報真假，只能眼睜睜看著布萊爾和小布希政府繼續推動計畫，而這項計畫，也日益獲得澳洲總理約翰・霍華德（John Howard）公開支持。相較於唯唯諾諾的英美澳情報首長，首長底下某些情報人員則是打算「惹事生非」。像是在澳洲，便有一個任職全國評估辦公室（Office of National Assessment）（該辦公室是評估外國情報以供總理諮詢的單位）不知名的分析師安德魯・威爾基（Andrew Wilkie），強烈認為入侵伊拉克的計畫，無關乎海珊與蓋達組織有牽連，也無關乎海珊與大規模毀滅性武器有牽連，而是關係到美國政治。他憂心入侵伊拉克將導致人道災難，同時造成中東地區仇視西方國家，因此在二〇〇三年初不惜冒著丟飯碗的風險，準備表明自己的立場。另一個發生在約莫同一時期、但不相干的案子，則是任職英國政府通訊總部的筆譯員凱瑟琳．岡恩（Katharine Gun）看到一封發自美國國安局某官員的電子郵件，內容顯示官員指示暗中監聽聯合國安理會其中六個票數足以影響聯合國是否同意出兵伊拉克的「立場搖擺國」的辦公室。岡恩透過朋友將電子郵件洩漏給英國《觀察家報》。坦承洩密後，她在三月五日遭到逮捕。六天後，人在澳洲的威爾基辭職並公開內幕，表示「伊拉克問題無關乎反恐戰爭，而是關係到美伊雙邊關係、美國國內政治、美國可信度問題……等等」。他雖然不否認伊拉克是流氓國家，卻表示伊拉克對西方沒有威脅，因為軍隊不強。一旦入侵伊拉克，「會讓目前安穩局勢，更趨近所謂文明的衝突」。

威爾基提出的見解以及岡恩的洩密事件，基本上都被政府淡化，不受重視。英美倚賴的不實情報功成身退。在澳洲的支援下，兩國在三月十九日對海珊政權展開轟炸。聯合國安理會不支持入侵伊拉克，加拿大也反對，認為情報並未顯示伊拉克擁有大規模毀滅性武器。時任加拿大總理的尚．克里田（Jean Chretien）日後表示：「這其實是史上頭一遭加拿大沒有參與英美兩國參與的戰爭。」「以前許多人認為我們是美國第五十一州，這個說法令人遺憾。那一天證明了我們不是。」起初紐西蘭也不願意參與戰爭，最後卻還是在伊拉克被入侵後，派出武裝部隊與工程人員到當地支援多國聯軍。

就在成千上萬伊拉克平民百姓流離失所、受傷喪命的同時，政府通訊總部吹哨者岡恩被控違反英國《官方機密法》。她拒不認罪，主張自己讓人們不因這場非法戰爭喪命。二〇〇四年二月二十四日，由於政府不願向法院提交證據，岡恩的案子遭到撤銷。同一年，美國情報特別委員會公布報告，直指曲球是個騙子，他不是「生物武器專家」，只是「設計工程師」。不過，曲球後來也公開坦承，當初提供關於海珊以及所謂大規模毀滅性武器的情報，都是造假。不過，他不認為自己有錯。《衛報》採訪他時，他表示：「每次得知有人在戰爭中喪命時，不只是在伊拉克戰爭，而是任何戰爭，我都很難過。要不然，你們告訴我有什麼更好的辦法。難道你們有更好的辦法嗎？事實上沒有其他方式可以讓伊拉克變得自由，完全沒有。在我們家鄉，海珊就是不給人民自由，其他政黨都不存在。海珊說什麼，人民就得相信什麼，一切都得聽命於他。這一點我無法接受，我得為我的國家做些什麼。我很滿意自己做了這件事，因為伊拉克再也沒有獨裁者。」

至於為何漠視中情局莫瑞提交的報告，白宮則不願回應。美國國安顧問康朵麗莎·萊斯（Condoleezza Rice）日後表示，這是因為報告只有單一消息來源，所以不可靠。諷刺的是，美國政府在入侵伊拉克前仰賴的情報，許多也只有單一消息來源，包括做為出兵依據的曲球說詞。

美國副總統錢尼倚賴的捷克情報，也被證實是假的。先前宣稱海珊與蓋達組織有勾結的黎比，後來公開收回自己的話，表示當初是「投其所好，說給刑求他的人聽」。儘管這場史上最糟糕的情報醜聞，讓英美情報高層遭到嘲弄與鄙視，當初產出那本令人蒙羞的伊拉克卷宗的聯合情報委員會主席斯卡雷，卻在布萊爾的力挺下，二〇〇四年升任軍情六處處長。即使伊拉克戰爭造成逾五十萬伊拉克人民死亡，逾九百萬人流離失所，布萊爾的立場仍然大致不變。入侵伊拉克十年後，他堅不認錯，聲稱「當時我們做對選擇，世界因此變得更好，也更安全」，「如果有人覺得很難接受，那很遺憾」。

沒有一個當代政治醜聞以及政策情報失敗，比入侵伊拉克還要經典。這件事不禁讓人質疑，那些最後甘被白宮與唐寧街領導人操弄的情報首長，究竟在面對政治壓力的時候，有沒有保持操守的能耐。這種政治操作大於重視情報客觀性的課題，在伊拉克戰爭後仍然層出不窮。這種思維感染了亟欲趁未來攻擊事件發生以前「向上溯源」的許多五眼聯盟情報機關，紛紛拘押恐怖份子嫌疑犯，審訊以取得情報，連五眼聯盟成員國的國民都不放過。其中一個先後被加拿大皇家騎警與聯邦調查局誤認與蓋達組織有勾結的嫌犯，是敘利亞裔的加拿大公民。

第11章 比別人更平等

二〇〇一年十月十二日，馬赫・阿勒（Maher Arar）一走進渥太華某間咖啡店，和某個被加拿大皇家騎警監視的當地穆斯林碰面時，隨即引起監視人員的關注。臥底情治人員不認識阿勒，但阿勒碰面的對象阿布杜拉・阿爾瑪基（Abdullah Almalki），卻被皇家騎警懷疑是蓋達組織「重要成員」，也是蓋達組織首腦賓拉登的「採購人員」。由於美國在上個月遭受攻擊，皇家騎警擔心恐怖組織也會密謀在加拿大犯案，因此加強監視阿爾瑪基，設法掌握其活動與人際網絡。阿爾瑪基和阿勒在芒果咖啡館的互動之所以會令監視人員起疑，是因為他們「小心翼翼不讓別人聽見他們談話內容」，而且離開咖啡館後，還在雨中散步聊天。兩人應該不知道自己被跟蹤，因為他們接著前往當地一處祈禱室，在那裡待了十五分鐘，再坐阿勒的車到附近賣場逛電腦設備。兩人在那個週五下午到傍晚待在一塊的三個小時，讓阿勒從一個監視任務裡的路人甲，無意間成為「關注對象」。

阿勒和阿爾瑪基碰面不到三天，皇家騎警就開始調查阿勒的背景，也很快找出兩人的共通點，他們均是敘利亞裔工程師。阿勒三十一歲，比阿爾瑪基大一歲。卻不像阿爾瑪基早就是美國聯邦調查局等許多單位關注的對象，阿勒從來不是情報單位的關注對象，定居加拿大蒙特婁十四年期間，未曾有過犯罪嫌疑。一九九八年他與妻子莫妮亞．瑪琪（Monia Mazigh）博士及女兒三人從蒙特婁搬到渥太華，此時他已經取得加拿大籍，也即將成為總部位於國境之南麻州波士頓的科技公司 MathWorks 的通訊工程師。他被皇家騎警盯上時，仍在該公司擔任顧問。

加拿大皇家騎警與加拿大安全情報局（Canadian Security Intelligence Service）這兩個姐妹單位的反恐事務官員，如同其他五眼聯盟情報機關，也因為應付蓋達組織的威脅不遺餘力，而影響自己的判斷。五眼聯盟各個成員國以捍衛西方民主價值與生活模式為藉口，跟進美國打擊削弱國內不忠的敵人，以及勢力遍佈全球的伊斯蘭組織，幾乎不再區分誰是真正恐怖份子，誰只是涉嫌幫助恐怖份子。九一一事件發生六週後，小布希總統簽署實施《愛國者法》（Patriot Act），該法賦予執法單位廣泛權限，得以藉由監聽國內外通訊加強監視恐怖份子嫌疑犯，沒有搜索票也可以突襲嫌犯住所，並且無限期拘留恐怖份子被告，直到他們被遞解出境。

民意對於這種將國家安全置於人權與道德價值之上的做法，看法兩極。有人認為透過這種方式對付蓋達組織規模的威脅，恰到好處。但也有人認為，這麼做並不合憲。但這番在公共與政治論述上的爭論，只不過是注腳罷了，絲毫未動搖各個五眼聯盟情報機關不擇手段努力追捕恐怖份子的決心。各地清真寺與禱告堂經常被視為吸收情報人員的合理地點，或者會被指控是培育激進思想的溫床，甚至二者皆是，因而提升整體反恐監控，機場安檢變得更嚴格，網路論壇與網站也被滲透監視，以利及早發現並因應威脅。然而，這場所謂的反恐戰爭也出現非傳統的安全確保措施，最終損及五眼聯盟的偉業，例如「特殊引渡」（extraordinary rendition）祕密計畫。美國率先拉攏盟友，特別像是巴基斯坦與埃及等人權保障措施不嚴格的國家，請他們撥出一部分領土用來拘禁審訊五眼聯盟國家的公民。引渡計畫沒有明說的用意，就是要以殘忍審訊與說服手法對付恐怖份子嫌犯，而這種手法在五眼聯盟各國國內是違法的。政府的公關說詞是，這麼做可以加速盤問危險恐怖份子，然而成為刑求的捷徑，因為五眼聯盟情報單位不需尊重無罪推定這項人民法律權利，而這項權利正是民主與威權國家的區別。此外，也不需尊重緘默權這項基本人權，小布希甚至坦言，緘默權會讓人更難從嫌犯取得迫切需要的情報。五眼聯盟各個成員國為了確保自己的國家安全，亟需美國不斷持續提供情報，若對引渡做法提出異議，恐怕會被孤立。

皇家騎警與安情局等各個五眼聯盟情報機關，深怕無法阻止蓋達組織再次攻擊。皇家騎警與安情局在九一一事件之後顯著強化合作，雙方關係猶如英國的軍情五處與軍情六處，或者美國的聯邦調查局與中情局。安情局是加拿大的人員情報單位，反恐戰爭開始時，它才成立不到二十年，比起五眼聯盟其他相關單位，經驗自然不足。當初成立的淵源，是一九八四年政府對涉嫌非法入侵、偽造文書與非法監聽等非法活動的皇家騎警情報部門公開調查，結論建議將警政與情報業務分開管轄，遂成立安情局，由它主導國安事務，包括相關情報的收集、分析與發放。

然而在九一一之後，安情局仍將某些案件交由皇家騎警調查，因為他們認為可疑對象可能涉及刑事不法。皇家騎警也成立一個名為「A-O加拿大計畫」（Project A-O Canada）的新部門，並指派二十人到這個部門加強反恐辦案。秉持五眼聯盟成員間強化反恐合作的精神，皇家騎警調查嫌犯所取得的情報，多數甚至是全數會分享給美國聯邦調查局。儘管阿勒在當時被視為需要收集更多情報的關注對象，而非被定位為需要找出證據以利指控涉嫌犯罪的「鎖定目標」，皇家騎警仍然在二〇〇一年十一月將阿勒的現有情報交給美國人。聯邦調查局接著對他展開調查。加國與美國情報單位為了「防範可能在全球隨地發生的未來攻擊事件」，開始合作無間。當時皇家騎警堅持一個原則，即提供給其他五眼聯盟情報單位的調查情報，均僅限於情報用途，未經事先協議不得用於起訴。「外部單位若想將皇家騎警的情報用於其他目的，必需取得皇家騎警的同意。」

皇家騎警從背景調查得知，阿勒在租下全家要住的房子時候，曾將蓋達組織特工阿爾瑪基設定為「緊急聯絡人」。這是一大進展，但仍不足以證明阿勒有犯罪，皇家騎警也無法以此為理由申請住所搜索票。儘管如此，加拿大方面卻將此新發現告知美國聯邦調查局。聯邦調查局與皇家騎警的雙方代表雖然定期在華府與渥太華面對面討論跨境威脅，聯邦調查局卻幾乎不透露該局偵辦阿勒的情形。如同歐威爾所說的悖論，儘管五眼聯盟裡各個單位一律平等，卻有某些單位比其他單位更平等。

聯邦調查局開始更加關注阿勒，五名幹員在二〇〇二年二月十九日來到皇家騎警的A—O加拿大計畫辦公室，在未事先通知的情況下想要拜會團隊成員。皇家騎警人員沒有印象曾邀請他們來訪，但「基於禮貌還是讓他們查看資料。不過，在收到正式行文以前，本次查看僅限情報用途。」美方要求提供更多阿勒的情報，卻不說明理由。加拿大方面也同意。但當加方提到三個月前皇家騎警曾經詢問美方調查阿勒的結果，卻「毫無回音」時，美方「承諾會追蹤此事」，結果卻食言。

雖然阿勒的名字出現在美國與加拿大邊防機關的「警示名單」（這套警示系統可協助邊防機關察覺並追緝涉嫌武裝犯案或恐怖主義等要犯），但阿勒未被限制出入境，直到二〇〇二年九月他和老婆與兩個孩子回到突尼西亞岳父家團聚，事情才出現變化。當時，他接獲MathWorks的通知，有些顧問工作要做，必須提前收假，遂獨自從突尼斯返回加拿大，途中在蘇黎世與紐約轉機。就在九月二十六日下午兩點左右預計在紐約轉機的一小時前，聯邦調查局駐渥太華辦事處代表通知皇家騎警，表示阿勒飛抵紐約後會被問話，接著遣返蘇黎世。加拿大方面直到接獲美方密報，才得知阿勒要過境紐約。但是美方並未告知阿勒會被拘留到隔天並交付聯邦調查局看管。這段期間，阿勒遭到長時間審訊，被訊問工作內容、旅行軌跡、與阿爾瑪基的關係等背景資訊，隨後關押於紐約市布魯克林大都會看守所，遭按捺指紋、拍照，套螢光橘連身囚衣，上手銬，掛腳鐐。面對審訊人員指控他是蓋達組織成員，他雖一再否認，卻不被採信。聯邦調查局要皇家騎警放心，阿勒不是因為加方辦案的關係被拘留，而是美方的辦案，卻並未向加方說明辦案成果，以證明對阿勒採取行動屬於正當。

二〇〇二年十月五日，阿勒被拘留十天後，聯邦調查局終於向皇家騎警坦言「缺乏足夠證據可以指控」阿勒涉嫌犯罪，他們計畫按照原先安排，將他移送移民法院進行聽證，以便驅逐出境，讓他返回瑞士蘇黎世。皇家騎警此時提議，若改為「在美加邊境放人」，由加拿大接手監視阿勒直到確定對他採取合適行動，是否比較理想。當時，聯邦調查局認為這個想法不錯，「極有可能」照辦。此時，加拿大駐紐約領事館已經派人探視阿勒，阿勒被指派辯護律師，家人也得知他的下落。

詎料，聯邦調查局某位官員在十月八日上午十點三十分赴A-O加拿大計畫辦公室，通知皇家騎警他們奉「遞解令」要驅逐阿勒，遣返地點是加拿大或敘利亞。這讓加拿大方面不解，因為阿勒雖然是敘利亞裔，卻已經十五年不住在敘利亞。儘管如此，皇家騎警並未「採取行動勸退美方，也未表示異議」。但觀察整個任務，即使有提出異議也沒有用，因為聯邦調查局官員其實是謊稱阿勒仍關在紐約。這名加拿大公民早在當天清晨四點已被送上私人飛機從美國載到約旦，復以車子載越邊境進入敘利亞。聯邦調查局甚至為隱瞞阿勒的真正下落，還讓皇家騎警以為有機會訊問他，直到隔天十月九日上午，美方某官員才致電加方，表示沒有機會。當天下午兩點，聯邦調查局通知加拿大，表示阿勒已被引渡到敘利亞。此時，阿勒已被美國遞解出境三十四小時。

阿勒被新囚主關進無窗陰暗的押房，裡頭既躺不平，也站不直。敘國獄方不斷揍他，更用兩英吋粗的電線刑求他。他們多以電擊手掌為主，偶爾電錯位置，電到他的手腕。他不只身體挨疼受虐，更成日惶恐會再遭遇刑求。有時候，他會怕到尿失禁，獄方每次揍完他，總是警告下次懲罰會更糟。除了自己的叫聲，耳聞獄所其他人被刑求的哀號聲，已是家常便飯。阿勒日後指出：「我從來沒見過其他被關押的人長什麼樣子，只聽過他們慘叫。」「他們給我什麼文件，我就簽什麼文件，有些甚至不讓我看。」皇家騎警從加拿大駐敘國外交人員方面得知，敘利亞軍事情報官員「已經確定阿勒先生與蓋達組織有關連」，阿勒「曾在阿富汗受訓」。但他是出於脅迫，才會對參加阿富汗訓練營等關押者的指控一概承認。「我說我去過阿富汗。事實上我沒有去過。但對關押我的人來說，這項口供夠重要了。一個月後，我在身心俱疲的情況下，依據他們指示將口供寫在一張紙上，紙上還有一些問題，但他們已經事先替我擬妥答覆。」

阿勒每次被審訊的問題，據信是美國當局指導或提供的，敘方會再將阿勒的答覆，回報美方。歷經約一年的殘酷懲罰與刑求，忍受「連動物也難耐」的環境條件後，阿勒在二〇〇三年十月五日被敘國安全部門釋放，交付加拿大駐敘利亞大使館，並於同日晚間搭機返回渥太華，與老婆小孩團聚。

甚至敘利亞駐美大使伊瑪德．穆斯塔法（Imad Moustapha）也坦言，查無不利於阿勒的證據。他說：「該做的調查都做了。有追查關聯，也追查關係，我們試圖找出蛛絲馬跡，就是找不到。」加拿大涉入阿勒被引渡敘利亞事件，使得媒體對皇家騎警和底下A-O加拿大計畫部門的反彈聲浪高漲。諷刺的是，某些參與這場錯誤百出的調查人員，對於自己遭到「質疑和影射他們施壓美國驅逐阿勒先生」感到「不快」。但即使自認「動輒要為自己辯護」，好歹也是從他們舒適的辦公室這麼做，而且有律師協助。反觀阿勒卻要忍受地牢般的狹室與長期刑求，為活著拚命。難怪有些美國政府單位會和捅簍子的聯邦調查局劃清界線。二〇〇九年到二〇一三年曾任加拿大安情局局長的理查．費登（Richard Fadden）指出，美國政府其他單位辯稱不曉得聯邦調查局當初準備引渡阿勒，「這樣說還不是為了討好我們」。「我發覺比起情報單位，聯邦調查局和皇家騎警這些執法單位做事缺乏彈性。聯邦調查局只要察覺不法情事，有百分之九十九的機率會採取行動。相較之下，軍情六處、中情局和安情局會在不違法的情況下，睜一隻眼閉一隻眼。他們會慢慢設法避開它。以阿勒的例子來說，我認為聯邦調查局就是判斷覺得『發生問題，該去解決』，因此採取行動。」

雖然阿勒一案牽涉加拿大與美國，其他五眼聯盟始終密切關注此案。五眼聯盟每個國家都曾簽署一九八七年通過的《聯合國禁止酷刑公約》（United Nations Convention against Torture），明知公約禁止刑求，毫無商量餘地。公約明定：「任何特殊情況，不論為戰爭狀態、戰爭威脅、國內政局動盪或任何其他社會緊急狀態，均不得援引為施行酷刑的理由。」

公約第三條也明定：「如有充分理由相信任何人在另一國家將有遭受酷刑的危險，任何締約國不得將人驅逐、遣返或引渡至該國。」但對小布希政府與其情報主管來說，要他們在恐怖份子無差別濫殺的非傳統戰爭中繼續遵守公約，並不切實際。正是這樣的態度，才會導致五眼聯盟其他情報單位也被拖入中情局的「黑暗據點」泥淖。黑暗據點指的是設置在亞洲、中東各地的祕密囚牢，專供拘禁可疑恐怖份子且不提供法律保護，直到他們進一步被轉送古巴關達那摩灣美軍監獄等他處審訊與懲戒。雖然小布希政府連忙聲稱，關達那摩僅拘禁「惡劣至極」的恐怖份子，但平民百姓無辜遭到刑求卻也成為五眼聯盟政治領導人的燙手山芋，可能會影響民眾對他們的支持度，尤其是當阿勒等受害者站出來，披露政府與情報機關所不欲為人知的內幕。阿勒返回渥太華後，決定將聯邦調查局等不當對待他的單位告上法院，希望讓人引以為戒。律師團隊著手訴訟的同時，五眼聯盟各國也湧現公民運動，要求政治領導人與情報首長說明是否與美國同謀引渡。澳洲公民大衛・希克斯（David Hicks）二〇〇一年十二月於阿富汗被捕，交付美方看管，隔年轉送關達那摩灣。另一名澳洲公民瑪姆度・哈比布（Mamdouh Habib）也在差不多時期被送至關達那摩灣。然而澳洲政府不對希克斯一案致歉。

這兩個人的案情沒有關聯，但都遭指控隸屬蓋達組織。希克斯也成為美國盟邦當中第一位遭控涉嫌恐怖主義犯行的國民。澳洲總理霍華德表示：「事實就是事實，希克斯自己都承認了，他受過蓋達組織培訓，也幾度和賓拉登碰面，還表示賓拉登像是哥哥。他醉心於聖戰。」

英國首相布萊爾則是面臨國會與民意雙重壓力，要他處理十七名因恐怖主義犯罪嫌疑，在阿富汗與巴基斯坦等海外地區被捕且遭引渡關達那摩無限期拘禁的英國國民一事。這十七名嫌犯中，有個生於英國的巴基斯坦裔，名為莫厄贊．培格（Moazzam Begg），他曾經在英格蘭西密德蘭郡伯明罕市開書店，移居伊斯蘭馬巴德不久，就在二〇〇二年二月被捕。巴國當局誤指他加入蓋達組織，將他送往美國在阿富汗的據點拘禁，一年後轉送關達那摩。這只是諸多被關在關達那摩灣的英國國民當中，英國當局試圖與美國當局協調解決的一名案例。二〇〇四年初，英方代表團前往美國緊鑼密鼓談判，雙方外交單位在數日內達成共識，決定先釋放第一批五名在押英國嫌犯。

英方代表團在華府召開的首場會議，就接觸到關達那摩灣在押嫌犯相關美國當局機密檔案。二月二十七日，英國外交部與內閣辦公室等代表，連同蘇格蘭場副助理局長彼得．克拉克（Peter Clarke），一起在俯瞰白宮的艾森豪行政辦公大樓（Eisenhower Executive Office Building）查閱檔案數小時，這些機密檔案旨在傳達在押嫌犯的「危害程度」。

克拉克是蘇格蘭場的反恐指揮官，身兼全國反恐調查協調官，非常懂得判斷原始情報是否足以成為起訴證據。他最不希望看到在押嫌犯移回英國之後，反而助長前一年蘇格蘭場與軍情五處在「破口行動」（Operation Crevice）調查過程中察覺到的新興本土恐怖主義。克拉克在華府開會的時候，外界尚不知道有這項調查，調查最後破獲英國各地運作的蓋達組織小組，也證實這些小組與加拿大及美國極端份子有關聯。小組成員策劃以硝酸銨（肥料）炸彈攻擊火車、酒吧與夜總會，一旦得逞恐將造成上百死傷。後來，這些成員遭到逮捕與定罪。

儘管如此，不像破口行動的情報足以讓人採取行動，關達那摩在押嫌犯的犯罪證據堪稱薄弱。克拉克表示：「情報不足以指控在押人涉嫌犯罪。」「他們提供的這些證據，都不會被法院採納。」美國當局仍不死心，問有沒有可能在這些英籍在押嫌犯從關達那摩回到英國後，繼續予以監禁。對此，代表團答案是否定的。克拉克說：「美國人要我們保證這些在押嫌犯回到英國後，不會又回到戰場上危害美國人。」「我們跟他們再三重申，在押嫌犯回到英國後，就必須依據英國法律辦理。我們不會恣意拘禁他們，也不能在未經授權情況下監視他們，或者採取法律沒有規定的禁制令，當然也不能根據在美國羈押審訊期間取得的證據，予以起訴。我不是因為知道他們有受到不當待遇才這樣說，而是因為他們的審訊沒有在一定的保障措施與法律架構下進行，也沒有辦法找律師替自己辯護，所以口供不會被英國法院採納。」

針對這些保證條件進行談判的同時，布萊爾政府不太確定首相在年初對國會安全情報委員會報告的內容，如今會給政府帶來什麼影響。布萊爾在二〇〇四年一月曾向委員會指出，軍情五處與軍情六處的情報員曾赴關達那摩灣「旁觀英籍在押嫌犯審訊過程」，以便收集「有用情報避免英國國土與國民遭遇恐怖主義攻擊，而不是要取得證據以利刑事訴訟」。委員會指出，根據在古巴美軍基地面訪英籍在押嫌犯的軍情五處代表回報的資訊，「有些在押人犯憂鬱寡言，精神狀態每況愈下」，其中一人「不滿被關禁閉逾一年，四個月不見天日，不給書報，且限制通信」。軍情五處情報員隨即傳達在押嫌犯的心聲讓英國政府知道，英國政府最後向美國政府表達關切。儘管如此，截至當時這些資訊並未對外公開。由於布萊爾政府尚處於伊拉克戰爭情報挫敗的陰霾（入侵伊拉克卻找不到大規模毀滅性武器），公開關達那摩英籍在押嫌犯的資訊會有什麼後果，自是讓他們如坐針氈。

英方代表團在華府與美方談判，大致替布萊爾政府取得實際成果。三月九日，第一批在押的關達那摩英籍人犯被送上飛機載往英國，因無罪嫌獲釋。一個月後，美國國防部調查披露伊拉克阿布格萊布（Abu Ghraib）監獄發生大量美軍刑求與性侵恐怖份子嫌犯情事，這使得坐過古巴苦牢的人的相關指控（雖然小布希政府一再否認），更顯重要。由於早在一年前，新聞媒體已陸續報導美軍與英軍虐待伊拉克人民等情事，此次國防部調查結果引發媒體軒然大波。英軍在二〇〇三年九月突襲飯店掃蕩叛軍時，曾經逮捕成群伊拉克男子，送往伊拉克東南方巴斯拉的設施，蒙眼上銬並毒打。其中，飯店櫃檯人員巴哈．慕沙（Baha Mousa）身上有九十三處受傷，包括鼻子與肋骨斷裂，最終撒手人寰。一名英軍因對待慕沙等平民百姓不人道，遭到汰除並入獄一年。

慕沙事件讓民眾怒不可遏，英國國防部不得不賠償他的遺孀與兩名孩子二百八十三萬英鎊。小布希政府也急著要為伊拉克虐囚事件找說詞，白宮幕僚與美國國防部長唐納．倫斯斐（Donald Rumsfeld）企圖淡化阿布格萊布監獄醜聞，聲稱這是例外事件，羞辱虐待囚犯者，均是低階美軍所為——虐囚方式包括以電線綑綁人犯手指、腳趾與陰莖，再通電刑求。官方說詞無濟於事，非但沒有安撫人心，反而讓人更加懷疑小布希政府與五眼聯盟各國政府縱容或暗中支持虐囚。這也使得先前民眾、媒體與國會委員會針對關達那摩囚犯遭受不當處置的質疑，更顯迫切。

阿勒在大馬士革的刑求指控讓加拿大深受衝擊之際，英國與澳洲也開始擔心美國情報單位，特別是中情局，以國安為由虐待關達那摩人犯，會讓兩國惹來外界關注。軍情五處向英國情報安全委員會坦承，華府未曾告知在押蓋達要犯的下落，也不曾透露羈押狀況。該局表示，美國當局沒有義務「透露在押人犯詳情，也沒有理由要這麼做，除非案情明顯與英國有關。不過，我們有從在押人犯方面獲得極具價值的情報，儘管不能直接接觸，也不清楚他在哪裡」。其中一人是科威特出生的激進份子哈里德．席克．穆罕默德（Khalid Sheikh Mohammed），他是策劃九一一攻擊事件的蓋達軍事行動首腦，西方情報界普遍以「KSM」稱之。他在二〇〇三年三月於巴基斯坦落網，當局發現他握有九一一攻擊事件相關資訊，例如電腦硬碟裡的背景資料、代號及九一一事件劫機者的照片。

他被帶往波蘭北部中情局的祕密場所接受審訊，「不久」就遭遇更強烈的審訊手段，例如強制維持緊繃姿勢、剝奪睡眠、強制灌腸等，「任由該局人員支配在押者」。後來，審訊手段更加入水刑，作法通常是以布蓋住仰躺著的受刑人的臉，不斷將水澆到臉上，使其嗆到，形同「緩慢溺水」。KSM前後至少被施以水刑一百八十三次，對於倫敦希斯洛機場、金絲雀碼頭商業區等「可能造成英國境內上千死」的所謂蓋達組織陰謀，均供認不諱。從他身上取得的情報後來有分享給英國情報界。當中情局被軍情五處資深官員問到這些情報是怎麼來的，中情局表示 KSM 很配合辦案，且「自豪有這番成就」，對於刑求隻字未提。但這仍然無法讓英國情報界脫身，因為光是在二〇〇二年，就有三十八起「情報人員目睹或耳聞美國虐囚」案例。儘管英國情報單位回擊聲稱這些案例是「特殊事件」，卻無人採信，最主要是因為整體來看，這些案例呈現出系統性問題。況且當時外界（至少是軍情六處資深圈內人）曉得，美國情報單位已「不顧一切」要為九一一事件展開報復。二〇〇一年秋，美國情報首長告訴軍情六處，「變化會來得快又大」，他們將「持續下去直到除淨敵人」。雖然無法證明美國情報單位日後同謀其中的刑求與這番態度有關，但也確實讓外界質疑，英國情報單位是否曾經要求美國保證，該國提供給英國的情報，只要是靠審訊在押者而來，取得的手段必須合法且符合人道。

於法於倫理而言，美國情報界對於在押者的引渡處置，全然與其他五眼聯盟情報機關不同調，顯示不是只有威權政權才會違反嫌犯與囚犯人權，連世界最強大的民主國家，也會走偏。

二〇〇三年十月當上軍情五處處長的曼寧漢布勒，曾就引渡在押嫌犯一事，以及此事對英國國內民意的影響，向美國國務院表達關切。同時也表示軍情五處不認同黑暗據點的設置，即使對美國情報界的信賴依舊，「卻更清楚認知到美方的標準、法律與做事方法不盡相同，即使要繼續合作，合作的方式也會不太一樣」。

英國情報與安全委員會在二〇一八年所做的調查顯示，英國情報單位「為協助拘捕嫌犯，與外國情報機關駐英聯絡單位分享前所未見的大量情報」。該國會委員會並批評英國情報單位未曾「思考既然關押單位有不當處置情形，或者合理懷疑有不當處置情形，是否還適合將在押者相關情報交付關押單位。這可能代表情報單位為了維護關係以及確保情報交流不會中斷，而選擇刻意漠視。因為如果情報單位表示關切，美方可能會因此不讓英方人員接觸在押人，也可能會停止提供手中情報」。

兩卷調查報告之一顯示，英方人員即使明知或者懷疑在押人受到不當處置，仍然向他方情報單位提出審訊問題，或者提供情報。如此情況共有二百三十二個案例。報告同時指出，「有一百九十八個案例是英方人員明知在押人受到不當處置，或者雖不知其處置情況，但應懷疑有受到不當處置的情形下，從外國情報機關駐英聯絡單位取得在押人透露的情報」。儘管如此，報告對英國情報單位最嚴厲的控訴，莫過於直指軍情五處或軍情六處三度「資助或提議資助引渡」，另有二十八次「建議、規劃或同意由他方展開引渡行動」。這兩個單位還數十次提供情報以實現引渡，或者「明顯未」採取行動阻止英籍嫌犯遭到引渡。

早在國會調查報告出爐的八年前，英國政府急於不讓外界公審情報單位，遂以據稱二千萬英鎊的賠償金額，和被關押過關達那摩的十七名英籍人犯達成庭外和解。澳洲政府也比照辦理，向那名二〇〇一年在巴基斯坦被捕、遭誤認為蓋達組織培訓師、先後關押在埃及與關達那摩灣牢裡，且在關達那摩灣遭遇刑求的埃及裔澳洲公民哈比布，支付一筆金額不公開的賠償金。對於他的刑求遭遇，澳洲安全情報局否認知情。二〇〇五年，哈比布因無罪嫌獲釋，澳洲政府則在六年後支付賠償金，聲稱此舉「最符合國協的利益，能避免曠日廢時的官司，也能讓情報單位專注在保護國家安全的主要責任」。二〇一五年，五眼聯盟成員國當中第一個在關達那摩灣被控涉嫌恐怖主義罪行的國民希克斯，其罪行包括在阿富汗參加蓋達訓練營，他的判決結果遭到美國法院推翻，原因是罪行不屬於戰爭罪，不應由軍事法庭審理，美國國防部未提出上訴。此時，恐怖主義嫌犯在關達那摩灣遭遇到的生理與心理折磨，早已廣為人知，某種程度這得歸功於多位美國參議員針對中情局處置關達那摩在押人犯的情形展開調查。

發生這些事情，中情局難逃責難。美國參議院召開情報特別委員會，對中情局關押審訊計畫進行調查，發現在押人犯受到情報人員殘忍對待，水刑、撞牆、剝奪睡眠等殘酷手段，樣樣都來。二〇一四年的調查報告總結指出：「中情局採用更強烈審訊手段，無助於取得正確情報，也無法讓在押人願意配合。」更糟的是，調查顯示中情局在九一一事件前沒有從錯誤中學到教訓。報告還提到：「不少被中情局關押的人犯在強烈手段的審訊下，會虛構內容，導致情報有誤。像是中情局最重視的恐怖主義威脅，這類重大情報議題的情資，不乏在押人的虛構。」

特別委員會主席黛安．芬斯汀（Dianne Feinstein）指出，「有些情況下，反恐取得勝利，並不是因為中情局藉由強烈手段審訊在押人取得情報」，中情局「始終忽略相當多有用情報，而且情報並非來自被施以強烈手段審訊的在押人，而是來自其他消息來源。這會讓人誤以為中情局透過這些手段可以取得獨特情報」。

委員會報告還提到，中情局在反恐戰爭早期採取黑暗據點與刑求等策略，使得聯邦調查局不願「涉入中情局的審訊與監禁行動」。說來諷刺，因為加拿大公民阿勒會被引渡到敘利亞，就是聯邦調查局所為。聯邦調查局和中情局一樣，毀譽參半，冷戰期間非凡成就確實不少，例如藍菲爾特務曾透過維諾那計畫消除原子間諜及俄國威脅，但另一方面胡佛執意消滅眼中異議或顛覆性質的共黨及左翼政治組織，卻也讓這番成就蒙塵。聯邦調查局有一項始於一九五六年、歷任四屆政府的 COINTELPRO 反情報計畫，在計畫實施的十五年期間，各種違憲非法的任務行動，如抹黑、威脅、監聽反越戰民運人士、黑人公民權利團體與女權運動者，均在胡佛授意下進行。有些時候更與現任總統勾結，收集詹森總統的政敵情報，並配合尼克森總統指示，竊聽最高法院法官等反派人士的個人情報。一九七五年，參院兩黨共同對聯邦調查局等美國國內情報單位展開調查，發現存在系統性不當行為。參議員法蘭克・丘奇（Frank Church）主導的調查顯示，聯邦調查局不太區分哪些是合法表達異議，哪些是犯罪行為。調查結論指出：「外界懷疑與擔心的確實沒錯，強力表達不討喜的意見、和異議團體結盟、參與和平抗爭活動，都引來政府監視與報復。」「聯邦調查局之所以會採取反情報策略，某方面是因為局內高層認為現有法律難以約束某些異議團體的活動，法院的判決又讓情報單位難以發揮。不論人們對於這些眼中釘團體提出的政策做何看法，聯邦調查局採取的許多策略，無可否認是在破壞自由社會。」丘奇調查案提出的建議，使得聯邦調查局無法在某人沒有犯罪嫌疑的情況下，對他展開情蒐。然而二十五年後，九一一事件的關係讓《愛國者法》擴充監視手段，而有濫用之虞。

加拿大政府曾對阿勒個案展開公開調查，以釐清聯邦調查局的不當行為，但是聯邦調查局不願派員作證。調查結果認定，雖然加拿大情報與執法單位並未參與決策將他送往大馬士革，「但很有可能美國當局是靠皇家騎警提供的情報，才會決定拘押並遞解阿勒先生到敘利亞」。阿勒曾經控告美國政府，卻遭到法院以「國家機密」特權駁回，因法院聲稱訴訟將「危害國家安全與外交關係」。儘管如此，加拿大總理史蒂芬．哈伯（Stephen Harper）曾在二〇〇七年向他致歉，並支付逾加幣一千萬元賠償金。至於阿勒的朋友阿爾瑪基，也就是二〇〇一年皇家騎警關注到阿勒的時候，正因涉嫌與蓋達組織有往來而遭到調查的人，最後也還他清白。不過，在還他清白以前，他已經因為某次回敘利亞拜訪親人遭到逮捕，後續被拘押刑求近兩年。阿爾瑪基和另外兩名在敘利亞遭到刑求的敘利亞裔加拿大人，均獲得加拿大政府道歉，三人共獲得加幣三千一百二十五萬元賠償。

在反恐戰爭早期出現這些拙劣辦案之前，外交政策失利引發的民眾批評，主要集中在政治人物，情報人員則被視為無名英雄——不時要被迫替道德敗壞的政客從事骯髒勾當。刑求事件曝光以後，這番說法不再被採信。情報人員雖然不想被課責，卻不能不被課責。對抗敵人的他們，不再被一般民眾視為「詹姆士・龐德」或「傑森・波恩」（Jason Bourne），突然之間變成壞人。這場道德與情報行動災難，讓世界終於認識到五眼聯盟情報單位本質的陰暗面。

最終有近八百名囚犯被關押在關達那摩灣，多數人都在沒有罪嫌的情況下遭到釋放。至今仍有三十九名在押，提醒世人美國與其他五眼聯盟官員侵犯人權，以及恐怖主義陰魂不散。蓋達組織的意識形態威脅，後來被伊斯蘭國（ISIS）取代。以邪惡與破壞程度而言，蓋達組織不如伊斯蘭國。伊斯蘭國自從二〇一四年夏天宣告成立所謂「哈里發國」（caliphate）以來，即證明自己擅於利用社群媒體吸收男女與孩童支持自己的理念。敘利亞東北部的拉卡（Raqqa）成為這個哈里發國的實際首都，不久也成為這些伊斯蘭國新血的新家。其中，有三名來自東倫敦的青少年女孩逃離西方國家加入這個野蠻組織。他們這趟前往敘利亞的旅程，不只給英國當局帶來情報行動麻煩，也波及五眼聯盟另一個國家的情報機關——加拿大安情局。

第12章 遲來的坦白

理查・華頓（Richard Walton）以擔任刑警為榮，特別是當他接掌英國最大執法機關蘇格蘭場的反恐指揮處SO15。二〇一一年起，他在這個動見觀瞻的職位上，為近二千五百名身處前線從事反恐反情報調查的子弟兵的成敗，以及作為與不作為，公開負責。這些調查包括二〇〇五年蓋達組織引發的倫敦爆炸案，以及一年後俄國異議人士亞歷山大・利特維南科（Alexander Litvinenko）的謀殺案。對指揮官華頓而言，公開負責不只是一個概念，而是他要面對的日常。他不能躲在那片能夠合法禁止披露軍情五處、軍情六處等英國情報機關主事者底下情報人員身分的祕密面紗後方，因為他並不是他們一份子。

不論如何，他很敬重情報員的工作，也習慣和五眼聯盟情報官員在各種場合會晤，例如大使館安排的社交場合，或是為了商討共同目標與威脅的場合。華頓表示：「恐怖主義辦案絕大多數都會涉及國際面向，需要全球警方與情報單位合作。」「五眼聯盟各個情報機關不具備逮捕人的行政權，因此往往需要請警方協助逮捕外國間諜，近期則是逮捕恐怖份子。」

情報行動層面而言，華頓在和五眼聯盟其他情報官員互動時，多半也會有英國情報單位的代表在場，最主要是軍情五處。在這種情況下，加拿大安情局官員在二〇一五年春天臨時求見討論情報行動，卻沒有邀請英國情報單位一同與會，便顯得奇怪。華頓在倫敦市中心蘇格蘭場總部接見兩名安情局人員時，發覺他們有些不自在，彷彿懷著沈重悔意。他們強顏歡笑，一邊和他與手下坐著談論某個被他們吸收、用來滲透位於敘利亞的伊斯蘭國的加拿大人個案。

在二〇一五年三月初的當時，並不容易實際目睹這個恐怖組織的活動，更不容易順利滲透組織階層。中情局與軍情六處等情報單位在阿富汗與伊拉克等傳統的入侵戰爭中，可以借助軍事掩護潛入該國執行吸收任務，將位居要角的好戰份子與當地政府官員策反為諜。這個方法在敘利亞卻行不通，因為英國國會在二〇一三年夏天否決出兵反制敘國政權使用化學武器。儘管美國政府在同年稍晚核准對敘利亞展開軍事行動，卻不允許投入戰鬥部隊。一年後，伊斯蘭國宣告成立，英美兩國由於在敘利亞地面沒有部署軍隊，多半只能倚賴無人機與偵察機等空中管道，以評估伊斯蘭國的威脅。伊斯蘭國疑心自己被監視，只要懷疑有誰在替西方國家刺探情報，便開槍殺人或砍頭，並將殺人影片放上網路警告。在這種情況下，幾乎不可能滲透伊斯蘭國份子。這些可怕影片成為伊斯蘭國的宣傳伎倆，而從事宣傳的主力，就是離開英國前往敘利亞與伊拉克戰場參戰的數百名聖戰份子，他們隨後號召加拿大等其他西方國家人民加入他們的行列。

兩名安情局人員在與華頓會談的過程中，得知英國有愈來愈多年輕男女在蘇格蘭場與軍情五處一無所知的情形下，赴中東地區從事極端主義志業。兩人很清楚，調查挫敗對英國情報界而言不只敏感，更引起政治反彈，成為公關災難。華頓與其團隊也因為未能阻止三名十五、十六歲的女學生在二〇一五年離英赴敘，而成為惡毒媒體筆下的眾矢之的。三人分別是來自東倫敦的沙敏瑪・貝古姆、艾米拉・阿巴瑟（Amira Abase）與凱迪莎・蘇塔娜（Kadiza Sultana），他們跟隨新興熱潮前往戰場卻不作戰，而是嫁為聖戰士（jihadists）人妻。據統計，當時已有四千名西方國家男性成為伊斯蘭國的外籍戰士，赴敘利亞的女性及女孩子逾五百人，他們以為來到這裡可以獲得意識啟蒙，並擺脫認同危機。

時任英國國安顧問的金姆・達若克（Kim Darroch）爵士指出，「伊斯蘭國擅長線上招兵買馬，總是對英國城鎮中被排擠或遇到問題的年輕人下手」。他說，恐怖主義組織成立所謂的哈里發，大幅提升伊斯蘭國在這些潛在招募對象心目中的地位。

他表示：「這代表伊斯蘭國不再是某個沒人曉得在哪裡運作的不明恐怖主義組織，而是設有基地，有實際領土可以讓人棲身。這對於吸引年輕一輩族群非常重要。」

三名學童逃跑事件席捲全球媒體頭條，家人也公開感性呼籲他們回家。他們失蹤讓家人感到意外，也讓蘇格蘭場有所覺醒。外界這時才曉得，原來早在前一年的十二月，這三名學童的同學逃到敘利亞時，三人已經被華頓手下刑警問過話了，只不過當時刑警並未察覺他們也會有樣學樣。

二〇一五年二月十七日上午，三名女學童離家出走，自倫敦蓋威克機場搭機前往伊斯坦堡。三天後，華頓現身記者會，表示三人的目的地很可能是敘利亞，但實際行蹤成謎。這名反恐事務主將也向媒體透露，蘇格蘭場已經針對三名女學童發動史無前例的跨國搜索，他的單位也一直和土耳其保持聯繫，試圖找出其下落。華頓當時表示：「我們非常擔心這幾名年輕女孩子的安危，呼籲掌握相關資訊者主動與警方聯繫。」但他並不曉得，此時三人已經在伊斯坦堡機場與伊斯蘭國協助偷渡的人碰頭，並在對方陪同下搭乘客運赴土國東南方鄰近敘利亞邊境的蓋齊安特普（Gaziantep）。要直到這名協助偷渡伊斯蘭國的穆罕默德・拉希德（Mohammed al-Rashed）在二月二十八日被土國當局逮捕，並從他身邊搜出這幾名英國女學童的旅行證件及車票時，外界才曉得她們已經進入敘利亞。

三月，加拿大情報官員在蘇格蘭場與華頓會面時，向他簡報了這三名女學童前往敘利亞的始末。華頓這才突然意識到，加拿大安情局人員一反常規不請英國情報人員在場陪同討論情報事宜，是有原因的。因為他們前來的用意是要向華頓坦承，他們對於女學童失蹤一案，所知甚詳，且遠遠超乎華頓的想像。偷渡女學童到敘利亞的拉希德，其實是安情局的情報人員。他在上個月遭到土耳其當局逮捕，外界也還不知道他的真正身分。

拉希德在審訊期間，向土耳其情報人員供稱自己是在北敘利亞的拉卡某間醫院工作時，開始從事人口偷渡。他在當地認識假名為阿布・卡卡（Abu Kaka）的英籍戰士，對方是伊斯蘭國區域主管。卡卡吸收拉希德，稱該恐怖組織的成立乃「上帝旨意」，要他前往土耳其，和來自英國等國的聖戰士及「聖戰士新娘」碰頭，安排他們出境前往敘利亞。卡卡並不曉得拉希德亟欲離開老家敘利亞到其他地方展開新生活，並試圖向加拿大駐約旦大使館申請政治庇護。大使館的安情局官員正好藉此吸收他為情報員，要他以買車票為由，將各個協助偷渡到伊斯蘭國的對象的護照拍照做記錄，並以筆記型電腦將影像上傳，寄給人在約旦大使館的安情局聯絡人。

拉希德為了替伊斯蘭國從事人口偷渡，持敘利亞護照進入土耳其不下三十次，據稱經曾協助逾一百四十人抵達戰區，多數為英籍人士。拉希德被捕後，土耳其當局從他的筆電找到他拍攝的三名女學童影片、位於敘利亞的伊斯蘭國營區地圖影像，以及至少二十人的護照影像。他的落網成為土耳其的公關利器，可以杜英國等西方國家悠悠之口，證明自己沒有放任邊境鬆散不管，讓外國戰士借道前往敘利亞。

加拿大深知土耳其當局極有可能將拉希德落網的消息走漏媒體，便想搶先一步，不要讓他為安情局效力的這件事造成難堪。這也是為何會有兩名來自加拿大駐倫敦高專署的安情局官員，趁情報人員在土耳其落網的新聞曝光之前來找華頓。華頓隨即明白，他們來訪的目的是出於自利。最讓他意外的是，安情局人員無意為這次敗仗致歉，反而想確保日後前往敘國學童的調查，安情局不會被質問，也不會被迫為此負責。熟悉此事的消息來源指出：「安情局官員深知蘇格蘭場仍在調查三名女學童案件，而且安情局早晚會被怪罪。」

時年四十九歲的華頓，以為自己在蘇格蘭場的職涯近三十年，沒有什麼大風大浪他沒見過。突然間，他卻得要去探問究竟情報盟友知道多少資訊，從什麼時候就知道這些資訊，以及他們當初是否阻止得了三名學童前往敘利亞。安情局是否將自己線民的安危置於女學童的安全與福祉之上？華頓表示：「當有情報員在底下為你工作時，你會默認他們的行為。」「對於某些行為，你會視若無睹，因為更重要的是情報不能中斷。」在敘利亞，要找到情報員效力很困難，這使得五眼聯盟情報單位在合法行動與淪為人口偷渡「幫兇」之間，拿捏不了分寸。即使這件事讓華頓感到不自在，他仍須在拉希德情報帶給加拿大與五眼聯盟好處的大局，與承受三名學童消失導致的大眾反彈之間反覆衡量。他自己當過聯絡人，受過英國情報單位的訓練，深知情報機關會不遺餘力確保線民不被他人「擁有」。雖然五眼聯盟會互通情報，互通的卻是終端產物，也就是分析結果，而不是互通確切消息來源，或者讓對方直接接觸線民。情報機關永遠會小心翼翼保護聯絡人與線民的關係，以利換取五眼聯盟其他夥伴成員更多情報。這就是情報這個行業普遍的行規。

一如所料，土耳其政府公開拉希德落網的消息，指此人為情報單位做事，配合美國主導的聯軍對抗伊斯蘭國。三月十二日，土國外交部長梅夫呂特．查武秀盧（Mevlüt Çavuşoğlu）在記者會上指出，該名協助偷渡的敘利亞籍人士，同時也效力於「聯軍某國情報單位」。外長雖然沒有指明是加拿大，當地親政府的媒體卻直接點名。多安通訊社引述拉希德向警方坦承從事人口販運的口供：「我會以買國內車票為由，將我在伊斯坦堡機場遇到的外籍戰士的身分證件拍照，再透過網路傳給加拿大大使館官員。」

加拿大情報單位本來大可以將拉希德的說詞，斥為一個幹恐怖主義勾當卻想拖西方國家下水的無稽之談。然而土國當局隨後發表聲明，證實拉希德所言不假，安情局東窗事發的夢魘頓時成真。土國情報單位聲明指出，拉希德表示「他為加拿大情報單位工作，不時會前往加拿大駐約旦大使館交付收集到的情報，車資由情報單位支付」。土國雖然無法掌握安情局資助拉希德的證據，卻聲稱握有拉希德與聯絡人之間的簡訊紀錄。

面對如此轟動的指控，安情局依循五眼聯盟等所有情報單位防範醜聞衝擊的標準做法，選擇諱莫如深，不願回應。知情此事的資深加拿大情報人員指出：「最主要的目標，就是盡可能不被媒體報導。」對於想要擺脫醜聞的加拿大而言，封口確實奏效，無人曉得加拿大安情局的情報人員是如何在英國辛苦防堵聖戰士逃離英國加入伊斯蘭國的同時，協助西方國家孩子與志願青年偷渡敘利亞。安情局也大致上順利對外隱瞞拉希德被局內吸收與安排情報工作等詳情，副局長則被派往安卡拉，針對該局在土國政府不知情的情況下於境內從事反情報行動一事，請求對方諒解。該名消息來源指出：「副局長出訪的目的就是要坦承錯誤，不會再犯。我們懇請對方原諒。」

加拿大政府與安情局雖未公開否認拉希德是該國間諜，但也一如所料不願透露細節。但細節至關緊要，尤其是加拿大是在何時初次得知其情報員協助三名英籍女學童偷渡。拉希德聲稱在落網前一週的二月二十一日呈報聯絡人此事。若屬實，安情局何以要等到三月才通知蘇格蘭場的華頓？如果安情局研判土國政府不會將消息公開，又是否會通知華頓？諸如此類的疑問，就在他與安情局官員會面的當下，浮現腦海。但他也深知，不論答案為何，加拿大方面也無法阻止三名學童前往敘利亞，因為拉希德的聯絡人得知此事時，他們已經進入伊斯蘭國。

許多情報官員在接受採訪時向作者指出，情報行動層面而言，蘇格蘭場沒有必要大肆宣傳加拿大涉及此案，因為公開證實只會讓伊斯蘭國疑心更重，新的線民會更難滲透，也會讓土耳其與五眼聯盟之間的互信更薄弱，因為一如土國政府所料，五眼聯盟的情報單位沒有如實交代自己的情報行動。土國堅持外國情報單位若安排情報員在該國境內從事活動，必須通知土國情報單位。但實際上，連五眼聯盟某些情報單位之間都不會互相坦白自己的情報員活動，遑論要配合土耳其的指示。

拉希德落網，雖然讓加拿大的情報行動受阻，其他五眼聯盟情報機關依舊努力不懈要滲透伊斯蘭國。早在拉希德被土國當局逮捕的幾個月前，派駐在約旦的軍情五處與聯邦調查局幹員，便迫不及待設法滲透某個綁架外國記者與人道工作者的伊斯蘭國恐怖份子四人小團體。受害者包括英美公民，均被該團體拘禁於拉卡的臨時牢獄。四名武裝份子深知西方國家情報單位正在尋找人質，遂小心翼翼隱瞞自己的身分，每次出現在人質身旁，均頭戴黑色面罩。但他們藏不住流利的英語，導致身分局部曝光。由於四人操英國口音，十五名人質便依照一九六〇年代的流行音樂團體名稱，將他們取名為「披頭四」。二〇一四年夏天，部分人質在交付贖金後遭到釋放，除了透露自己如何被「披頭四」刑求，也透露哪些人尚未被釋放，包括美籍記者詹姆斯・佛利（James Foley）與英籍人道工作者大衛・海因斯（David Haines）。軍情五處與聯邦調查局非常震驚，特別是得知刑求美國公民的人，是英籍恐怖份子。軍情五處加強努力安排特務接近披頭四，但當人稱「聖戰士約翰」（Jihadi John）的披頭四首犯，在二〇一四年八月頭戴面罩現身網路影片，威脅將佛利斬首時，任務隨即喊停。美籍記者在影片最後遭到斬首，除了讓伊斯蘭國一舉成名，聖戰士約翰也在全球社群媒體一躍成為恐怖主義熱潮寵兒。這部影片卻也讓華頓的 SO15 反恐指揮處，以及負責英國訊號情報的政府通訊總部，得以掌握重要線索，去揭穿面罩後方男子的身分。

儘管伊斯蘭國劊子手的聲音經過喬裝，政府通訊總部的專家仍在二〇一四年八月十九日影片出現在網路後幾小時內，利用聲紋辨識軟體比對出身分，證實是出身倫敦西北區的伊斯蘭極端份子穆罕默德・恩瓦齊（Mohammed Emwazi），他早在兩年前從英國逃至敘利亞時，即遭到軍情五處與華頓的刑警手下盯上。情報專家再根據蘇格蘭場偵查檔案的恩瓦齊通聯紀錄與監視影像，確認他和聖戰士約翰有諸多相似之處，包括口音、露出面罩的深色眼睛形狀與色澤、持刀左手上的青筋，以及站姿，均符合恩瓦齊的特徵。

雖然這是反恐一大勝利，華頓、政府通訊總部與軍情五處的資深情報官員，卻不願意對外公布，也不願意讓媒體知道，深怕證實聖戰士約翰的身分（即使不提真實姓名）會危害其餘人質性命。華頓指出：「外界施壓我們，要求公布此人身分。但我們知道一旦公布，很可能會導致更多人質遭到斬首。」密切配合英國辦案的聯邦調查局與派駐倫敦的聯絡員，也深知公布身分十分敏感。但從另一個角度而言，如今彷彿是聖戰士約翰在主導伊斯蘭國全球危害的輿論認知，至少給一般大眾某種觀感，認為英美兩國政府無力掌握局勢，也無力阻止聖戰士約翰，即使兩國資源人力與監視能量充沛。九月初與九月中旬，伊斯蘭國接續發布兩部斬首影片，分別是美籍記者史蒂芬・蘇德洛夫（Steven Sotloff）與英籍援助工作者海因斯。影片公布再度坐實這個觀點。同月稍晚，聯邦調查局局長詹姆斯・康米（James Comey）發覺不能放任政府繼續被挨打，遂聲稱已經證實聖戰士約翰的身分，要外界放心。但他不願透露姓名國籍等細節。

英籍公民恩瓦齊究竟是如何從內向的倫敦學子，成為伊斯蘭國最知名的劊子手與公關人物，令蘇格蘭場及軍情五處研究極端份子心態與暴力意向的行為治療專家不解。恩瓦齊從小就是個局外人，出生在科威特貝多恩（Bidoon）家庭，貝多恩是中東地區被迫害的無國籍部族。一九九三年他六歲時，隨家人移民倫敦，度過平凡的小學與中學生活。他是電腦阿宅，曼聯球迷，嗜聽流行樂，偶爾被嫌有口臭，也會捉弄別人，但看不出有暴戾之氣或有作歹念頭，直到青春晚期與同為倫敦人的比拉・柏扎威（Bilal al-Berjawi）及穆罕默德・沙克（Mohamed Sakr）相識成為好友。二十初頭的他們大他約四歲，與東非伊斯蘭主義有掛勾，是英國反恐事務機關的關注對象。二〇〇九年，恩瓦齊畢業並取得資訊科技學位的同時，柏扎威和沙克前往非洲，在索馬利亞加入蓋達組織。恩瓦齊有意效法兩人參與聖戰，卻被蘇格蘭場反恐單位及軍情五處察覺。二〇〇九年三月，恩瓦齊從倫敦前往坦尚尼亞，卻在三蘭港（Dares Salaam）的機場，被疑似接獲英國線報的當局攔下訊問。恩瓦齊宣稱自己是來坦尚尼亞遊獵，當局卻不相信，將他扣留一夜並賞他拳頭，隔天遣返英國。不出英國政府所料，恩瓦齊已經變得激進，想和兩名好友一樣成為聖戰士。當局也比照其他可能涉入恐怖主義活動的兩千名英籍伊斯蘭主義份子，將他列為「關注對象」。但由於涉嫌恐怖主義犯罪的罪證不足，蘇格蘭場與軍情五處想將他轉為線民。華頓指出：「我們找上他，給他機會為我們效力，不要變成恐怖份子。」「接觸總是有風險，成功機率其實不大。我們非常清楚他的威脅性，結果還是失敗，讓他如願成為他想當的窮凶惡極恐怖份子。」

華頓不禁納悶，吸收恩瓦齊失敗「是否讓他變本加厲，行事更為激進」。但其實早在他和警方與情報單位有過節以前，他就有意追求聖戰，也恨西方入骨。從國安危害等級來看，英國政府認為恩瓦齊只是小角色，不是那種需要一組二十人全天候監視的優先對象，恩瓦齊才會在二〇一二年初不受阻撓地逃離英國。當時已有數十名英籍年輕男子從英國前往中東地區支援平民與武裝鬥爭。二〇一一年一月突尼西亞出現反政府示威，迅速導致威權政府垮台，也讓成千上萬不滿國內領導人貪腐的阿拉伯人，掀起一場名為阿拉伯之春（Arab Spring）的運動。與過往起義不同的是，各國獨裁者即使以老方法不分軒輊對示威群眾實彈射擊，也鎮壓不住反對浪潮。到了年底，埃及、利比亞與葉門等獨裁政權相繼垮台，同區域的敘利亞等政權，也岌岌可危。大馬士革的阿塞德政權與武裝叛軍打起內戰，英國等西方國家的外籍戰士聞風而至。隔年初，隨著愈來愈多外籍戰士出於聖戰，而非愛國心與蓋達組織等恐怖主義團體並肩作戰，衝突從敘利亞蔓延到伊拉克。五眼聯盟與其他西方國家情報單位，均未預料會發生阿拉伯之春，也未預料規模會如此龐大，影響會如此劇烈，狀況猶如中情局在將近六十年前未曾預料匈牙利革命會爆發。曾在伊拉克與阿富汗擔任聯軍主帥、並於二〇一一年秋接任中情局局長的大衛・裴卓斯（David Petraeus）上將指出，阿拉伯之春與其影響無法事先預料。他表示：「誰能夠預料到，一個社會會沒來由的著火。」「社會極大的不滿情緒、恨意、疏離……等等，這些都可以察覺，但就是無法確定會是什麼東西激發起義，也無法確定起義是否會成功。」

五眼聯盟情報機關經常因為坐擁數十億預算卻無法預測威脅，而備受批評。英國情報單位也不遑多讓，即使卡麥隆上台後召開國家安全會議，讓情報官員與規劃政策者的溝通有所改善，情報單位也未能預判中東地區會發生阿拉伯之春、二〇一一年的利比亞危機等衝突，以及俄羅斯會在二〇一四年入侵克里米亞。這些沒有預料到的事件，都是發生在卡麥隆二〇一〇年勝選成為首相任內。他說：「當時我知道上任後要收尾伊拉克與阿富汗衝突，哪知道會出現阿拉伯之春；哪知道會有利比亞問題；哪知道會冒出伊斯蘭國；哪知道會有克里米亞問題。多數在我擔任首相任內發生的事情，都難以預料，應該說是突如其來。我無意指責外交部或情報單位，這個世界如此之大且複雜，本來就難以猜到接下來會發生什麼事。況且世界各地本來就有各種伊斯蘭極端份子問題……哪裡有失敗國家，哪裡就會冒出極端份子。但整體而言，我認為當時自己所要面對的問題，都沒有透過情報收集事先得知。常有政治人物說：『花這麼多錢在收集情報，怎麼都沒有預料到會發生這些事情？』我不太認同這種看法。」

阿拉伯之春未能擊垮敘利亞的阿塞德政權，反而被一心想在當地創建伊斯蘭烏托邦的聖戰士利用。二〇一二年初，恩瓦齊逃離英國，落腳當地。英國當局發覺他人不見的時候，他早已經在敘利亞作戰，不到三年光景，就從一個英國眼中無傷大雅的敵人，成為全球通緝要犯。蘇格蘭場、軍情五處與政府通訊總部想將他繩之以法，美國聯邦調查局、中情局與國防部則欲索其性命。恩瓦齊的追緝行動於焉展開，以美軍術語來說，就是「找到他，修理他，解決他」。

恩瓦齊斬首美英日公民至少七人的野蠻行為，除了吸引更多人（最主要是男性，但也有女性及孩童）從五眼聯盟國家前往敘利亞為伊斯蘭國效力，也使不少人變得更激進，在自己的國家展開恐怖攻擊。恩瓦齊雖是邪惡的縮影，卻也讓人不得不正視十年前美國在英國和澳洲的協助下，於伊拉克戰爭期間鑄下失敗的外交政策與情報決策。伊斯蘭國領袖阿布．巴卡．巴格達迪（Abu Bakr al-Baghdadi）樂見恩瓦齊如此殘暴。當年，巴格達迪被關在布卡營（Camp Bucca）的時候，開始建構伊斯蘭國。布卡營位處伊拉克南部，建於二〇〇三年，這是一座用來監禁海珊政府官員、軍事司令、刑事犯與蓋達恐怖份子的美軍設施，同時也收容從阿布格萊布，即那座被爆出美國士兵違反人權的收容所，移監過來的人犯。布卡營是伊拉克境內最大的美軍收容所，前後拘禁上萬名伊拉克人，多數人在未被起訴的情況下，遭到監禁長達數月甚至數年。

二〇〇〇年代初期到中期，巴格達迪在拘禁期間成為受人敬重的伊斯蘭學者，備受伊拉克前朝軍事官員及忿忿不平的蓋達民兵信賴。前中情局人員道格拉斯．懷思（Douglas Wise）曾在追緝巴格達迪徒弟恩瓦齊期間督導局內中東地區情報行動，他指出：「巴格達迪這個人相當神祕，究竟是什麼人生際遇讓他最後被關在布卡營，我們所知不多。」「巴格達迪深知要在營中活下來，最好就是佯裝成備受敬重的長輩，以取得美軍信任。他也非常清楚，自己雖然不是戰士，卻能率領、管理一群戰士。營區於是成為他那套文化的培養實驗場域。」二〇〇九年美軍關閉布卡營時，這裡早已成為恐怖份子訓練所，讓他得以號召一票人追隨願景成立伊斯蘭國。五年後，在老獄友的協助下，伊斯蘭國宣告成立，他自封為哈里發，意即領袖，呼籲年輕穆斯林參與聖戰。當時，恩瓦齊已在敘利亞兩年，遊走各個蓋達相關伊斯蘭民兵團體，耳聞巴格達迪的呼籲，便拾起刀械，加速成為伊斯蘭國領導人的信使與首席劊子手。

二〇一五年二月，美籍記者佛利現身聖戰士約翰首部影片的六個月後，英美兩國媒體點名劊子手就是恩瓦齊。劊子手的身分既已曝光，讓英國首相卡麥隆備感壓力。他急著要重新主導對伊斯蘭國之仗的敘事，遂指示正在配合聯邦調查局與美國國防部確認恩瓦齊在拉卡動向（所謂「生涯軌跡」）的政府通訊總部，加強任務作業。即刻起，恩瓦齊被列入重大國安危害人物的獵殺名單，巴格達迪也在名單上。恩瓦齊深知惡劣兇殘的行為讓他在媒體上聲名大噪，因此在保障自己的安危方面，他也做了萬全設想。他深知聯軍並未派遣地面部隊，最大的軍事威脅來自無人機攻擊。先前巴基斯坦、葉門、索馬利亞與伊拉克等地，都曾經出現無辜百姓遭到英美無人機法外誤殺事件，引發爭議。西方國家軍方所謂「附帶損害」的委婉說詞，意即無人機操作員自數千英里外美國西部內華達或英國西北部瓦丁頓軍事基地殺戮平民，不僅讓民意極度反彈，也正中恩瓦齊等恐怖份子的下懷。美國國防部指出，恩瓦齊深知平民百姓可以充當人肉盾牌，遂混於一群非作戰人員與孩童之中，無人機一旦實施攻擊，必然造成人民無辜喪命。另一個行動上的困難，則是恩瓦齊深諳以電腦軟體隱瞞自身位置及數位足跡。

追緝恩瓦齊時擔任政府通訊總部部長的羅伯特・韓尼根（Robert Hannigan）表示：「他的案例很特殊，因為他以前主修電腦科學。」「他顯然自學許多東西，知道怎樣做才最能夠不被監視，而且做得很好，透過市面上可取得的產品隱瞞身分，包括採用牢固的加密連線及虛擬私人網路（VPN），讓情報單位處理起來很頭痛，他就是在層層疊加。」恩瓦齊每次通信後也會清除整台電腦資料，避免中毒。韓尼根說：「所有情報機關都想要鎖定恐怖份子使用的電腦，在上面植入程式，讓它回報這個人的一舉一動。」「恩瓦齊能夠做到每次關機時所有資料都被清除乾淨，這使得掌握他的通訊非常耗時。」

訊號情報行動在拉卡鎖定特定恐怖份子時，會遇到無數限制。有別於當年政府通訊總部及美國國安局在對付阿富汗塔利班時，可以透過追蹤恐怖份子手機所使用的通訊網路，予以定位。但在拉卡，大部分人是使用 Wi-Fi 無線網路，更難鎖定對象。韓尼根表示：「對政府通訊總部來說，這是一個主要在辦公室執行的過濾作業。」「從拉卡的影像可以看到許多小型衛星地面站，也就是屋頂隨處可見的小小衛星天線盤，代表這些人是直接連網，不是透過電訊業者提供的全球行動通訊系統（GSM）網路，因為他們不信任這種方式。」

政府通訊總部還要應付拉卡線民誤傳恩瓦齊的下落。政府通訊總部是訊號情報單位，吸收一般百姓當情報員本來就不是優先業務，實際上也不受重視。所幸聯邦調查局很重視這件事，透過網路招募人在拉卡的敘籍情報員，取得重大情報斬獲。這些情報員會以網路管道和聯絡人聯繫，將恩瓦齊的動向與人際網絡等詳情交付英國軍事與情報單位。韓尼根表示：「這些目標人物再怎麼擅長通訊安全，總是有使不上力的地方，也就是他們身邊通訊的對象。」恩瓦齊最大的破口是在敘利亞和當地女子結婚生子組成新家庭，這下子更容易透過他們之間的互動，掌握其行蹤。

二〇一五年十一月十二日傍晚，美國國防部與英國軍方根據情報得知恩瓦齊的動向，遂派遣一架從伊拉克美軍基地操控的無人機在數英里外尾隨他的車子。車子兜了四十五分鐘後，恩瓦齊終於下車。國防部前發言人史蒂夫．華倫（Steve Warren）當時人在作戰行動中心，看到攻擊就緒的無人機傳回即時影像。「因為是夜間的關係，我們使用紅外線觀測。雖然看不清楚他的容貌，但約略可以看出姿態。可以看出鬍子形狀，諸如此類。我們因此深信，這就是聖戰士約翰。」指揮官於是下令「攻擊」。飛彈射出不到十五秒，恩瓦齊即遭殲滅。這場行動不像二〇一一年五月獵殺蓋達首腦賓拉登時，是由中情局與美軍單方面所為且排除五眼聯盟其他成員參與，這次是英美兩國成功的聯合行動。然而殺死二十七歲的恩瓦齊，未能像殲滅賓拉登般，令蓋達組織行動陷入短暫真空，難以重組，僅是澆熄伊斯蘭國號稱無所不能的氣焰，打擊宣傳。敘利亞境內或海外的軍事活動，絲毫未受影響。要再經過兩年，直到庫德族主導的敘利亞民主聯軍配合美國空軍與特種部隊支援，這個恐怖份子組織的殺戮暴行才被遏止。二〇一七年底，伊斯蘭國大本營暨首都拉卡，重新落入聯軍之手，勝方與伊斯蘭國部隊私下協議，允諾護送部隊安全出城，以確保女性孩童人身安全，恢復全境和平。裴卓斯陸軍上將指出：「協議讓他們可以在不摧毀拉卡的情形下，守住拉卡。」又說：「我確定這是最不糟糕的選項。如今所見的，均是淪為叛軍的殘兵敗將，未著制服也不舉黑色旗幟，隱身一般民眾當中，神出鬼沒。」

伊斯蘭國領導人巴格達迪不在赦免之列，他持續逃亡，直到中情局主導的反監視行動小組接獲情報得知他藏身在離土耳其邊境不遠的敘利亞境內。二〇一九年十月二十六日，美國特種部隊在無人機、戰機與直升機的空中支援下，攻入巴格達迪的藏身所，民兵數人遭戮、其餘遭俘，巴格達迪身穿防彈背心，帶著孩童遁入地道。督導伊斯蘭國領袖擒拿行動的美國中央司令部司令法蘭克・麥肯錫（Frank McKenzie）陸戰隊上將表示：「他和兩名幼童爬進一個洞，接著自我引爆。」「從這個舉動就知道他是怎樣一個人。」他帶著兩名孩童自戕，美軍取其去氧核醣核酸（DNA），與先前在伊拉克布卡營監禁期間留存的樣本交叉比對，證實他就是巴格達迪。至於和首犯聖戰士約翰並稱為披頭四恐怖小團體的兩名巴格達迪的英籍徒弟艾列山達．柯迪（Alexanda Kotey）及艾沙菲．艾席克（El Shafee Elsheikh），則在二〇一八年遭庫德族部隊捕獲，轉交伊拉克美軍，並於二〇二〇年初被遣送美國，以恐怖主義罪名起訴。他們落網不久，英國政府基於保障國家安全，便預防性地褫奪兩人英國公民權。兩人遭控參與殺害佛利與海因斯等聖戰士約翰的人質。柯迪遭控八項罪名，均表認罪，二〇二二年初被判在美終身監禁。艾席克則被判定共謀殺人與共謀綁架，預計二〇二二年八月宣告其刑。「披頭四」的暴行成為伊斯蘭國殘暴的明證，三名逃離英國加入恐怖組織的東倫敦女學童，則引發輿論對女性在聖戰中角色的爭辯。其中兩名學童據信在敘利亞遇害，第三名學童貝古姆則在二〇一九年被人發現棲身難民營。基於國安考量，她被褫奪英國公民權。她的案例後續也讓五眼聯盟各國重新檢討在敘利亞、伊拉克參戰後欲返回母國的西方戰士，以及所謂聖戰新娘的公民權問題。

反恐專家一致認為，伊斯蘭國催生的暴力意識形態將持續荼毒數代人民。但恐怖組織所謂的哈里發國，也已遭到摧毀，減輕危害，也突顯在缺少傳統軍事行動的情況下，情報合作很重要。儘管美國是五眼聯盟國家當中與伊斯蘭國作戰的主力，從整體收穫來看，卻是聯盟集體獲勝，讓民意大幅轉向支持情報任務。這場勝利對近二十年來因伊拉克戰爭情報失利遭到民意撻伐的五眼聯盟情報機關而言，來得正是時候。不過，距離扭轉形象仍有一段路要走，因為又有某個從美國訊號情報界內部舉發的醜聞，令他們蒙羞，即大規模監視本國公民。

第13章
史諾登事件

伊安・羅班（Iain Lobban）爵士擔任政府通訊總部部長五年以來，已經習慣在深夜接聽工作相關的電話，內容涉及政府通訊總部在全球不同時區執行的任務。但是當他的家中電話在二〇一三年六月六日凌晨兩點響起時，他深知此時來電，必有急事。局內同仁來電告知，美國國安局關切自己的機密監視計畫即將被英國《衛報》披露。由於報導刊登在即，國安局希望透過示警，請政府通訊總部協助阻止刊登。儘管雙方自從前身是布萊切利園與阿靈頓廳的二戰初期便緊密合作至今，這項請求不甚尋常。雙方單位關係能夠更緊密的另一個原因，則和羅班與美國素有淵源有關，他在一九九〇代初期曾在美國國安局所在的馬里蘭州，擔任政府通訊總部駐美聯絡員三年餘，留下美好回憶。二〇〇八年接掌該部後，羅班深知身為部長責任重大，不僅必須保護國家不被敵人侵略，也要促進英美兩國的特殊關係。然而，要他為美國國安局出面叫報社不要刊登報導，恐怕有些過分，美國國安局的公關問題不是他的單位該處理的事，也不是他的職責。當了一輩子的情報員，低調二字不僅是情報行動所必需，也是他賴以生存的本事。認識他的人都曉得，面對媒體，他很難感到自在。但他也支持新聞自由，甚至支持基於新聞自由原則去披露不安的真相。

在家接獲來電後幾小時，羅班醒來看見美國國安局登上《衛報》頭條，內容是關於聯邦調查局為自己單位與美國國安局向法院申請密令，國安局再基於密令獲取成千上萬美國人的通聯紀錄。法院下達密令，要求美國最大電信公司之一的威訊（Verizon）配合，「每日持續」提供相關資訊給這兩個情報單位，且不允許電信公司向大眾或未經核可的人士透露有這種請求或法院密令。密令由外國情報監視法院（Foreign Intelligence Surveillance Court, FISC）下達，該院有權對美國境內外國間諜或恐怖份子核發電子監視令。根據密令，美國國安局得以不論對象是否犯罪，無差別地大批收集發話方與受話方的電話號碼。雖然聯邦調查局和國安局沒有權限取得通話方的通話內容，卻可以追蹤「通話地點、通話長度、獨特識別碼，以及通話時間」。這項國內監視計畫儘管沒有違法之虞，人權團體卻認為是監視氾濫。

英國情報官員認為，威訊不在英國營運，《衛報》這則報導是上錯頭版。英國民眾當時也不太了解外國情報監視法院在一九七八年成立的淵源，是中情局、聯邦調查局與美國國安局三個單位曾經濫權，才會成立用來制衡各單位的電子監視活動。外界有所不知的是，這只是《衛報》一連串獨家新聞的開端。在專攻美國憲法與公民權的美籍記者暨律師葛倫・葛林華德（Glenn Greenwald）主導下，《衛報》將抖出各國，尤其是五眼聯盟國家，違反人民隱私與人權的行徑，從而引發歷史性爭論。

正當美國國安局高層仍在研判威訊的消息是如何走漏，《衛報》與《華盛頓郵報》隔天又齊力披露美國一項名為「稜鏡」（Prism）的極機密計畫，指出英國政府通訊總部也有限度地參與這項計畫。據稱，稜鏡計畫讓美國情報單位得以暗中存取臉書、蘋果、谷歌及微軟等九家科技公司的伺服器，監視數百萬人的網路通訊，藉此取得電子郵件、相片、聊天紀錄與社群網絡等資訊。該計畫與其他計畫不同之處在於，美國不會自發性和英國政府通訊總部分享情報。政府通訊總部若想從稜鏡計畫取得情報，必須先和美國國安局、聯邦調查局與中情局協商，再申請美國法律授權。英國某情報官員指出：「他們只讓我們有限度參與稜鏡計畫，整個過程受到嚴密規範。」儘管政府通訊總部早在三年前，即二〇一〇年便曾參與稜鏡計畫，但沒有跡象顯示此時仍在參與。政府通訊總部堅稱自己沒有違法，相關行為均「符合嚴格法律與政策框架，以確保行為經過授權，實屬必要且符合比例原則」。

威訊的新聞對政府通訊總部高層來說不痛不癢，倒是政府通訊總部被暗指參與稜鏡計畫，卻讓高層不知所措，不明白媒體是如何取得如此機密資訊。一名當時密切參與媒體披露事件調查的政府通訊總部高階官員表示：「看到新聞報導，我們心裡在想：『消息來源是誰？』，因為有些資訊很具體。」「平常我們就有在注意某些員工，覺得他們可能受到委屈，或是財務狀況不好。我們擔心也許是其中一個人幹的，這個人也有可能是洩密團體的一份子。」政府通訊總部忙著處理媒體風波的同時，部長深怕若是英國情報人員洩密，恐怕會衝擊英美兩國關係，畢竟英國情報界不是第一天有內奸，例如冷戰時期的劍橋五人幫，乃至十年前美國國安局在伊拉克戰爭前夕以電子郵件致函政府通訊總部，要求政府通訊總部監視立場搖擺國，卻遭吹哨者岡恩洩密給媒體。

為了確認是誰洩密給《衛報》，齊斯・艾萊桑達（Keith Alexander）陸軍上將對國安局員工展開清查，以揪出內奸。羅班也對自己的政府通訊總部展開「安全漏洞調查」。事後羅班回憶指出：「我詢問部內維安部門是否有誰曾經引起他們的注意。」「我們必須知道誰特別有疑慮，但作法比較是像『想辦法確認這個人會是誰』，而不是『封鎖整棟大樓，過濾每個人』。」羅班和艾萊桑達上將雖然保持密切聯繫，但當稜鏡新聞在六月七日見報時，只有其中一人掌握誰是洩密者，此人卻三緘其口。

羅班也意識到，當年是《英美協定》的前身《不列顛美國協定》簽署七十週年，《不列顛美國協定》不僅奠定兩國情報單位合作，更促使日後成立五眼聯盟。羅班坦言憂心一旦失信於美國，美國政府會終止和英國政府相關合作：「我擔心若是我方人員洩密，我會變成斷送《英美協定》的罪人部長。」稜鏡計畫遭到披露，不僅嚇壞英美情報界，對於正要和新上任的中國國家主席習近平在加州陽光莊園峰會會面的美國總統巴拉克・歐巴馬（Barack Obama）而言，也是一大失策，因為原訂兩天峰會除了要談氣候變遷及改善雙邊兩大經濟體貿易關係，美方還想就中國駭客攻擊美國企業一事，向中方攤牌。如今稜鏡新聞令美國政府進退失據，因為美方情報單位顯然也熱衷從事網路情報活動。歐巴馬攤牌不成，只好就網路安全泛泛而談。

針對媒體披露的兩項監視計畫，歐巴馬均提出辯護，表示計畫有經過國會同意，也有落實「各種防範措施」。他表示：「大家應該建立重要觀念，不可能做到百分之百安全，同時又保持百分之百隱私，以及沒有一絲不便。」「在看待這些計畫的時候，必須知道它們確實讓我們變得更有能力去預判及預防恐怖活動。」但歐巴馬再怎麼安撫，不滿隱私遭受侵犯的百姓怒氣不減反增。就在歐巴馬和中國領導人在峰會會面的週末，洩密者的身分總算真相大白。六月九日，在國安局承包商任職的愛德華・史諾登（Edward Snowden）自香港發布視訊，昭告天下他就是洩密者。在過幾天他就滿三十歲，三週前他向任職的顧問公司、即讓他得以接觸國安局業務的承包商博思艾倫漢密爾頓（Booz Allen Hamilton）公司請假，前往英國前殖民地。有人在視訊上問他為何要成為吹哨者，他說：「國安局能夠透過建置基礎設施，截收包山包海的內容，而且是無差別地自動網羅人們絕大部分通訊內容。假設我想讀取你的電子郵件……我只要截收就行。你的電子郵件、密碼、通聯紀錄和刷卡紀錄，我都拿得到。我不想生活在從事這種勾當的地方……不想生活在我的一言一行都被記錄起來的地方。我不支持這種行為，也不想在這樣的地方生活。」史諾登旋即成為人權與公民自由團體眼中的英雄，卻被執法單位與情報界視為叛徒。

這番自白已在美國國安局的意料之中，該局早在幾天前掌握其身分，只是沒有通知英國政府通訊總部，使得政府通訊總部仍傻傻地調查誰是洩密者，深怕是自己人搞鬼。英國情報界資深內部消息人士指出：「換作你是美國，你就是老大，想什麼時候通知五眼聯盟，由你決定。」又說：「這件事就是在尖銳地提醒你，別忘記你有多重要，或者你有多不重要。今天若是政府通訊總部洩密，我們一定會想辦法安撫美國，但如果是美國……美國才不理你。」另一名曾經密切參與政府通訊總部調查的英國情報官員也說：「很快你就會發現，美國不會對你負責。」

六月十三日，就在史諾登要被美方以披露國家機密違反《間諜法》（Espionage Act）等諸多罪嫌為由，在當事人缺席下提起公訴之際，史諾登公開接受《南華早報》（*South China Morning Post*）採訪，聲稱美國多年來一直在攻擊香港及中國企業、大學與公家單位的電腦。史諾登向該報表示：「我們會駭入骨幹網路，它基本上就像是大型路由器，如此即可在不駭入每一台電腦的情況下，取得成千上萬台電腦的通訊內容。」他表示披露這些事情的原因，是為了拆穿美國虛偽的面目，因為美國聲稱沒有攻擊民用基礎設施。「美國不只有這麼做，還很怕外界知道，因此用盡外交手段等各種方法，去避免外界得知。」從他的這番自白，外界總算相信他是獨自一人對抗美國情報單位與五眼聯盟。儘管美國政府請求港方將其拘捕以利引渡返美受審，他仍然持續向全球媒體披露文件檔案。

為研判史諾登在為國安局服務期間下載多少資料，五眼聯盟會定期交換意見。他手上擁有多少竊取的資料？十幾件？數千件？還是十幾萬件？五眼聯盟訊號情報單位所交換的電話通訊、電子郵件與衛星訊息等情資，多半存放在共享網路空間，以利處理分析及分送，讓各個訊號情報單位的作業也更有效率，並可通力合作。史諾登披露指出，XKeyscore 就是國安局和五眼聯盟其他單位共同作業的其中一個系統，它猶如巨大資料庫，內含數百萬人的網頁瀏覽紀錄、電子郵件與網路通訊詳情。分析專家可以在資料庫上搜尋特定對象的網路協定（IP）位址、姓名及電話號碼，還能「即時」截獲得知他們在網路上搜尋什麼，上過哪些網站。

英國、澳洲、加拿大及紐西蘭的訊號情報界於是展開「損害控管評估」，確認之前直接提供給美國國安局或者經由五眼聯盟共享網路空間間接提供的機密情報，被史諾登掌握的數量究竟有多少。一名英國官員表示：「我們詢問美方這件事，他們說：『沒辦法那麼快知道』。」披露的數量恐怕永遠無法掌握，但史諾登總共下載並竊取機密文件大約一百五十萬件。美國眾議院常設情報專門委員會在調查洩密案時指出：「這些機密文件若全部印出來疊在一起，會厚達三英里。」失竊的文件計有美國國安局檔案十六萬件、美國國防情報局檔案近一百萬件、澳洲情報單位檔案逾一萬五千件，以及英國政府通訊總部檔案約六萬件。連傳統上屬於五眼聯盟次級夥伴、較不受全球檢視的紐西蘭及加拿大，也沒被史諾登放過。紐西蘭的訊號情報部門遭指控刺探盟友的情報，並將截獲的情報大批分享給美國國安局。紐國的政府通訊安全局利用設置在威靈頓南方的懷禾白衛星站，截收亞太地區如斐濟、巴布亞紐幾內亞及東加等國政府與貿易夥伴的資訊，再透過共享資料庫 XKeyscore 傳給美國國安局。

加拿大也在刺探盟友情報。洩密檔案顯示，加拿大的訊號情報單位通訊安全局曾為美國國安局刺探「約二十個重要國家」的情報，惟檔案未說明是刺探哪些國家。另一份史諾登披露的檔案則顯示，加拿大政府曾在二〇一〇年允許美國國安局在渥太華的美國駐加拿大大使館成立指揮所，用以刺探二十大工業國峰會（G20 summit）情報。當時參加峰會的領導人來自世界各地，齊聚討論經濟與金融穩健議題。這也呼應先前《衛報》的報導內容，政府通訊總部遭指控在二〇〇九年倫敦的二十大工業國峰會刺探與會的外交人員，包括南非與土耳其代表團。史諾登的爆料不斷佔據全球新聞版面，一部分原因是對生活離不開手機、電子郵件等電子通訊的上億百姓而言，這些事情能夠感同身受，他們也頓時不禁納悶，自己是否成為刺探的對象。吹哨者史諾登讓原本外界以為僅限於國家對國家的網路情報活動，成為一般大眾感興趣的議題。不愧是醞釀多年的高招。

二〇〇三年美國發動伊拉克戰爭，當時史諾登不像成千上萬的年輕人反戰，反而認同小布希政府宣稱「解放伊拉克行動」（Operation Iraq Freedom）的目的，是保護美國國家安全不受所謂的「邪惡軸心國家」（Axis of Evil）威脅——邪惡軸心是指伊拉克、伊朗及北韓等恐怖主義資助國。美國主導入侵行動的當時，他十九歲，兩年前的九一一攻擊事件讓他滿腔愛國熱血，遂於二〇〇四年自願入伍陸軍，卻在受訓期間意外跌斷雙腿，軍旅生涯戛然而止，無法一償解放伊拉克人的夙願。其實，早在史諾登看到同袍將心思放在殺戮阿拉伯人而非協助伊拉克人擺脫壓迫時，他就已經對伊拉克戰爭的真正目的感到存疑，但他仍堅信要比照雙親與其他家族成員從事聯邦政府公職的作法，透過其他方式為國奉獻。高中肄業直到短暫服役的這段期間，他成為有牌照認證的系統工程師。由於擅長電腦，二〇〇五年他成為中情局承包商的員工，隔年變成正式員工，被派往瑞士日內瓦協助派駐歐洲各地的中情局官員防堵網路安全弱點、攻擊與威脅。史諾登外派瑞士三年期間，看不慣某些同事自以為做事可以不被課責，甚至視法律如無物。

史諾登在二〇〇九年底即將結束外派工作之際，曾經動念舉發，卻擔心洩露中情局機密會導致臥底人員與情報員的身分曝光，危害他們的性命。他覺得更好的作法，是披露濫用科技的監視計畫，於是辭去中情局的工作，改去承攬同樣為美國政府做事的戴爾公司（Dell Corporation）的電腦方面業務。史諾登在戴爾以及日後的承包商博思艾倫漢密爾頓工作期間，接觸到五眼聯盟情報極機密檔案，據稱可以看出政府情報單位監視一般大眾的幅度廣泛，甚至沒有止盡。他在二〇一三年五月向公司請假前往香港前夕，找上美籍記者葛林華德和紀錄片導演羅拉・白翠絲（Laura Poitras），打算將他認定屬於侵犯隱私的檔案文件與監視手法公諸於世。史諾登至今未曾說明他是使用什麼方法取得國安局機密檔案，據信是使用一種叫做「網路爬蟲」的軟體，去根據關鍵字抓取並下載檔案。

史諾登自白後，儘管美國情報單位不清楚他偷取多少檔案，仍試圖淡化這起國安局遭滲透事件，聲稱他只是系統管理員，無法接觸太多極機密檔案。實情並非如此，更顯示他們並未重視二十年前國安局內部研究的結論，報告提到必須留心「自家人威脅」，即心有不甘或被敵方吸收的系統管理員。一九九一年九月、現已解密的國安局研究報告提到：「幾乎所有政府部門或組織的機密資訊，系統管理員都可以讀取、複製、移動、變更與銷毀。」另外指出：「如今系統管理員可以取得完整報告的副本，甚至報告草稿、非正式電子郵件內容、電子日曆上的約會清單，以及各式各樣資料，均可取得。」研究也提到，這個年代的系統管理員，角色如同二戰與冷戰期間的密碼專家。「如同當年外國情報單位無法破譯美國密碼，因而改為鎖定掌控金鑰的人，如今隨著網路安全更加強化，管控電腦的人也會成為被鎖定的對象。」到頭來，美國國安局最大的威脅不是外國情報單位，而是想突顯自身立場的自家人。

繼美國國安局遭披露在暗中監視威訊客戶，以及該局和英國情報單位透過稜鏡計畫存取大型科技公司伺服器後，二〇一三年六月二十一日又出現一則殺傷力不小的洩密內容，直指英國政府通訊總部發展代號名為「時代」（Tempora）的計畫，「由光纖電纜擷取儲存大量資料達三十天，以利過濾分析」。這讓羅班爵士和部內團隊同仁再度吃驚。披露消息的《衛報》指出，時代計畫已實施十八個月，也已處理「大量通訊內容，涵蓋無辜百姓與鎖定的嫌犯」，截收的通話內容、電子郵件內容和臉書貼文內容，均分享給美國國安局。「檔案顯示，截至去年，政府通訊總部每日處理多達六億則『電話事件』（telephone events），監視逾兩百條光纖電纜，且可同時處理至少四十六條光纖電纜的傳輸資料。」

報導提到，政府通訊總部雖然沒有違法，但時代計畫大量搜刮資料的作法，卻是遊走在當今法律邊緣。不知是刻意還是巧合，時代計畫被披露的當天是史諾登的三十歲生日，美國也在同一天宣布以間諜罪起訴他。四十八小時後，史諾登離開香港前往莫斯科，滯留當地至今。雖然未曾有證據顯示他提供機密檔案換取俄國庇護，但這個問題始終在五眼聯盟心中揮之不去。即使如此，聯盟當中四個國家無能為力，因為無法要求美國為史諾登的行為負起責任。

二〇一三年夏天，五眼聯盟各國情報官員齊聚澳洲商討史諾登洩密案。美國國安局、英國政府通訊總部及澳洲訊號情報局（Australian Signals Directorate）等所有訊號情報單位的高層代表均到場，英國官員卻發現只有他們自己單槍匹馬質疑美方維安不當，造成美方自己的機密與聯盟的機密外洩。一名英國安全部門官員透露，負責監督英國情報單位的國會轄下組織情報與安全委員會（Intelligence and Security Committee）在會議召開前，曾要求政府通訊總部官員解釋「到底怎麼會洩密」，「委員會要求政府通訊總部保證以後不會再犯」。

很顯然，美國的保密能力出了問題。美國面臨的問題之一，在於國內擁有高階維安許可、能夠接觸極機敏政府檔案的人數大約一百五十萬，其中三分之一是史諾登這種承攬人員。這麼多外人能夠接觸無窮國家機密且不受限制，難怪很難克服保密弱點。

在史諾登事件期間擔任英國國安顧問的金姆・達洛克（Kim Darroch）爵士指出，「史諾登這種承攬人員竟然擁有這麼大的存取權限」，讓英國情報界「感到錯愕」。他說：「大家都認為，英國體制不會發生這種事，英國體制內的承攬人員沒有這麼大的權限，竊取不了這麼多東西。」

政府通訊總部消息來源指出，確認落實哪些措施防範內奸，成為英國情報界「燃眉之急」。一名參與這場會議的五眼聯盟官員說，澳洲代表非但沒有譴責美國國安局，反而回顧美澳雙方自從第一次世界大戰以來的合作關係，似乎急於向美國輸誠。該名官員表示：「澳洲人總愛裝作自己是美國的摯友。」紐西蘭也無意破壞和美國的關係，畢竟見識過白宮是如何因為一九八〇年代中旬的潛艦爭議事件被得罪，而局部禁止紐國取得美方情報二十多年。至於加拿大，因為是美國的鄰居且倚賴美方情報，也不敢得罪美國國安局。官員又說：「從這些反應可以看出，大家是敢怒不敢言。」「做錯事的人如果是美國，五眼聯盟其他成員國只能很有風度地裝作不介意。」

達洛克爵士是卡麥隆政府二〇一〇年增設國家安全顧問一職以來第二任顧問，負責就安全事務提供首相建言。他提到，為了史諾登洩密案「來回怪罪」美國情報單位沒有意義，因為「大家都心知肚明，美國是老大，老大已經道歉，也答應會加強把關」。又說：「我們從美國獲得的，比美國從我們這邊獲得的多，所以別再計較……。另一個重點是，我們的過去也不全然光采，特別是劍橋間諜幫那件事，一直卡在我們內心，因此難以過度指責美國維安出紕漏。」

澳洲安全情報局局長邁克．伯吉斯（Mike Burgess）表示，「局內和五眼聯盟其他單位的關係，沒有受到史諾登洩密影響」。「我們很清楚，如果為了史諾登事件不爽美國，說不定哪天就輪到我們遇到同樣狀況，但願不會發生。我們都會坦白告訴對方：『現在得跟你說個壞消息，你有哪些機密已經外洩，讓你去做風險評估。』史諾登這個案例不只影響美國情報能力，也影響澳洲等五眼聯盟的情報能力，即便如此，我們不會去苛責美國，因為人都會犯錯，過去就讓它過去……史諾登背叛所有人，但他沒有破壞大家的關係。雖然有些媒體稱他是英雄，是吹哨者，但我們知道他並不是。他是叛徒。」

美國國安局遲至史諾登洩密一年後，才公開表示他「也許不是」外國情報單位的間諜。新任國安局長羅傑斯海軍上將在二〇一四年表示：「他是間諜嗎？有可能。我覺得他是間諜嗎？不太覺得是。」五眼聯盟的訊號情報單位向來很自豪自己和人員情報單位有一個明顯區別。政府通訊總部內部知情人士指出：「當初之所以會協議成立五眼聯盟，就是要打造一個各個訊號情報單位可以通暢分享情報的平台。而『分享』就是重點。」「反觀人員情報單位不會分享，而是『交換』情報，這就是區別所在。五眼聯盟每個人員情報單位在合作時，比較像是在交易：想從對方得到什麼，對方也會期待你給他什麼。」九一一事件後，隨著中情局和美國國安局在行動合作上更加密切，分享的精神也跟著中斷。中情局不希望提供給國安局的情報自動被轉傳給其他五眼聯盟情報單位，於是愈來愈常在情報檔案上標註「NOFORN」，意即「非本國人不得參閱（not for release for foreign nationals）」，以免被廣泛流傳。知情人士說：「跟中情局共事以後，分享變得沒那麼理所當然。」「美國國安局有可能變得更為交易導向。」美國國安局的態度轉變，五眼聯盟的合作夥伴都看在眼裡。羅班一次在契特南（Cheltenham）政府通訊總部主辦公務活動，來訪的美國國安局官員表示堅定支持政府通訊總部，卻也不忘記強調，合作關係是很現實的。在場資深政府通訊總部官員透露：「他從西裝外套亮出一本美國護照，對著在場的政府通訊總部同仁說：『你們沒有這本護照，中情局同仁有』。」「這種『老大』姿態，有人解讀為：『你們很厲害，我們喜歡和你們合作，也喜歡你們不冰的啤酒和偉大文化。但你們不是我們一份子。』儘管如此，美國國安局官員還是強調美國國安局重視政府通訊總部的能力與影響力，以及政府通訊總部願意參與討論，挑戰觀點，甚至表達不認同。」

在場的這名政府通訊總部官員，後來也有參與澳洲那場史諾登洩密案五眼聯盟會議。據他回憶，政府通訊總部本來想斥責美國國安局，但不僅聯盟其他次要夥伴不支持，政府通訊總部自己也不敢過度冒險，因為手上有太多合作計畫的資金來自美國國安局。對補貼過程所知甚詳的一名官員指出：「政府通訊總部有從美國國安局獲得補貼，也有從五眼聯盟其他訊號情報單位獲得補貼，像是澳洲這種次要夥伴。」「有時連澳洲這種次要夥伴也會提供補貼，補貼的一定是互蒙其利的計畫，像是衛星這種情報收集利器。最主要的目的，就是強化五眼聯盟整體行動與能量。」

從二〇一三年夏天一系列史諾登洩密的文件可以發現，美國國安局自從二〇一〇年便至少向英國情報單位出資一億英鎊用於支應各種對雙方有利的計畫，其中一千七百二十萬英鎊用於政府通訊總部的訊號截收計畫，一千五百五十萬英鎊用於翻新英格蘭西南岸的布德

（Bude）監聽站，總支出一半則用於營運賽普勒斯監聽站。其中一份檔案還披露政府通訊總部亟欲和美國國安局維持堅定合作關係。這份內部文件指出：「美國才是我方重要的合作對象，我們必須確保雙方關係良好。目前雙邊關係穩固，卻不帶感情。政府通訊總部必須盡到自己的本分，並且讓他們看到我們有在盡本分。」一九年後，熟悉這份洩密文件的一名英國官方人士指出：「實際立場是誰在用的就誰出錢。確實，有些計畫是雙方共同出資，但把它說成是政府通訊總部靠美國國安局的資金在運作，是不對的。」

不過，美國國安局被披露是政府通訊總部金主的這件事，倒是引發外界（至少是社會大眾）質疑政府通訊總部會不會聽命於美國國安局。當時政府通訊總部、軍情五處和軍情六處三個英國情報單位的年度預算合計約十九億二千萬英鎊，比起美國國安局和中情局合計五百六十二億美元的年度預算，簡直是小巫見大巫。沒有一個五眼聯盟國家承受得起跟美國鬧翻。一九八〇年代中旬美國和紐西蘭交惡當時擔任副總理的傑佛利・帕默（Geoffrey Palmer）爵士曾經提到，身為五眼聯盟一份子，「不免會覺得需要拿出成績證明自己」。同樣道理，政府通訊總部既然最怕美國政府覺得夥伴關係不如以往，使得「英國失去情報及投資挹注」，自然也需要拿出成績證明自己，政府通訊總部內部文件如是說。

身為五眼聯盟一份子，在情報行動方面能夠取得的優勢，實在是多到難以退出聯盟。這些好處是其他國家長久以來巴不得掌握的，卻只能沾到皮毛。包括德國、法國、義大利、新加坡、日本、印度、以色列及阿拉伯聯合大公國在內的三十三個國家，均屬於美國的「乙級」

合作夥伴，只能從美國取得有限情報，特別是反恐及武裝衝突軍情相關。這些具備次級夥伴身分的國家，也可以透過五眼聯盟成員之間幾無止盡的合作關係，從中受惠。不過，政府通訊總部知情人士指出，這些「乙級」盟友有所不知的是，他們「也會被五眼聯盟國家刺探情報」，其政治領導人與官員會被監聽，數百萬人民的日常對話也會被大批截收。羅班爵士是如此為英國情報單位大批截收行為辯護：「再怎麼不喜歡，大批截收就是會伴隨收集日常通訊內容，接著基於政策棄之不用。」「將伴隨性質的收集說成是鎖定收集，完全不對。伴隨性質的收集就像是從乾草堆挑出針之後，就把乾草堆扔了。而那些針，就是生活在西方國家恐怖份子的聊天內容及中樞結構資訊。」

令美國與英國難堪的是，史諾登讓外界曉得美國國安局和英國政府通訊總部也在監視盟友，德國就是其中之一，安格拉．梅克爾（Angela Merkel）總理的手機更被五眼聯盟監聽。梅克爾得知自己和法國總統尼可拉．薩科吉（Nicola Sarkozy）及聯合國祕書長潘基文等人在內的各國領袖對話內容被監聽時，大發雷霆，要求美國總統歐巴馬解釋。白宮為了化解美德兩國緊張，不希望此事破壞雙邊關係，便字斟句酌地發布一項否認聲明，提到美國「目前沒有監聽梅克爾總理的對話，日後也不會監聽」，卻未提到是否曾經監聽。

德國《明鏡》（*Der Spiegel*）線上週刊曾經取得一份標示「極機密」、「僅供美澳加英紐等國參閱」字樣的洩密文件，從文件可以發現五眼聯盟鎖定監聽一百二十二個國家領袖的對話內容。週刊指出，「祕魯、索馬利亞、瓜地馬拉、哥倫比亞等國總統，乃至白俄羅斯總統亞歷山大・盧卡申科（Alexander Lukashenko）」，均遭鎖定監聽。消息一經披露，更強化英國國際發展國務大臣克萊兒・修特（Clare Short）十年前指控英國政府監聽聯合國祕書長科菲・安南（Kofi Annan）的說詞。當時她表示自己看過安南談話的「逐字稿」，暗指安南的辦公室遭到英國監聽。她說：「都有在做這些事，而且對安南的辦公室這麼做已經很久。」英國政府，尤其是政府通訊總部，對於修特的指控怒不可遏。同時，軍情六處也遭指控旗下有一群人員在紐約專門監視聯合國。一名曾在英國政府任職的官員向《星期日泰晤士報》透露：「他們專門幹這些事，到處監聽，而且監聽很久了。」

比起史諾登的洩密內容，修特在二〇〇四年揭發內幕形同杯水車薪，無法讓五眼聯盟各國監管單位有效監督這些監視者，要他們負責。早在二〇一三年六月史諾登洩密內容曝光的半年前，英國國會內部從事監督工作的情報安全委員會，為了讓情報機關首長行事更透明，曾經提議舉行電視直播聽證會，各個首長反應不一。軍情六處處長約翰・邵爾斯（John Sawers）爵士當過外交官，最有意願出席直播聽證會。軍情五處處長安德魯・帕克（Andrew Parker）四月才剛上任，加上他出身處內，職涯至今均低調行事，不甚贊成這項提議。政府通訊總部部長羅班也反對舉行電視直播聽證會，甚至擬妥反對函準備要在當年夏天遞交情報安全委員會。但當史諾登洩密案爆發後，羅班再怎麼不願意，也不得不同意，因為他深知已經失去遞交反對函的正當性，如果此時遞交，只會被視為是在回應這起監視風波，外界並不會相信他早在洩密案發生前幾個月就抱持這種立場。和羅班密切共事過的人透露，羅班儘管

「極不自在」，還是決定露面。

政府通訊總部在倫敦市中心的辦事處，位於首府少數最繁忙地鐵站的對面，卻很少情報界以外的人知道。這座紅磚建築的辦公處位於帕爾默街，外觀毫不起眼，看起來像是聖詹姆士地鐵站旁的廢棄附屬建物。相較之下，位在英格蘭西南方契特南的總部則是奧運體運館般的壯觀圓形建物，而且有清楚標示。若不是兩扇素面鋼製正門上頭設有許多監視器，倫敦據點幾乎難讓人多望一眼。這是當年政府通訊總部為加強冷戰情報作業，而在一九五三年徵用，除了離西敏區的政治首長近（西敏區是英國的政治中心），另外用意是方便和軍情五處與軍情六處聯合行動。這個「帕爾默街中心」，也是當年反擊蘇聯間諜、愛爾蘭共和軍及蓋達恐怖份子等國家安全威脅的所在地。任誰也想不到，這裡會成為政府通訊總部成立整整六十年後要反擊名譽威脅、而非國安威脅的地點。

二〇一三年十一月七日上午，部長羅班來到辦事處，就當天稍晚要在國會舉行聽證進行「沙盤推演」。他手持外帶咖啡進到自己的辦公室，反常地帶上門，接著移開桌上成堆的文件，騰出空間擺放約二十五張提示卡，卡片內容是他在前一晚思考的。羅班拿起筆，修改幾張卡片內容，調整思緒，隨後四名重要顧問入內，交給他一疊簡報文件，裡面提供部內過往監視行動的相關法律意見。羅班整個上午都在被顧問模擬提問，為上場做準備。和羅班密切共事過的情報官員透露：「伊安最擔心國會聽證變成羅馬競技場，衝著他個人和他一輩子效力的單位而來，因為從史諾登披露英國的相關內容來看，基本上都是在指責政府通訊總部、部內計畫與行動手段。」羅班和顧問花一整個上午琢磨說詞，以把握這次機會反擊，維護六千名同仁的形象及心血。他知道自己難逃攻訐，但想藉此機會強調他的部會從事的是合法監視活動，有取得外相在內的國務大臣層級官員許可。

當天下午，羅班和軍情五處處長帕克及軍情六處處長邵爾斯一起出席電視直播國會聽證會，他準備好要為史諾登洩密這五個月來被媒體鞭笞的政府通訊總部扳回一成。羅班表示，史諾登竊取並公布檔案的作法危害英國安全，阿富汗、中東和南亞等地的恐怖份子因此開始提防、不讓通訊遭到截收。他在聽證會上指出，恐怖份子「為避開他們認為不安全的通訊方法，甚至評估要改為其他通訊模式。」他堅稱政府通訊總部即使有收集大量手機與網路資料，絕對沒有大規模監視一般公民。在顧問的建議下，他更強調一個重點，那就是「保密不代表不好」。這句話不僅被各國媒體廣為引述，也概括羅班對於保密的看法，即保密是絕對必要的，如此情報單位才能在鎖定的對象沒有察覺的情況下，鑑別追蹤並評估其威脅程度。這是情報活動的根本。「對於工作性質必須保密的我們來講，說自己行事坦蕩蕩有些奇怪，不過所謂的保密，其實是有監督機制在控管，有相關保護措施可以為英國人民實踐監督機制。」

九十分鐘聽證會在國會情報安全委員會九人聽證小組面前進行的同時，政府通訊總部同仁則在俗稱「甜甜圈」的契特南的總部（因圓形建物得名），密切關注羅班的表現。部內消息人士指出：「甜甜圈裡有人到會議室看轉播，想看看部長是會講出有幫助的話，還是會自尋死路。」又說：「甚至不只一個人帶爆米花來看好戲。」部內同仁一致認為，老闆在所有人疲於應付被主流媒體及公民權利團體醜化之際，堅定捍衛他們的心血。羅班也滿意自己為部內仗義執言，卻不覺得值得慶祝，因此當另外兩個情報單位處長在聽證會結束後邀他喝一杯時，他婉拒邀約，直接回家。

情報安全委員會的聽證會讓英國三大情報單位首長顯得更有人味。在這之前，社會大眾幾乎不知其長相，何況是看到他們上電視。儘管如此，他們依舊無法扭轉史諾登的反監視敘事。史諾登在英國、五眼聯盟乃至世界各國的民眾心目中，是這場公關爭辯戰的贏家。他證明美國國安局與英國政府通訊總部的行為過當，不論行為是否合法或符合比例原則，均已引發監督是否妥當，以及行動手段是否妥適的質疑。

祕密公諸於世後，曾因中情局引渡刑求關達那摩在押嫌犯醜聞事件，而形象持續受損的五眼聯盟情報界，再次失去社會的信賴。史諾登首次披露祕密時隔近兩年後，美國參議院在二〇一五年六月通過《美國自由法》（USA Freedom Act），禁止美國國安局繼續對數以百萬美國人大量收集通聯紀錄。二〇二〇年九月，美國同級最大的聯邦第九巡迴上訴法院指出，電話後設資料（metadata）收集計畫有違憲之虞。隔年，歐洲人權法院判定政府通訊總部大批截收網路通訊的行為「基本上未違反人權法，惟因二〇一六年以前的監督體制有缺漏，故違反隱私權及言論自由權」，御用大律師大衛・安德遜（David Anderson）如是說。安德遜在史諾登事件發生時擔任英國恐怖主義立法獨立審查人，曾在二〇一五年及二〇一六年提出兩份報告，催生新法讓政府監視計畫更受到民主監督。歐洲人權法院判決指出：「為減少大批截收權的濫用，本院認為過程必須受制於『端到端保護措施』（end-to-end safeguards）。意即在國內層面，必須在過程中各階段針對所採取的手段，評估其必要性以及是否符合比例原則。大批截收的作法自始即須取得獨立單位許可，確定截收實施的對象與範圍。作法也須受到監督，以及事後獨立單位的回顧審查。」

史諾登洩密案順利讓外界曉得情報單位龐大的影響力，但情報單位真的有因此改變作法嗎？安德遜說：「史諾登的功勞在於讓社會大眾知道，有哪些先進監視手法利用五眼聯盟監視規範不嚴而得以實現。」「短期內，民眾信任確實會受到影響，民間企業也不太有意願和政府配合作業。但長遠來看，史諾登洩密案不會讓政府監視權有所退縮，而會以立法形式確保監視過程更透明、更受到監督，這也是獲得民眾信任的重要基礎。史諾登的偉業不在終結大批截收權，而是促進大批截收行為賴以維繫的民主同意機制。」

二〇二一年歐洲人權法院的這項判決，被外界賀為公民自由的勝利。不過五眼聯盟情報界在這之前，早已恢復自己在民眾心中的良好形象，原因之一得歸功於某個呼籲俄羅斯刺探競選對手的候選人參選美國總統。

第四部

非傳統戰場

第14章
澳洲介入

二〇一六年春天，眼見唐諾・川普跌破國內外人士眼鏡，持續受到美國選民青睞，澳洲駐英國最高階外交官亞歷山大・唐納（Alexander Downer）不禁好奇這位總統候選人如何看待美澳兩國傳統關係。唐納在倫敦擔任澳洲駐英國高級專員（high commissioner），雖然只負責維護澳洲與英國的外交關係，不負責維護和美國的外交關係，但畢竟前一份工作是澳洲外交部長，而且是澳洲史上任期最久的外長，對全球事務求知欲望極大，習性保留至今，使他對川普興趣濃厚。因此當他在五月初有機會被引薦認識川普團隊成員時，隨即答應，偕同澳洲高專署參事艾芮卡・湯姆生（Erika Thompson）前往拜會川普選舉團隊的外交事務顧問喬治・帕帕多布洛斯（George Papadopoulos）。

帕帕多布洛斯之前在倫敦擔任能源顧問，此時甫加入選舉團隊兩個月。他的外交政策資歷淺，川普卻對外聲稱他是「厲害傢伙」。究竟是指人格厲害，能力厲害，還是都厲害，沒人曉得。但光是和有望成為美國總統的人如此親近，已足以讓帕帕多布洛斯成為一號人物。帕帕多布洛斯猶如矽谷創業家，滿腔自信，膽敢仗勢權威對各國領導人擺姿態。他在二〇一六年五月四日接受《泰晤士報》採訪時，砲轟卡麥隆首相，因卡麥隆表示川普禁止穆斯林入境的提議「引發對立、愚蠢且錯誤」。帕帕多布洛斯忍不住訓誡：「卡麥隆首相對川普先生的批評最直言不諱，令人遺憾。」又說：「連中國總理和歐洲各國領導人均不口出惡言，卡麥隆先生大可不必當最直言不諱的反派。不要忘記，英美關係是北約政策乃至其他領域的根本基礎，他如果夠聰明，就對川普先生態度好一點。」

新聞見報幾天後，唐納與湯姆生來到西倫敦的肯辛頓餐酒館，和帕帕多布洛斯下班後喝酒。唐納提起《泰晤士報》這篇報導，順便告訴這位年輕顧問，當著媒體的面攻擊英國首相「不是打交道的好方法」。與其說唐納是在訓誡他，不如說是慈祥的長輩在給建議，畢竟唐納是地緣政治重量級人物，以前不論是和柯林頓民主黨政府，或是小布希共和黨政府培養外交關係，他都經營得有聲有色。帕帕多布洛斯即便自認遭受責罵，也不形於色，反而針對川普當選總統後的外交政策侃侃而談。聊天過程十分友好。唐納表示：「川普當選後的政策會是什麼，澳洲知道的其實不多。我們不曉得川普會贏，還是不會贏。」

會面一小時期間，帕帕多布洛斯滔滔不絕，但所說的事情幾乎不出他們預料，像是預測川普會贏得選戰，美國會支持北約，以及美國對中國的態度會更強硬。倒是一次不經意的坦白，引起唐納的注意。帕帕多布洛斯提到，據說俄國政府已經取得川普主要選舉對手民主黨籍希拉蕊．柯林頓（Hillary Clinton）相關資料，可能會匿名對外公布，以打擊她競選。唐納說：「雖然聽起來很糟糕，但當時我的想法是，也許這是假的。」然而，他的疑慮終究不敵好奇心，加上駐外使節均會依照慣例將地緣政治事務回報本國政府，於是寫了一份電報傳回澳洲，說明和帕帕多布洛斯的會面內容，當中也提到俄國對希拉蕊的企圖。事情本來到此為止。

同年春天，一件不相干的事情引起政府通訊總部的注意，顯示俄國有意介入美國大選。部內分析專家發現，俄國網路間諜試圖破壞民主黨國會競選委員會及民主黨全國委員會的網路。「原始情報」的程式經過分析專家分析，發現是有人寄了一封「魚叉式網路釣魚電子郵件」（spear phishing），讓收件人在不疑有他的情況下點選連結，駭客再據此竊取登入帳號與密碼等資訊。政府通訊總部將攻擊事件內部報告傳給最親密的美國夥伴，即美國國安局。部內高層深知俄國介入美國大選是政治敏感議題，但提供報告的動機無關政治，而是基於一貫的情報分享作業。

當時外界並不曉得，美國民主黨籍官員的資通訊網路，已經遭到俄羅斯聯邦軍隊總參謀部情報總局旗下駭客暗中滲透，被滲透者不乏希拉蕊最資深的顧問。民主黨國會競選委員會和民主黨全國委員會成員往返的電子郵件，遭駭客竊取者數以千計，內容涵蓋密碼與共和黨研究報告。駭客也以 X-Agent 惡意軟體攻擊網路，藉此監視遭殃者的打字內容，截收畫面，並且收集被感染的電腦內部其他資訊。

俄國政府向來以攪局國際政治聞名，冷戰時期曾在埃及、匈牙利與阿富汗等地扶持反西方國家的領導人。但對美國民主黨籍官員展開網路攻擊，則是俄國政府破壞行為一大突破。

俄國有意藉由能夠推諉卸責的網路攻擊，打擊西方國家政治秩序，但這只是俄國對西方國家長期進行網路戰的一環。早在二十年前，俄國已經發動過網路戰，只不過當時作戰目的比較傳統，野心也沒那麼大。老樣子，目的就是刺探情報。

一九九〇年代末，蘇聯瓦解後約第五年，俄羅斯採取和西方國家競爭的策略，已由大刺刺擁核，改為更低調的電腦駭客攻擊。俄國駭客在史上第一起重大網路間諜戰中，為竊取軍事、科技與科研成果等情資，鎖定攻擊美國、英國與加拿大的政府單位。面對這起意料之外的新興威脅，五眼聯盟毫無準備，直到網路被入侵三年後，美國聯邦調查局才猛然覺醒，於一九九九年展開代稱為「月光迷宮」（Moonlight Maze）的系列調查。追查發現，駭客鎖定攻擊「美國軍事、政府、商業與教育電腦系統」，如國防部與美國國家航空暨太空總署。二戰曼哈頓計畫發源地的洛斯阿拉莫斯國家實驗室（Los Alamos National Laboratory）——原子彈在此誕生——由於從事反制生物恐怖威脅等國安相關尖端研究，也是網路間諜鎖定的對象。多數網路攻擊均鎖定敏感但非機密的文件，例如軍事設施地圖與硬體設計圖。

月光迷宮調查展開後，聯邦調查局派遣情報人員前往莫斯科追查駭客源頭。一份一九九九年四月十五日、現已解密的聯邦調查局檔案顯示，英國蘇格蘭場等其他五眼聯盟執法單位，也曾協助聯邦調查局辦案。儘管如此，聯邦調查局始終無法確定網路駭客攻擊的幕後主使者是俄國政府——即便一切線索都指向它。負責督導國防部電腦系統安全作業的美國國防部副部長約翰．韓瑞（John Hamre），則於同年證實「當局認定某些先進攻擊來自俄國」，並表示調查團隊發現「能源部轄下核子武器實驗室等美軍研究與科技系統，曾遭到刺探攻擊」，網路竊行規模之大，前所未見。根據月光迷宮調查估計，若將失竊文件全部列印相疊，會厚達一千六百五十英尺（約五百〇三公尺），是華府華盛頓紀念碑的三倍高度。美國國安局、軍情五處、政府通訊總部與澳洲安全情報局等五眼聯盟情報單位，遂聯合成立網路工作小組以評估俄國網路威脅，熟知計畫內容的英國情報官員如此表示。

俄國政府直至世紀交替之際，由於在阿富汗吞敗仗、國內經濟崩盤，共產主義意識形態挫敗等因素，元氣仍未恢復。一九九〇年代初期鮑里斯．葉爾欽（Boris Yeltsin）主政期間的情報中樞也已癱瘓，使軍情五處、軍情六處與中情局等英美情報單位樂得「長驅直入」，接二連三接獲前蘇聯國安會幹員洩密，當中有人是為名利，有人是求錢財，有人則是出於理念要揭發蘇聯罪行。五眼聯盟最大一次情報勝利，是蘇聯國安會檔案管理員瓦希里．尼基迪奇．米卓金（Vasili Nikitich Mitrokhin）投誠。一九九二年三月，米卓金帶著他在蘇聯國安會任職二十八年來接觸到的檔案文件，企圖向里加的美國駐拉脫維亞大使館投誠，卻遭到中情局拒絕，理由是提供的檔案都是謄寫的，不是正本檔案。於是他轉往英國大使館碰運氣，最終和全家人被軍情六處迅速送往英國，獲得安全躲藏處，取得新身分。軍情六處在二戰期間曾經拒絕上門想當間諜的希特勒政權外交官柯爾布，使得柯爾布最後成為中情局臥底，這回算是將功贖罪。

米卓金引導軍情六處自其俄國鄉村屋宅庭院挖出謄寫檔案，總計一萬一千頁，後世稱為「米卓金檔案」，讓人從中一窺蘇聯國安會祕密行動史，例如間諜真實身分、曾經提供武器給巴勒斯坦民兵和愛爾蘭共和軍，以及一九六〇到七〇年代曾經策劃要在蘇美兩國開戰時攻擊美國某幾州的電力設備。另外，也提到蘇聯間諜曾在一九七〇到八〇年代滲透澳洲安全情報局。為此澳洲政府曾在一九九〇年代展開調查，以確認被滲透的程度，惟調查內容至今保密。據稱至少有四名澳洲安全情報局幹員是蘇聯的臥底，但為保全組織面子，最後低調讓他們離職。

英國沒有讓外界知道米卓金投誠，直到他後來以蘇聯國安會為主題，和人一起出書，事件才曝光。不出所料，俄國政府刻意淡化書上內容。這起事件雖然突顯俄國與西方持續缺乏互信，雙方的外交關係未受影響。甚至在弗拉迪米爾．普丁（Vladimir Putin）二〇〇〇年上任總統時，五眼聯盟一度認為俄國這個昔日強權的軍事威脅不再，情報能力也遭大幅削弱。普丁在冷戰時期當過十五年蘇聯國安會特務，並於蘇聯國安會更名聯邦安全局後出任局長，他向來對西方國家沒有好感。即使如此，他也曾在上任總統後的某次記者會提到，「只要俄國的立場像其他成員國那樣獲得公平尊重」，他不會排除加入北約。他表示：「俄羅斯是歐洲文化一環，我很難想像我國隔絕於歐洲，隔絕於人們常說的文明世界。」他更提過要促進俄國與英國情報交流，化解英國情報界不少人疑忌。二〇〇〇年底，普丁剛上任總統不久，他派聯邦安全局局長尼可萊·帕楚雪夫（Nikolai Patrushev）前往倫敦拜會軍情五處官員。隔年，美國遭遇九一一恐怖攻擊之後，五眼聯盟甚至有人樂觀認為，如今可以和俄國合作，戰勝伊斯蘭極端主義的共同威脅。二〇〇二年，俄羅斯也遭遇本土伊斯蘭威脅，莫斯科一座熱鬧劇院遭到車臣叛亂份子劫持，叛亂份子要求入侵車臣至今兩年的俄軍撤兵，他們才會釋放九百名人質。俄國維安部隊最後強行攻堅失敗，造成一百七十死，其中一百三十人為人質。

此時，澳洲情報單位已經停止反俄情報業務，改將重心放在伊斯蘭恐怖主義。英國軍情五處卻反對裁撤處內俄國組，希望保留一小群專家專注在反情報威脅，以防俄國政府某一天又展開敵對行動。事實證明，軍情五處的直覺是對的，因為俄國外交決策再度受到冷戰遺留的妄想牽制。面對二〇〇三年、二〇〇四年、二〇〇五年接續在喬治亞、烏克蘭與吉爾吉斯發生的「顏色革命」，普丁將矛頭指向中情局等西方情報機關，認為是它們挑起這些國家人民暴動，導致親俄威權政府垮台。

儘管普丁對西方情報機關與政治人物疑慮重重，俄國依舊和西方國家維持外交關係。二〇〇五年秋天，普丁赴倫敦會見英國首相布萊爾。兩人在唐寧街十號首相辦公室暨官邸會談後不久，克林姆林宮發布聲明，表示兩國領導人在會面期間就各個領域合作事宜展開磋商，其中包括「聯合反恐」。這是普丁多年後二度訪英，上一次是在二〇〇三年六月進行歷史性國是訪問，這也是一八七四年亞歷山大二世沙皇（Tsar Alexander II）以降首度有俄國領導人造訪英國。

二〇〇五年十月訪英期間，普丁聽取軍情五處處長曼寧漢布勒的彙報，當時曼寧漢布勒正在收拾倫敦炸彈案善後事宜。這起發生在三個月前的炸彈案，是一連串本土恐怖份子相互配合的自殺攻擊，造成五十二人無辜喪命，近八百人受傷。彙報是出於布萊爾的指示召開，地點安排在內閣辦公室的A簡報廳，這裡通常僅供緊急應變委員會在國難當頭開會使用。曼寧漢布勒回顧她與普丁會面情形，表示當時處內試圖和俄國情報單位維持友好工作關係。「我們是在倫敦恐怖攻擊發生的那一年秋天會面，當時真的是想做朋友。」倫敦不幸遇到這次慘痛事件，普丁卻不識相地批評軍情五處。曼寧漢布勒回憶：「他說：『情報人員的職責，就是要挺身站在恐怖份子和受害人之間。』意思是我們有愧於職守（某方面來說這是事實），但話從他口中說出來，實在很不友善。」

儘管如此，英俄兩國仍然持續合作反恐。二〇〇六年初，英國情報官員組隊前往莫斯科拜會俄國對外情報局（SVR），磋商阿富汗、伊朗及蓋達組織等事宜。雙邊會談重點在於研判情報，而非分享交換情報。期間，俄國對外情報局向已經介入阿富汗戰事五年的英國提出警告。參與此行的英國情報官員指出：「他們分享一九八〇年代在阿富汗作戰的經驗，直指我們不太可能擊敗塔利班。」「他們說：『就算你們以為已經趕走叛軍，他們還是會捲土重來，週而復始。』」俄國對外情報局可謂有先見之明，因為美國和盟友為了驅散民兵而作戰二十年，結果十五年後塔利班還是在二〇二一年重新掌權。

會談結束後，英國官員邀請東道主擇日回訪，時間預計落在同年底。但在俄國異議份子利特維南科遭到俄國殺害後，由於俄國不尊重英國主權，遂取消回訪邀請。利特維南科以前是聯邦安全局特務，後來帶著妻小逃到英國，在二〇〇〇年申請政治庇護。儘管擔心會被報復，他仍然公開批評聯邦安全局普遍貪污，和黑幫勾結，並指控一九九九年俄國境內炸彈案是聯邦安全局策劃的，好讓普丁政權有藉口對車臣出兵。由於利特維南科對聯邦安全局所知甚詳，獲軍情六處聘為顧問。二〇〇六年十一月，就在他和全家人歸化英國後幾週，兩名聯邦安全局殺手在他的茶中摻入無色且難以察覺的放射性物質釙－210，將之暗殺。普丁否認俄國涉案，但英國蘇格蘭場的反恐專家發現有確鑿證據顯示殺手與俄國政府有關係。曼寧漢布勒指出：「從他們會冒險在英國境內進行攻擊來看，可見已經在其他地方先行試驗這個手法，而且試驗成功，才會獲得許可去暗殺利特維南科。」利特維南科遭殺害後，英國除了全面終止兩國情報合作，也對這起事件展開公開調查，結果認定「有明確間接證據顯示，此事件俄國難辭其咎」，而且殺害異議份子的決定「可能獲得聯邦安全局局長帕楚雪夫先生以及普丁總統的首肯」。

利特維南科這起案件，美國聯邦調查局曾出力協助蘇格蘭場偵辦，邀請英國當局數人組隊造訪新墨西哥州洛斯阿拉莫斯實驗室。驗屍時從利特維南科身上發現放射性物質的英國原子武器機構（Atomic Weapon's Establishment），亦派一人同行。美方向英國代表團提出釙

—210相關見解，也提到鈽—210的源頭很可能是俄羅斯薩洛夫（Sarov）的核子研究中心，這個中心就是二戰期間史達林發展原子彈的地點。

就在五眼聯盟私下加強對俄事務合作之際，即將上任的軍情五處處長約拿森・艾凡斯（Jonathan Evans）在二〇〇七年十一月公開批評俄國政府對英國不友善，並示警「有俄國祕密情報人員透過俄國駐英大使館及相關組織，在英國境內暗中從事活動」。事實上，四十多年前軍情五處驅逐蘇聯駐英大使館一百〇五名蘇聯間諜之後，俄方已逐漸將約一百名祕密情報人員安插回去大使館。艾凡斯在對外演說中還提出警告，英國的各個敵人（頭號敵人是普丁政權）投入「相當多的時間精力在竊取我方軍用與民用機敏技術，並試圖取得政治經濟情報，損害我方利益」。當時軍情五處與其他五眼聯盟情報單位卻不曉得，在同一年的夏天，也就是艾凡斯演說前四個月，有一名有權接觸國內機敏情報的加拿大海軍分析專家，已經走進渥太華的俄國駐加拿大大使館，提議為他們刺探情報。此人名為傑福瑞・保羅・德利斯里（Jeffrey Paul Delisle），俄國軍情單位情報總局聽聞提議樂不可支，旋即在當年七月吸收他成為間諜。德利斯里掛階中尉，有取得高級安全許可，可以接觸加拿大安情局和五眼聯盟其他情報機關各式各樣機密。加拿大政府後來發現，德利斯里「能夠深入接觸所有夥伴國的源頭情報……澳洲、加拿大、英國和美國均包括在內」。

德利斯里為俄國刺探情報三年後，五眼聯盟在另一個案子有所斬獲。軍情五處聯手中情局、聯邦調查局與加拿大情報人員破獲俄國在美臥底的間諜集團。十名俄國間諜在紐約法院認罪，承認「共謀擔任未經登記的外國情報人員」，其中包括二十八歲俄國間諜安娜·查普曼（Anna Chapman），又名為安雅·古申科（Anya Kushchenko）。查普曼嫁給英國人後取得英國籍，在二〇〇四年至二〇〇六年定居倫敦期間，曾效力於俄國對外情報局。另外兩名認罪的間諜則是安德烈·貝祖陸科夫（Andrew Bezrukov）及愛蓮娜·瓦維洛娃（Elena Vavilova）夫妻檔，他們自一九九〇年代初期即在加拿大臥底，以經營尿布外送為幌子，天衣無縫到連親生兒子都不曉得父母是對外情報局的情報人員。這起五眼聯盟對俄聯合行動的結局，最後比照冷戰時期換囚作法，俄方外交部宣布「美方遣返十名在美遭起訴的俄國公民，俄方遣返四名在俄國服刑人士」。獲得俄國釋放的其中一人，是曾任俄國情報總局的軍情人員謝爾蓋·斯克里帕爾（Sergei Skripal），坐牢原因是當軍情六處的雙面間諜。

俄國間諜集團在美活動曝光，儘管難堪，俄國卻未鬆手對西方國家的敵意行動。從加拿大吸收的王牌間諜德利斯里，要到兩年後的二〇一二年冬天才落網。逮捕之所以會延宕，是因為加拿大安情局沒有根據美國聯邦調查局在二〇一一年的密報即時採取行動。安情局當時顧慮如果德利斯里遭到起訴，法院公開審理會讓國家機密曝光，遂不採取行動。深感氣餒的時任聯邦調查局局長羅伯特·穆勒三世（Robert S. Mueller III）便改通報加拿大皇家騎警，後者總算在二〇一二年一月十三日逮捕德利斯里。德利斯里這四年半來收受十一萬加幣酬勞，交付俄國的機密不計其數，他不僅認罪，也供認不只鎖定「加拿大機密」。他說：「有美國機密、英國機密、澳洲機密——有大家的機密。」最後獲判二十年有期徒刑。他曾為自己的行為找理由，向警方聲稱「我們刺探所有人，反正大家都在刺探」。他表示自己竊取的資訊，大部分都是來自電子監聽，不是人員情報。「我們的機器裡頭看不到情報員名單……就只是訊號情報。」時任中情局局長裴卓斯上將指出，俄國情報總局吸收德利斯里是冷戰結束以來五眼聯盟遭遇俄方最嚴重的一次滲透。「當時這件事鬧得很大，我記憶猶新。這是很嚴重的滲透。」但他也說，儘管發生侵害，美國與加拿大的情報關係不受影響，因為加拿大人「很優秀」，「好夥伴不需我們責罵，他們也會自責。」

時任加拿大安情局局長理查・費登（Richard Fadden）想起當時五眼聯盟所有夥伴國都關切德利斯里這個案子，希望加拿大政府說明。侵害事件讓某些情報長官極為生氣，卻莫可奈何。他指出：「每個五眼聯盟國家都向我們表達關切，這是理所當然。但我們也挑明了說，大家都遇過侵害事件，就算再不開心，也得接受事實。我們很快通報盟友這件事，也展開損害評估，並將評估結果廣為告知。在我看來，盟友都很滿意我們的危機處理。如同我所強調的，你會不會被人家重視，端看你處理危機的方式。」

即使俄國兩年內二度被發現在五眼聯盟境內刺探情報，外交侵略圖謀依舊。謀害利特維南科十年後，俄國政府依舊藐視民族國家主權，先是在二〇一四年兼併烏克蘭的克里米亞地區，兩年後復以網軍攻擊美國總統大選。二〇一六年夏天，外界已經得知俄國網路間諜駭入民主黨國會競選委員會及民主黨全國委員會的電腦網路，竊取上千封電子郵件內容，並由一名綽號為「Guccifer 2.0」的駭客，策略性發布於維基解密等各個網路平台。後來證實，這個所謂來自羅馬尼亞的駭客，就是聯邦調查局所懷疑的俄國情報總局的幌子。普丁政府否認自己與這起駭客攻擊有關係，對此五眼聯盟情報單位並不意外。真正讓他們震驚的是，川普被共和黨正式提名為總統候選人的八天後，他竟然公開呼籲俄羅斯駭入民主黨籍對手希拉蕊的電子郵件帳戶。

二〇一六年七月二十七日，川普在佛州多拉爾一場記者會上宣告：「俄羅斯，如果你們有聽到的話，我希望你們把那三萬封不見的電子郵件找出來，我們的媒體會很有誠意報答你們。」他指的是希拉蕊在歐巴馬政府時期國務卿任內的電子郵件。這些電子郵件之所以成為焦點，是因為聯邦調查局在調查二〇一二年那起連同駐北非國家大使在內，有四名美國人死亡的美國駐利比亞班加西（Benghazi）外館處遭恐怖攻擊事件時，發現有三萬三千封電子郵件，因希拉蕊的團隊認定屬於無關工作的「私人」信件而被刪除。聯邦調查局局長詹姆斯・柯米（James Comey）指出，經過局內調查，查無「不良企圖與妨害司法的意圖」。但川普一心想要拿往事打擊民主黨籍對手，不甩調查結論。就在他呼籲俄羅斯找出電子郵件的當天（川普日後聲稱這只是玩笑話），俄國政府駭客暗中對希拉蕊私人助理的電子郵件帳戶展開攻擊。同一天，澳洲駐英國高級專員唐納也因為得知川普這番談話，而找上在倫敦的美國駐英國大使館，打算透露他和川普選戰顧問帕帕多布洛斯兩個月前會面的詳情。

七月二十八日，美國大使休假，由職務代理人伊莉莎白・狄波（Elizabeth Dibble）聽取唐納說明和帕帕多布洛斯會談內容。幾個小時後，相關內容便透過電子郵件傳給華府聯邦調查局少數幾人。其中一人是局內反情報處副處長彼得・史卓克（Peter Strzok），他隨即留意到唐納和帕帕多布洛斯會面的時間點是在二〇一六年的五月，這表示帕帕多布洛斯不只在外界知悉俄國意圖干預大選的一個月前，就已經知道此事，而且比聯邦調查局更早曉得。

唐納的通報涉及政治敏感，聯邦調查局不僅必須緊急處理，更要確保只能讓局內少數同仁知道，以免消息走漏。史卓克在局內有二十年資歷，辦案經驗老道，他負責調查川普選戰團隊與俄國政府的關係，深入探討俄國攪局。這次調查被他命名為「颶風交火」（Crossfire Hurricane），代稱取自滾石樂團〈跳躍的閃電傑克〉（Jumpin' Jack Flash）歌曲的開場：「我在颶風般交火中出生。」真有先見之明，因為日後此事將引發美國史上重大政治風暴。

唐納給美方的密報，祕密到連澳洲總理麥肯・滕博爾都不曉得這位高級專員已經通報美方使館，遑論要他同意拜會聯邦調查局。直到史卓克飛抵倫敦後，滕博爾才獲悉此事。放眼五眼聯盟，滕博爾是個獨特領導人，在政治操作上很精明，深知增進澳洲與美國傳統友誼很重要；但他也對情報事務明察秋毫，知道如果處理不慎，會導致反效果。滕博爾在一九八〇年代擔任律師期間，曾經讓英國政府無法如願阻撓澳洲出版一本披露軍情五處難堪內幕的書，內幕涉及前處長霍里斯號稱是蘇聯國安會的臥底——雖然此事從未獲得證實。這本《抓諜人》（*Spycatcher*）是曾經任職軍情五處的彼得・萊特（Peter Wright）的回憶錄，此書在英國已經遭禁，柴契爾政府也希望澳洲禁止出版，卻未能如願，最主要是敗給滕博爾在法院上的攻防。最後英國也解禁出版。換言之，滕博爾在處理敏感事務方面不是門外漢，他也不是不知道唐納提供美國的情報「很重要」，只不過質疑交付情報的方式。

高級專員的行徑令澳洲總理大為不滿，直指高級專員「行事未經授權」，相關情報應該要透過澳洲安全情報局轉交美方，而不是直接交付。滕博爾表示：「唐納五月回報澳洲政府和駐美大使館的相關情報，只該透過最嚴謹的情報管道傳給美方，而不是闖進倫敦的美國大使館，把如此政治敏感的消息當成政治八卦般脫口而出。這是最差勁的作法。」他更批評唐納做事魯莽。「其他大使要是像他這麼做，老早就捲鋪蓋。行為魯莽且自以為是，讓澳洲政府處境尷尬。」至於沒有辭退唐納的原因，滕博爾這麼說：「唐納是我的好朋友，也是外交部長茱莉・畢紹普（Julie Bishop）的好朋友。他還是澳洲史上做最久的外交部長，當過自由黨黨魁。所以發現他幹蠢事的時候，祕而不宣才是最佳作法。」

滕博爾表示，他是直到唐納回報澳洲政府自己即將被聯邦調查局找去問話，才聽說唐納原來有接觸美方。他說：「聯邦調查局的人到倫敦打算找他問話，我們才知道他和美方有接觸。這下子他總算有常識，懂得要告訴澳洲政府發生什麼事。當時的狀況我們很難叫他不要被聯邦調查局問話，我們能夠做的，就是小心確保他的證詞會被保密。但紙終究還是包不住火，《紐約時報》後來在二〇一七年十二月披露唐納在事件中的角色。」滕博爾指出，唐納的行為讓人質疑「我國外交人員紀律及專業」，也讓川普「沒有理由不認定」聯邦調查局針對俄國發動的調查「是澳洲政府引起的」。為維護澳洲與川普政府的關係，滕博爾只好介入。他說：「我們於是向對方解釋，說這是唐納個人行為，沒有獲得許可。」

川普對澳洲的印象，究竟有多大程度是受到唐納密報聯邦調查局的影響，很難斷定。二〇一七年一月，川普撕毀前任總統歐巴馬和滕博爾達成的外來移民協議，該協議旨在安置澳洲不想收留的逾一千二百名伊拉克與阿富汗政治庇護申請人。一月二十七日，川普在電話上向滕博爾表示，前一天跟俄國總統普丁通話比和他通話「愉快得多」。尤有甚者，川普團隊據說又將通話逐字稿洩露給媒體，企圖給澳洲總理難看，同時取悅川普的支持者，讓他們看見總統對庇護申請人立場強硬。結果造成反效果，反而暴露出川普個性是多麼暴躁，滕博爾則有政治家風範。美國也不得不接受對澳洲有利的這項協議。從這起事件可以看出，川普痛恨課責。他的情報團隊和五眼聯盟其他情報單位，同樣很快就會領教。

川普不僅藐視政治對手、媒體和與他世界觀不同的人，還討厭自己國家的情報機關與執法單位，特別是中情局和聯邦調查局。這些組織在他眼中均屬於「深層國家」（deep state）的一環，邪惡串通阻止他入主白宮。這位美國第四十五任總統說謊從不打草稿，遑論拿得出證據。總統就職前九天，他因為卷宗外洩事件，將美國情報單位喻為「納粹德國」。卷宗是由前軍情六處幹員克里斯多夫．史提爾（Christopher Steele）為川普政敵彙整的，其中也包括希拉蕊競選團隊——即所謂「史提爾卷宗」（Steele Dossier）。卷宗後來外洩給網路媒體Buzzfeed，二〇一七年一月十日見刊。卷宗裡頭有不少主張，但大部分都沒有實據。其中一項主張是川普與俄國政府有往來，且普丁政權握有對他不利的資訊，所以川普會被對方勒索。

早在史提爾坦言「卷宗內容不是百分百正確」之前，卸任在即的中情局局長約翰・布雷南（John Brennan）便批評川普將情報人員比喻為納粹份子。布雷南向福斯新聞台（Fox News）表示：「把情報體系和納粹德國劃上等號，實在可惡，我極度被冒犯。外界早就知道的事，川普先生卻要責怪是情報體系洩露的，實在很不合理。」幾天前的一月六日，國家情報總監辦公室（ODNI）公布俄國據稱干預總統大選一事的調查結果，讓川普更加痛恨美國情報單位。國家情報總監辦公室根據聯邦調查局、中情局及國安局提供的情報，表示「有相當信心認定」普丁「在二〇一六年指示對美國總統大選展開影響力作戰」，普丁並夥同俄國政府「企圖以抹黑國務卿希拉蕊、公然褒川貶希等方式，伺機增強總統當選人川普的當選勝算」。俄方目的為「打擊人民對美國民主程序的信賴，貶低國務卿希拉蕊，損其選舉勝算，不讓她擔任總統」。

川普對於評估結果徹底不以為然，反而鎖定國安高層官員，展開外界認為的異論者追殺。就任總統才三個月，他就將口中「貨真價實的瘋子」聯邦調查局局長柯米免職。如此輕蔑的語言，和他對待整個美國政府的口氣如出一轍，之前他曾詆毀中情局官員是「丑角」。起初川普還說，他開除聯邦調查局局長的原因，是和電子郵件從希拉蕊私人伺服器被刪除一事的辦案處置有關。此話聽在五眼聯盟官員耳裡，簡直沒道理，因為川普正是這場上千電郵消失引發的新聞風暴從中政治受益的人，他甚至曾在競選期間稱讚柯米追查希拉蕊。在英國、澳洲、加拿大與紐西蘭等國情報首長看來，川普開除柯米的理由只是障眼手段，實際上是為了拔去這個不想讓白宮插手他的單位繼續調查俄國干預大選的廉潔上司。川普阻撓聯邦調查局辦案，某種程度上如同當年尼克森總統企圖阻止該局調查水門大樓侵入事件。而且，一如尼克森當時要求中情局阻止聯邦調查局調查他的政府卻遭拒絕，川普炒柯米魷魚也適得其反。柯米卸任後一週的二〇一七年五月十七日，美國副司法部長任命聯邦調查局前局長穆勒三世出任特別檢察官，負責調查俄國政府是否有涉入川普參選總統。穆勒手下一員，即是從澳洲駐英高級專員唐納那裡得知俄國可能干預的聯邦調查局調查員史卓克。隨著調查展開，俄國再次出手攻擊，這次攻擊對象卻是英國。

二〇一八年三月四日，俄國政府派出兩名情報總局殺手暗殺斯克里帕爾。斯克里帕爾是情報總局前幹員，八年前英俄兩國交換間諜之後，遷居南英格蘭索爾茲伯里。他和女兒尤莉亞遭以神經毒劑諾維喬克（Novichok）攻擊但倖存，前往救援的一名警察卻因接觸毒劑而引起嚴重併發症，八英里外一名英國女性也因為偶然發現裝有諾維喬克的假香水瓶（據稱是殺手扔棄的）而隨後死亡。五眼聯盟各個英國的夥伴國，以及北約成員國等英國國際盟友，除了齊聲譴責普丁政權，也跟進英國驅逐俄國大使館的俄國間諜，一共驅逐俄國情報人員一百五十三人，其中英國驅逐二十三人，美國驅逐六十人，歐盟驅逐三十五人。澳洲驅逐兩名冒充外交人員的俄國人，加拿大也驅逐四名俄國間諜。這是一九七一年英國大腳行動以來規模最大的俄國間諜驅逐行動。

暗殺事發後，英國首相梅伊深知必須提出讓各國領袖信服的主張，他們才會跟進英國，對俄國祭出報復措施。她指出，她的主張是根據英國情報單位提出對殺手嫌犯不利的佐證，相關證據也有提供給五眼聯盟以外的國家參考。梅伊表示：「我想在這種事情上，總是無法有絕對信心認為，對方的答覆會如我們所願，我們只能去說服。兩國領袖通話不是唯一重點，重點還包括情報單位的成果，所以情報分享才會如此重要，可以有證據當作其他領袖決策時的參考依據。實現的過程是這樣的：我有和某幾個領導人談過，某些國家（歐盟國家）我甚至在歐盟理事會現場坐下來和他們談，是在那樣子層級的場合，而且是一次和幾個人談，不是個別談。」梅伊也提到，有能力分享情報，「加上坦白自己有哪些情報，以及為何我們認定主使者是俄國，都是讓別人覺得『對，我們不能坐視不管』的重要原因。再方面就是因為，使用化學武器實在惡劣至極。」

即便川普政府對待普丁政權的態度，令英國方面疑慮頗深，五眼聯盟所有情報單位均認為，索爾茲伯里暗殺事件後的驅逐行動算是成功抵禦俄國進犯。

梅伊也提到，她的政府不得不按照白宮「變化莫測」的處事風格進行調適。這位前首相表示：「我們學習跳脫以前習慣的美國做事方式，去按照他們更加變化莫測的處事風格，調整自己的作法。」又說：「美國環境更加變化莫測，不見得每個人都適得其所，加上情報界高階人事一再流動，這些都讓人感到更不穩定。」所謂人事流動，指的是川普政府國安顧問的更替，川普上任不到十五個月便換掉四個，其中一人還是職務代理人，創美國歷任總統首任任內新高。華府方面諸事難料，以致於英國和美國的傳統關係是否能夠維繫，被打上問號。本書作者曾問梅伊，針對白宮變化莫測風格去做調適，感覺如何。對此梅伊坦率指出：「最好是不要出現這種狀況需要我們去做調適。某方面來說，我們也不得不開始檢討雙方關係，雙方關係維持這麼久了，一直以來總是預設關係會保持良好。」

川普全然無視斯克里帕爾事件風波，包括事件所突顯俄國政府踐踏國際法與全球秩序。從他和普丁同場出席二〇一八年七月辦在芬蘭的會議，可見一斑。川普否認俄國操弄二〇一六年那場選舉，形同再次否定美國情報界的評估。川普向記者表示：「他們說覺得是俄國搞的。但我也問普丁總統，他說不是俄國搞的。我要說的是：我看不出來是俄國搞的……我對我國情報人員有信心，但也要現在讓你們知道，普丁總統的否認立場非常牢固且有說服力。」

川普所謂對自己情報單位「有信心」，充其量是誇飾之詞。如果他真的相信調查結果，早就在一年前相信他們一致通過的定論——俄國確實攪局二〇一六年那次選舉。川普公然表示自己相信普丁而非自己的情報團隊，形同同意俄國總統繼續干預選舉、暗殺別人。

加拿大情報評估統籌人馬汀．葛林（Martin Green）指出，川普不顧自己情報機關的利益，將情報政治化並且外洩的作風，「無人能望其項背」。又說，總統貶低自己的情報體系，甚至讓人納悶「五眼聯盟情報單位互相交換情報是否妥當，因為會擔心危害重要情報的蒐集、情報技術與分析成果。」儘管如此，聯盟仍然展現團結，認為「五眼聯盟若不在此刻凝聚，更待何時……團結即是力量」。葛林表示，儘管川普「肅清若干高階情報官員，換上經驗不足、能力也不夠格的死忠人馬」，美方情報機關「仍然繼續厚愛五眼聯盟，和各成員國分享情報分析成果」。「事實上，讓國內高層與客戶知道其他情報單位如何看待各種情況或事件，對大家都是好事，即便最終決策不見得和它有關係，但美國情報界可以拿聯盟其他成員的情報評估成果當作參考，告訴高層其他人是如何看待某件事。民選領導人可以隨心所欲運用情報，這是他們的特權。以川普來說，很明顯他在某些事情上並不理會情報分析，俄國干預二〇一六年美國選舉即是明例。」

梅伊認為，政治領導人在質疑情報的時候，「要先確認界線」。「領導人要非常謹慎，質疑情報單位不是不行，畢竟你想要盡可能篤定他們說的是對的，但你不能插手他們的情報行動。道理就跟和警方相處一樣……在行動上，他們是明確獨立。」

穆勒調查出爐後，三家俄國企業連同三十四人，包括十二名俄國間諜，遭到大陪審團刑事起訴，但川普對於調查結果仍不買帳。帕帕多布洛斯也在起訴名單之列，因為他對聯邦調查局撒謊，沒有如實交代得知俄方打算發布不利於希拉蕊的資料的時間點，後來認罪並入獄十四天。二〇一九年四月公布遮塗版本的穆勒調查報告裡面，雖未定調川普競選團隊曾和俄方串謀影響選舉，但穆勒日後指出，如果他的調查團隊「確信總統沒有犯罪，我們就會如此明說」。穆勒在調查期間（甚至早在調查尚未啟動之時），川普為削弱人民對情報體系的信心，不斷策動猛攻情報體系，除了指控國內情報部門為非作歹，更指控英國政府通訊總部在監視他，意圖踐踏英美兩國特殊關係。

第15章 特殊關係逢亂流

政府通訊總部高層賈倫・馬汀（Ciaran Martin）正在一場網路安全會議場邊與人私下談話。比起部內正在北英格蘭利物浦舉行的這場活動，有件更緊迫的事情需要他關注。他站在上司羅伯特・韓尼根面前，兩人遠離參與二〇一七英國網路安全會議（CyberUK 2017）的上百名民眾。從部長韓尼根的口氣，馬汀嗅到一絲急切。韓尼根向來以沈著著稱，如今有件事情令他憂心，那就是有人在福斯新聞台的節目上，指控政府通訊總部在二〇一六年美國總統大選競選期間，監聽川普的紐約住家。

提出指控的人，是曾經擔任州高級法院法官、時任福斯新聞台資深法律分析師的安德魯・拿波里塔諾（Andrew Napolitano）。他引述三個匿名情報消息來源指出，下達政府通訊總部監聽指示的人，是前一任總統歐巴馬。二〇一七年三月十四日，拿波里塔諾在川普最愛看的早晨脫口秀《福斯與朋友們》（*Fox & Friends*）節目上宣稱：「他不是透過美國國安局，不是透過中情局，不是透過聯邦調查局，也不是透過司法部。而是透過GCHQ。」又說：「這是什麼玩意兒？GCHQ就是英國情報單位的縮寫。他們二十四小時隨時可以進到美國國安局的資料庫。」拿波里塔諾主張的「假新聞」太轟動了，如果不予以駁斥，恐怕會破壞政府通訊總部的聲譽。

韓尼根在二〇一四年十一月接掌政府通訊總部，當時史諾登事件雖已落幕，這把火仍在部內持續悶燒。韓尼根早年就讀神學院，擔任公職近二十年，晉升情報首長不在職涯規劃之中。儘管長大後沒有成為神父，仍保有虔誠教徒的沈著。多年前他曾在英國政府北愛爾蘭辦公室歷練，擔任傳播處長，深知「宣傳」之重要。於是當他接任政府通訊總部，旋即擴編部內新聞團隊，以示祕密組織也需對公眾透明負責，並積極展現有溫度的同仁與任務故事。這項透明任務的成果之一，即是在倫敦成立民眾能夠親近的新單位，名為國家網路安全中心。中心的一項工作，是「借助產學專業培育英國網路安全能力」。他在部內達成許多廣為人知的成果，如今卻恐怕會因為拿波里塔諾在福斯新聞台節目上提出的指控，而讓事蹟蒙塵。

馬汀雖有把握其他媒體不會跟進報導這位前法官的散漫閒談，有理智的人也不會繼續煽風點火，韓尼根疑慮仍深。韓尼根在一月突以家庭為由提出辭呈，此時最不希望在自己離任之際出現醜聞。由於五眼聯盟各國情報界對他的離任有所猜疑，加上再過幾天就要卸任，他希望能夠保全自己的名聲。畢竟前任部長羅班爵士執掌六年，比韓尼根在任時間長兩倍。

和韓尼根談話不到幾小時，馬汀結束這場辦在利物浦場館會議中心第三天、也是最後一天的網路安全會議，坐上司機的車回家。四個小時車程走到一半，當時他正在瀏覽未讀信件，突然間手機響了。來電的是韓尼根，他說川普總統的發言人尚恩・史派瑟（Sean Spicer）剛剛已經在白宮記者會上引述拿波里塔諾的話。這下子，再也不能將政府通訊總部遭受的指控當作不具意義的閒談不予理會。它已經獲得全球最強大的部門背書。

史派瑟給人的作風印象，既挑釁又正經八百。這位前海軍備役軍人走進白宮西廂詹姆士・布雷迪（James S. Brady）新聞簡報室時，往往一副拳擊手在賽前測量體重的對視神情。他總是被諷刺漫畫畫成川普的傳聲筒，而且和總統一樣痛恨主流媒體，不喜歡別人質疑他的權威與觀點。在史派瑟照搬拿波里塔諾指控政府通訊總部的說詞之時，已是小有名氣的政治化粧師（one-man spin machine）——尤其在他誇大兩個月前現身川普總統就職典禮、高喊「讓美國再次偉大」的粉絲人數之後更甚。史派瑟與團隊似乎無意事先確認，便將拿波里塔諾所謂政府通訊總部「監聽」的指控，當作證實美國總統兩週前在推特上一連串對前任總統缺乏根據的主張，其中一則推文提到：「可怕！發現歐巴馬在我勝選前夕『監聽』川普大樓。結果一無所獲。簡直是麥卡錫主義復辟！」二〇一七年三月的這幾則推文，用意其實是要轉移外界對中情局與聯邦調查局情報評估結果的注意力，因為調查結果發現「有高度信心」認定二〇一六年的那次總統大選期間，俄國曾經展開網路攻擊並於社群媒體安插假新聞，以此精心策畫影響力作戰。

史派瑟為拿波里塔諾的監聽指控背書，令馬汀、韓尼根與首相辦公室高層等英國官員極為不滿。英國駐美大使達洛克爵士直接找上史派瑟，要求撤回聲明。英國國安顧問馬克・萊爾・葛蘭特（Mark Lyall Grant）爵士則聯絡美方國安顧問麥馬斯特陸軍中將（H. R.

McMaster）表達關切。目的在於消除這兩個最親密盟邦之間迅速升溫的重大外交對峙。一名參與磋商的英國情報官員指出：「我們甚至透過大使館的人，直接找上史派瑟，要他撤回當天稍早轉述的指控，但他沒有照辦。」又說：「當時英國已經投票決定脫歐，外界不免會擔心從貿易協定層面來看，英美關係會受到什麼影響。但政府通訊總部在做回應時，沒有把這件事當作考量因素。唯一的考量因素是，回應之後會對英美兩國情報關係產生什麼影響。所幸五眼聯盟夥伴國家都站在我們這邊，特別是起先和川普政府很友好的澳洲。這讓我們有把握可以展現強硬姿態。」

美國國安局高層要政府通訊總部高層放心，相關指控當作政治誤判即可，雙方情報交流不受影響。國安局局長羅傑斯海軍上將向韓尼根表示，面對「毫無根據的指控」，韓尼根的任何回應，他都支持。一名熟悉雙方對話內容的美國官員透露：「麥可（羅傑斯）告訴他：『你得為你自己、為你的單位、按照政府的規範，以及按照身為公僕的要求，做出正確決定。』」國安局內部基本上認為，政府通訊總部遭受「子虛烏有」的指控，他們很篤定這件事不會「影響和英國同仁的關係」。

羅傑斯有意解決此事，也打算找總統說清楚。與此同時，馬汀仍在返家車上，他開始在筆記型電腦上草擬聲明反擊白宮與現任總統。有史以來第一次，政府通訊總部即將打破一直以來為避免捲入媒體評論或政治醜聞，而堅守情報事務「既不承認也不否認」的政策。馬汀深知若放任白宮不斷指控而默不做聲，恐將重蹈約翰．梅傑（John Major）政府在一九九二年惹上爭議的覆轍，當時梅傑所屬的保守黨配合美國共和黨去揭美國民主黨籍總統候選人比爾·柯林頓（Bill Clinton）的瘡疤，美國共和黨一直想確認柯林頓一九六〇年代在牛津大學讀書時期，是否曾經為躲避被美國陸軍徵召入伍赴越南打仗，而申請取得英國籍。共和黨這麼做的目的，是要敗壞他的名聲。這起爭議後來讓梅傑不得不道歉，英美兩國領導人的關係也變得緊張，直到梅傑在一九九七年選舉敗給布萊爾才見好轉。然而，梅傑政府對柯林頓競選進行政治干預，和近二十年後白宮對政府通訊總部提出指控，有一個重大區別，那就是後者英國在道德上站得住腳。

韓尼根和馬汀均認為，拿波里塔諾對他們部會的指控「荒謬至極」，也決定將這句話寫進聲明。聲明經過兩人在電話上調整之後，便以電子郵件寄給唐寧街首相辦公室核示。知情人士指出：「『荒謬至極』這句話是他們想出來的，韓尼根建議首相辦公室採納。」兩人擬定的聲明首相辦公室未做更動。「出於善意，他們應該最多有提前一個小時知會白宮，讓他們準備好面對政府通訊總部嚴正駁斥史派瑟的指控。」聲明內容雖未指名道姓，卻對這位想試探特殊關係的總統表明堅決立場。「媒體評論人拿波里塔諾法官近日所述有關政府通訊總部被要求『監聽』總統當選人之指控，乃無稽之談，荒謬至極，不足採信。」這項聲明登上二〇一六年三月十六日晚間頭條之前，記者早已在川普最愛的自媒體推特上發布。聲明也突顯英國人典型的克制態度。以白話來說，意即這些指控是胡說八道。

聲明發布後，有人詢問首相梅伊的發言人，英美兩國官員的交鋒是否激烈。他引述政府通訊總部這篇史無前例的駁斥，表示「你看看這篇內容就曉得」。出現監聽指控時，梅伊甫上任首相八個月，她的政府早就在被迫處置「史提爾卷宗」爭議，卷宗內容包含某些指向川普與俄國政府有關係但缺乏根據的主張。梅伊提到政府通訊總部遭控監聽的背景：「不要忘記，重點是當時流言滿天飛，有人還認為英國情報單位將黑手伸進美國攪局。」首相憶起當時公開駁斥監聽指控的目的，在於維護英美兩國特殊關係。「我們採取不同作法。一般作法是既不承認也不否認，但考量到英國和美國之間的關係，我認為事情發展到某個地步，我們必須說『不行』。」她也提到，維護英美「各層面」關係非常重要。「當時和現任總統的關係才剛要展開。美國和英國之間的關係至為關鍵且重要。你這本書是在談五眼聯盟，而五眼聯盟的核心，明顯是英美之間堅定的安全防禦關係……因此確保不會因為有人說錯話而催毀這段關係，這十分重要。」

政府通訊總部透過聲明直斥監聽指控為「無稽之談」的同一天，白宮也透過發言人對外聲明，與其說是道歉，不如說是緩和大西洋兩岸的緊張態勢。白宮聲明指出：「達洛克大使與葛蘭特爵士向史派瑟先生與麥馬斯特陸軍中將表達關切。據史派瑟先生與麥馬斯特陸軍中將解釋，史派瑟先生並未為特定消息背書，僅是陳述公開報導。」福斯新聞台也被迫撇清自己和拿波里塔諾言論的關係。主播薛博德・史密斯（Shepard Smith）在節目上指出：「福斯新聞台無法確認拿波里塔諾法官的評論內容是否屬實，也未掌握證據顯示現任總統曾經遭到監視。除此之外，無可奉告。」新聞台也暫時不讓拿波里塔諾上節目。儘管如此，川普仍無視這項聲明與新聞台的回應，繼續提出控訴。

隔天三月十七日星期五，川普總統和造訪白宮的德國總理梅克爾一同出席記者會。梅克爾原訂當週稍早就要訪美，卻因暴風雪的關係行程延宕，結果躲得了氣象風暴，卻躲不過另一場風暴，被川普利用和她現身講台的機會，遂行個人目的。記者詢問總統對於政府通訊總部遭控監聽卻已駁斥一事，有何看法的時候，川普端出史諾登事件時期披露的祕辛，即梅克爾和她的顧問通話內容均曾遭到前總統歐巴馬任內美國國安局的監聽長達數年。

「說起監聽，被前任政府監聽……」川普指向站在講台右手邊的梅克爾，「……這也算是我們倆的共通點吧。」此話引來媒體發噱，川普報以苦笑。他的反應說明了前一天史派瑟引述拿波里塔諾的主張並非即興之作，而是獲得總統的首肯。和梅克爾一同召開記者會期間，川普不斷撇清拿波里塔諾的指控與自己無關，直陳「我們只是引述某位法律才子在電視上說的話，說話要負責的是他。」不久，史派瑟也口徑一致對記者主張：「在此重申，我們只是引述媒體報導，如此而已。」被問到是否後悔跟著指控，他說：「我不認為有什麼好後悔。我們只不過是列舉一長串屬於公眾領域的媒體報導。」

這起事件讓五眼聯盟情報界對聯盟內貢獻最大、資源也最豐沛的美國另眼相待。美國國安局、中情局和聯邦調查局均認為有必要向「成員俱樂部」裡的同仁再三保證，彼此的傳統關係不會因為政治因素（特別是現任總統）而動搖。美國國安局副局長黎克・雷吉特（Rick Ledgett）接受英國廣播公司採訪時，便公開聲援政府通訊總部，表示相關指控乃「一派胡言」。雷吉特說：「政府通訊總部當然不會這麼做。這麼做是愚蠢至極。」又表示，從拿波里塔諾的宣稱可見，「他完全不明白情報關係如何運作」。雷吉特的上司羅傑斯海軍上將，也履行對政府通訊總部部長的承諾，公開否認監聽指控，指它「明顯讓重要盟友不滿」。私底下，他的反對態度更加直率。熟悉此案的情報官員透露：「麥可（羅傑斯）告訴白宮，說他會公開作證表示這全是無稽之談。」「麥可還親自告訴總統：『長官，關係不是這樣運作的，五眼聯盟也不是這樣運作的。根據五眼聯盟的協議，不能從事這樣的行為，這麼做也不符合我們的文化。』」川普在拿波里塔諾事件中，百般逃避責任而且不願意道歉，顯示他對自己國家的情報單位感到不屑，明顯敵對。在川普的心中，這個自一九四一年英國密碼學家破譯希特勒謎式密碼機以來，就和美國密切合作的政府通訊總部，只不過是受到株連罷了。

曾在二〇〇三年美國入侵伊拉克時擔任中情局駐巴格達分局局長，後來擔任美國國防情報局副局長的懷思表示，川普砲打自家人與五眼聯盟其他情報單位，行為自私自利。他指出：「五眼聯盟這項大業之所以能夠存續，就是因為我們身為一份子都認知到，團結合作互助才有力量。」又說，各國不僅止於簽署情報共享協議，聯盟內部還有私交。「正是這種對彼此完全且毫不懷疑的信任，凝聚著每一份子，在為相同目的對抗共同敵人的路上，一起冒險，共擔責任。」信任一旦被破壞，或者若有人開始覺得其他人沒有為所有人著想時，像是川普的一言一行，整個大業就毀了。所幸五眼聯盟的情報單位都會忽略川普的主張及自利的意圖。

隨著川普執政，五眼聯盟情報界很快團結起來對抗白宮的假消息。聯盟各國情報界獲得美方情報界的各項保證，則相當程度說明了，情報共享應該受到保護，免於政治干擾。此舉值得讚賞，但好景不常，當英國後來聽從馬汀的建議，堅持要和一家與中國共產黨有關係的華為公司合作時，中情局與美國國安局這回大力支持白宮。

二〇一九年五月，白宮代表團來到倫敦，任務是要阻撓政策。根據指示，他們要反對英國政府允許華為有限度協助英國建設下一代 5G 行動通訊網路。政府通訊總部旗下國家網路安全中心主任馬汀心裡有數，和美方訪團爭辯勢在難免，因為美國政府已經再三警告五眼聯盟各國採用中國科技會有風險。另一原因則是，本來要再過將近一年才會對外公開的英國政府計畫，卻在兩週前被梅伊內閣的國防大臣蓋文・威廉森（Gavin Williamson）洩密給媒體，川普政府得知內容後表示不認同。威廉森否認《每日電訊報》四月二十四日那則報導的消息來源是他，但他仍然被免職。國會有一群保守黨議員直言強烈反對讓華為參與英國 5G 網路建設，威廉森正是其中一人。洩密給媒體的用意在於阻撓華為計畫，但該計畫卻是馬汀經過底下團隊詳盡情報與科技評估之後，親自建議首相採納。

白宮代表團抵達內閣辦公室不久，馬汀與副國安顧問瑪德琳・亞歷山德里（Madeleine

Alessandri）等英國高層官員，便被一名訪賓臭罵五個小時。該訪賓為博明（Matthew Pottinger），曾任美國海軍陸戰隊情報官，二〇一七年初空降白宮，出任美國國家安全會議亞洲事務資深主任。此人以不信任中國威權政權聞名，這和他之前在《華爾街日報》當記者派駐北京的經驗有關，不僅曾被監視，更遭遇當局人員肢體攻擊。進入川普政府服務後，美國對中外交政策隨即可以看到博明的影子。他被白宮前策略長史蒂夫・班農（Steve Bannon）喻為「全美政府數一數二重要人物」，上任首年便深入參與白宮決策，對中國貨物祭出二千億美元關稅。美國總統之前說過，「貿易戰是好事，輕而易舉就能打贏」，如今川普決心懲罰中國共產政權竊取智慧財產，以及中國廉價勞動力排擠美國就業職缺。中國政府以牙還牙，也對美國貨物祭出關稅。在這個背景之下，川普政府表態反對華為。

博明和馬汀均四十餘歲，在各自政府均頗有勢力，除此之外兩人差異甚大。馬汀與底下團隊有意和美方相關單位展開策略合作，以反制中國的科技野心。馬汀回憶：「我們殷切要和美方齊力反制這類野心。問題是，我們認為相較於更深層面的策略挑戰，讓華為有限度參與英國5G建設其實無傷大雅，美方卻只在意這個問題，至於為何如此在意，我們不清楚。」

馬汀並非不知道中國政府意圖網攻五眼聯盟，竊取成員國的科研成果與軍事機密，但他深信國家網路安全中心有技術能力去從事風險評估及網路防禦，讓中英關係管控得宜。他的判斷雖然獲得首相梅伊支持，卻不被其他內閣成員認同，包括日後因洩密遭革職的國防大臣威廉森。洩密引發國際波瀾的當時，正好是二〇一九英國網路安全會議的開幕日，會議由馬汀主持，與會者包括五眼聯盟各方官員，其中一人是美國國安局的羅布・喬伊斯（Rob Joyce）。喬伊斯當下即向馬汀表態，反對英方就華為一事的決定。美方指控英國不顧五眼聯盟的立場，企圖單方面放行華為。這項指控令馬汀厭惡。英國國安官員指出：「所謂英國破壞五眼聯盟團結的說法，可笑至極。瞧瞧澳洲，它不是也單方面做了有關華為的決策。」所指的是澳洲滕博爾政府經過澳洲訊號情報局（相當於美國國安局）一連串情報評估後，在二〇一八年八月對華為祭出禁令。

澳洲總理滕博爾在對華為祭出禁令以前，曾親自了解 5G 網路技術，同時指示情報體系研究是否有可能在不危害國家安全的情況下，使用華為的服務。他說：「我設法降低風險，如果風險可控，就不打算禁止這家供應商。」滕博爾和時任澳洲訊號情報局局長伯吉斯等情報高層討論的結果是，無法排除華為會帶來風險。滕博爾指出：「顯而易見的是，他們（華為）不論在法律上或政治上，都有遵從中國共產黨的義務。我們這麼做是在防患未然，不希望事後補破網。」滕博爾於是告知川普和其他五眼聯盟夥伴，表示澳洲發現華為設備有技術上問題。據滕博爾表示，5G 完全是另一回事。「按照傳統作法將高風險供應商的服務範圍限縮在網路邊緣服務而非核心服務，已不再可行。我從二〇一七年起就向川普總統等美方人士反映此事。提供全國 5G 網路服務的業者，不論是提供全面性服務或大部分服務，都有能力去從事破壞、干擾與情報刺探。」

美國政府內部對於是否要讓這家中國科技公司在美營運，看法不一。但美國國安局局長羅傑斯海軍上將認同滕博爾的見解，華為可能會危害國家安全。他在澳洲禁令實施以前，曾經應伯吉斯與滕博爾邀約前往坎培拉，提出他對華為的看法。當時美國政府對於華為參與5G網路建設尚未形成立場，但羅傑斯的看法和滕博爾與伯吉斯一致，認為有國家安全疑慮。滕博爾希望根據技術評估做決策，不希望根據政治考量。他說：「我們是五眼聯盟當中禁止華為參與5G網路建設的領頭羊。」

伯吉斯從澳洲訊號情報局局長卸任後，二〇一九年改擔任負責國內情報的澳洲安全情報局局長。他提到澳洲的華為禁令是「出於維護國家利益」。「澳洲很早就發現這個問題，我們發覺5G科技一旦成熟，不單純只是讓家中孩子在手機上看貓咪影片更順暢，成熟的5G技術就像是國家經濟的神經系統，能夠實現並串連各個關鍵功能，以致於5G本身也會成為關鍵功能。更別說我們也清楚自身所處的區域威脅來源，中國這十年來已經變了。」

中國的其中一個變化，是科技進步，這得歸功於西方自由民主國家渴望便宜產品而帶動大量需求。這種渴求也是五眼聯盟各國一直沒有發展技術、導致起先被迫倚賴華為等企業的原因。澳洲情報官員指出：「冷戰時期各國政府都會投資研發，後來卻不再繼續，一切都被私有化。民間企業很擅長獲利，但要如何獲利，方法就是降低企業成本……我們則是轉向服務業，樂於從最便宜的產地採購技術。與此同時，智慧財產卻大規模遭到竊取，讓華為等企業能夠興起。前因後果就是如此，可以說是一件好事的副作用。事後回顧，我們對某些事情太過大意。」

英國對華為的看法不同於澳洲，但澳洲政府高層，包括滕博爾總理本人均不相信英國對華為所做的情報評估，也不認為英國政府能夠降低華為風險，更感到英國情報體系是在「投政客所好」。

美國政府有同感，英國卻不以為然。梅伊駁斥政府採購華為是政治考量凌駕技術專業的指控，表示「決策凡是政治人物所做，本來就可喻為政治決策，卻不代表決策是出於政治考量。決策是依據我們認為……自己有能力確保該受到保護的會被保護。」梅伊政府是根據現有選項才打算採用華為，雖然有其他像是北歐企業諾基亞（Nokia）與愛立信（Ericsson）可以選擇，但華為最便宜。梅伊說：「我覺得脈絡是要看這個市場。西方國家在這件事情上固然有些閃神，但對許多人來講，中國設備比較便宜，因此樂於選擇中國設備。確實，在這之外也有幾個北歐企業選項，但沒有一家西方企業競爭得過華為。這就是問題所在。重點不在於中國在全球的經濟地位，而在於發展國內 5G 等建設時，如果不和這個主要供應商合作，又該如何發展建設。我認為英國當時是有立場認為自己有能力保護自身體系。換言之，我們和其他人的立場不盡相同。」

美國情報單位和白宮不斷遊說五眼聯盟各國以「國安」為由封殺華為。紐西蘭在二〇一八年十一月跟進澳洲封殺華為，加拿大則仍在考慮（直到二〇二二年五月才宣布有意封殺華為）。曾在川普執政之初擔任中情局局長、後來擔任美國國務卿時主張強硬對中外交路線的麥克・龐培歐（Mike Pompeo），在二〇一九年二月宣告，凡是採用華為設備的國家，對美國均屬「風險」，形同對英國一記直接警告。國務院也透過私下管道提醒英國外交部，如果英國同意採用華為，英國的五眼聯盟地位可能不保。

美國政府早在川普上台以前就對華為有疑慮。故事要從二〇一二年說起，當時美國眾議院情報委員會調查認定華為是國安威脅，因為華為不願「提供充分佐證」，說明自己和「中國政府的關係或監理互動」。歐巴馬政府於是根據委員會的調查結果，加上以往對於華為設備可能被用在刺探美國企業與個人的顧慮，禁止華為和另一家中國企業中興通訊角逐美國政府標案。五年後，川普政府對外示警，指出二〇一七年中國通過的《國家情報法》規定所有組織必須「支持、協助和配合國家情報工作」，華為可能會因此被迫為中國政府窺探營運所在國家的機密。

兩年後的二〇一九年五月，即博明與美方代表團飛到英國，在內閣辦公室開會的同一個月，美國總統簽署行政命令禁止華為等中國企業在美販售設備，理由是對美國通訊系統與基礎設施具有「過度破壞威脅」與「災難性影響」。美國商務部也以「從事違反國安或美國外交政策利益之活動」為由，將華為及六十八個關係企業列入貿易黑名單。

博明率團在內閣辦公室和馬汀等英方官員開會時，所思所言離不開這些強硬措施。與會的英國情報官員指出：「博明大聲嚷嚷，毫不理會英國的分析。言下之意就是：『我們不要你們這樣做（同意採用華為），你們不曉得中國有多邪惡』。五個小時大聲嚷嚷，他照著一套事先就緒的憤怒腳本操課，弔詭的是又不帶威脅。我們試圖和他討論政策，但他不在乎。我們甚至表示，我們沒有反對關於中國威脅的分析，也向他們解釋細節，他們卻不想聽。博明一再讓人討厭。」

馬汀甚至要博明放心，華為參與英國 5G 建設不會危害英國和五眼聯盟之間的情報分享管道，也不會對政府體系或核子設施造成危害，因為這些機敏領域都是連接到華為進不去的電腦網路。即使有這項保證，美方不論在這場倫敦會議或者之後，均不買單。

曾經擔任英國國安顧問、後於二〇一六年一月成為英國駐美大使的達洛克表示，川普政府曾經派技術團隊到英國討論華為事宜，但「缺少讓人信服的技術理由去否定政府通訊總部的主張。我記得政府通訊總部不為所動。那次交手說明了，美國的主張談的是政治，而不是技術。政府通訊總部決定不讓步，起初首相也是如此。」

美方對華為採取的堅定立場，讓英方備感侮辱，因為早在二〇一九年五月白宮封殺華為的兩年前，政府通訊總部就已經發現華為的產品有技術風險。事實上，政府通訊總部還在南英格蘭班布里（Banbury）成立監管單位，以辨識華為產品風險。華為之所以沒有被全面封殺，原因無他，那就是價格比諾基亞、愛立信等競爭者便宜許多。

英國過去和美國一樣，對中國也懷有戒心。五眼聯盟藉由香港這個英國殖民地的地利之便，數十年來對共產中國佔盡監聽行動優勢。一九五七年，五眼聯盟甫成立一年，英國即在中國南部沿岸最高峰的大帽山設置基地，由英國皇家空軍一一七訊號部隊（117 Signals Unit）及澳洲國防情報局（Defence Signals Directorate, DSD）負責運作。五眼聯盟在一九六四年發現中國首次核彈試爆，就是透過基地得知。隨著香港主權在一九九七年移交中國，基地也隨之關閉，政府通訊總部將設備移到位於西澳大利亞州科賈雷納的澳洲國防情報局據點，從這裡繼續監聽中國政府。

中國的軍事威脅後來轉向網路空間，到了二〇一〇年左右擴大網路作戰行動，開始不分軒輊鎖定攻擊西方國家政府部會乃至教育單位，二〇一三年攻擊澳洲安全情報局，鎖定該局坎培拉新總部的建築設計藍圖。二〇一四年攻擊加拿大國家研究與科技機關。二〇一五年鎖定掌管全美公務員背景調查紀錄的美國人事管理局（U.S. Office of Personnel Management, OPM），導致逾二千二百一十萬筆聯邦公務員及親人朋友的身分資料外洩。一如所料，中國否認涉入這起駭客攻擊。

中國共產黨向來對五眼聯盟的指控無動於衷，也和俄國政府一樣，總是否認對西方國家進行網攻。二〇一五年美國人事管理局遭駭之後，總統歐巴馬針對網路空間的工業間諜行為，向中國政府提出警告，表示只要這類敵意行為「不減，恐將不利雙邊關係……我方也準備展開相應反擊措施。」

面對中國的攻擊，五眼聯盟早就在反擊，除了採取防禦行動與透過外交管道反映，也積極展開網路攻擊。據悉，紐西蘭政府通訊安全局在二〇一五年曾經和美國國安局合作，駭入中國外交部的外交通訊。網路間諜任務執行的當時，紐西蘭時任總理約翰．凱伊（John Key）正在就價值逾一百億英鎊的一項貿易協定，和中國政府談判。駭客事件遭媒體披露後，讓紐西蘭政府通訊安全局與美國國安局臉上無光，畢竟他們經常公開抨擊中國鎖定攻擊五眼聯盟。

英國情報界儘管對中方網路間諜活動瞭若指掌，卻未預料到美國中情局會在英國的歐洲友邦情報單位面前打擊英國的華為立場。二〇一九年初，歐盟執委會副主席安德魯斯．安西普（Andrus Ansip）在布魯塞爾一場記者會上提出警告，要各界提防會「配合」中國情報單位的華為。中情局駐比利時據點人員遂聯絡法國、德國、義大利、挪威各國情報單位，就英國在華為一事的誤判表達憂心。英國情報界得知後氣炸，認為中情局「來陰的」，甚至有人認為是背叛邦誼。英美兩國特殊關係再度陷入緊張，恐將因為中情局壞事而萬劫不復。不僅英國情報界如此認為，歐洲方面情報夥伴也有同感。

二〇一九年七月十四日，距前次馬汀一行人在倫敦和博明起衝突時隔兩個月，這回馬汀偕同英國國安顧問馬克・塞德威爾（Mark Sedwill）爵士赴華府白宮會見美方官員。會議旨在討論華為。與會人士仍然包括博明，新增美方國安顧問約翰・波頓（John Bolton）。之前在幕後處理危機的英國駐美大使達洛克卻不見蹤影，因為根據走漏的電子郵件內容指出，達洛克曾在川普當選總統不久向英國拍發電報，將川普喻為「無能」、「不牢靠」且「笨拙」，因此幾天前被迫辭職。

白宮會議進行一小時，期間波頓要馬汀及塞德威爾放心，表示英國提出的保證他都認同，他會責成國家安全會議生出一套方案，以化解雙方針對華為的分歧立場。博明在這場會議收起一個月前在倫敦的攻擊姿態，對波頓畢恭畢敬，大概是因為知道美方仍有大絕招，可以迫使英國讓步。英國新上任的首相鮑里斯・強生（Boris Johnson）立場與前任首相梅伊一致，支持馬汀的華為建議。

二〇二〇年一月，強生批准華為參與 5G 網路建設，但設下更多限制，將英國軍事與核子據點，以及全國基礎設施列為華為禁區。根據有限許可的條件，華為只能參與建設連接通訊裝置設備到行動通訊基地台這一段的通訊網路。英國如此不聽從華府而一意孤行，最後反被將了一軍。二〇二〇年五月，川普祭出後續禁令，規定華為不得使用含有美國技術的半導體。如此一來，馬汀再也無法確保華為產品安全無虞。兩個月後，強生態度公然大轉變，下令禁止華為在英國營運。這使得 5G 通訊最遲要延後三年才能在英國上路，還得斥資逾二十億英鎊，才能在二〇二七年前移除所有國內通訊網路目前裝設的華為5G設備。

美國國務卿龐培歐對強生的決定表示樂見其成：「全球愈來愈多國家為守護國家安全，對不可靠且高風險供應商設下禁令，如今英國也不例外。」博明想必眉飛色舞，不僅因為成功阻止華為插旗英國，而且他這個時候已被川普拔擢擔任副國家安全顧問。

達洛克勛爵指出，雖然英國是在他退出外交圈後，才決定封殺華為，但「我在美國的時候，美方已經開始對英國施壓」。他說，他在擔任英國駐美大使期間，川普的國安顧問麥馬斯特陸軍中將（任期二〇一七年二月至二〇一八年四月）會找他談這家中國科技公司，「向我說明他們認為我們應該封殺華為的理由」。達洛克在二〇一九年十二月卸下大使一職之後，英國面臨華府更大的壓力。

達洛克表示：「不僅媒體一直猜測，連國會也關心我們是否會封殺華為。在我擔任大使任內，政府通訊總部曾經針對華為設備對通訊網路的風險，率先展開評估分析，結論認為只要不使用在通訊網路核心就沒有問題。而這項分析成為英國國安會議的討論重點，也是後來同意華為設備可以用在通訊網路某些地方的關鍵。基本上，這是來自政府通訊總部的分析。」達洛克指出，在他任內「美方沒有足以令人信服的技術理由去封殺華為。這不代表不應該封殺，可以基於政治考量封殺，或者基於這件事對美國人很重要，或者基於展現五眼聯盟的團結，諸如此類的理由。只是不應該拿技術當作藉口。」

馬汀在二〇二〇年九月卸任國家網路安全中心主任，改擔任牛津大學教授。回顧英國無法如願讓華為協助建設全國 5G 通訊網的往事，他說當初是經過技術評估，才會對計畫深具信心。他當然清楚華為潛在的風險。「事實上，沒有任何東西是不會被駭客攻擊。英國如今因為美國制裁的關係，完全只能倚賴諾基亞和愛立信。這兩家公司的董事會固然可以信賴，但難到這些公司不是中國企業，就不會被駭嗎？例如，難道不會被他們的鄰國俄羅斯駭客攻擊嗎？或者被中國駭客攻擊？」

英國封殺華為近兩年後，梅伊被問到英國必須配合澳洲與美國而無法善用華為科技，對此她心中是否有遺憾。她說：「這是美方措施造成的，因為制裁的關係，我們無法使用華為科技。如果當初採用華為科技，最後會帶給自己麻煩。市場無可避免已經變了。如今應該思考的是，五眼聯盟要如何合作，設法確保長長久久不再出現這種局面。」

結語 五眼聯盟的前景

沒有一個情報網的觸角像五眼聯盟如此不分晝夜涵蓋全球，也沒有一個情報網的能力比得上五眼聯盟。在這個聯盟，各個志同道合的組織會基於共同目的共享情報、分析成果、技術、情報技術，甚至是人力。不像北約等聯盟會隨著時間推移納入更多會員國，五眼聯盟成立至今始終排斥其他國家加入。另一項區別在於，五眼聯盟的存續不是依靠法律強制，而是依靠制度信賴、個人信賴、保密、資訊保障，以及友誼等架構。各個情報單位的每任領導人，都會努力讓自己的單位在五眼俱樂部裡扮演好自己的角色，維持信賴。他們會去參加年度聚會，討論符合彼此利益且雙方均關切的議題，乃至深入認識夥伴單位主管。邵爾斯爵士擔任五年軍情六處處長之前，是資深外交官，曾任職英國駐聯合國大使。他表示這些聚會活動是情報單位為維持緊密合作所不可或缺。「五眼聯盟一直以來會舉辦年度聚會。值得注意的是，中情局和聯邦調查局的首長在聚會現場是和紐西蘭、加拿大、英國與澳洲情報機關首長平起平坐。高層之間會相當程度私下互動，讓底下也跟著熱絡。雖然這不是絕對必要，卻有助於強化與支持行動層面的緊密合作關係。」

軍情五處前處長艾凡斯勛爵透露，正是這樣的緊密合作關係，讓五眼聯盟得以更認識對手，有效應付。特別是跨國與非地理性質的安全威脅，如恐怖主義與俄國這類國家的網路駭客攻擊。他說：「二十五年來，針對包括俄國在內的網路領域共享情資，讓軍情五處事先取得潛在威脅預警。大家遇到的情報與擾亂威脅都很相似，對手採取的手法也如出一轍。發現並對付這些威脅的方法，就是靠合作。」

政府通訊總部前部長羅班爵士有同感：「以偵獲並破壞極端主義或恐怖主義活動來看，這些活動很少是源自個別國家。分享收集到的原始資料、開會討論分析成果、針對各式主題或威脅通報交換意見，這些都是好事。但總的來說，在可靠夥伴國家的支持下……反恐激發我們與五眼聯盟以外的夥伴國家共享基礎情報收集與處理『本事』的動力。」

聯盟情報單位儘管各自獨立，卻因為聯盟五國共享情報、聯合行動的關係，而愈來愈互相依賴。儘管如此，有時候某些聯盟單位會將自己的情報核定為「非本國人不得參閱」（NOFORN），不讓人接觸，即使是五眼聯盟成員也不例外。成員國分享給美國的情報，有時候會被美方情報單位重新核定密等。曾經督導軍事、情報與網路聯合作戰行動的英國戰略司令部司令理查·貝倫斯（Richard Barrons）爵士暨陸軍上將指出：「我方提供給美方的情報，經常掉入他們的體系一去不返，被他們核定為『非本國人不得參閱』。這只是在說明美國體系的運作模式，特別是大約十八個單位之間的關係。」但也因為美國情報能力無可匹敵，聯盟其他四國才會更加安全。貝倫斯表示：「美方情報讓身處在得天獨厚俱樂部的我們，變得更安全。」

即使是五眼聯盟成員，情報分享從來不是任由各取所需。人員情報單位之間的情報分享，並不像訊號情報單位那樣暢通無阻，因為情報聯絡人會擔心提供情報可能造成線民曝光，導致線民被捕或死亡。曾經在歐巴馬及川普任內領導美國國安局的海軍上將羅傑斯指出：「訊號情報這個領域是技術活，不時會因為各種原因獲得情報或失去情報。但大抵而言，只要過一陣子（而且是好一陣子），還是會重新獲得情報。在訊號情報這一行的普遍看法是：『現在雖然喪失獲得情報的能力，但只要努力，總有機會恢復能力。』但也不保證一定會恢復。可以這麼說，就算失去情報，也不會付出人命代價。反觀人員情報是人力活，一旦失去情報、失去線民，像是線民曝光，會付出人命代價。」

聯邦調查局透露，五眼聯盟從事人員情報的單位，雖然不像從事訊號情報的單位受到正式協定的約束，卻仍遵循一套以信賴為基礎的情報分類制度。掌管紐約分處的該局助理局長麥可・德里斯科（Michael J. Driscoll）指出：「我們的網絡有為五眼聯盟內建專門稱號，以利隨時分享情報，各式各樣情報都有，人員情報也包括在內。因此不需要再設置特殊管道確保情報可以分享給這些夥伴成員。這已經是制度的一部分。」他也提到，五眼聯盟各國情報能力固然不差，但當能力集結在一起時，自然變得更強。德里斯科說：「我們意識到合作會明顯讓資源更強大。某方面來說，這會造成另一種依賴。」不論成功或失敗，夥伴關係的本質就是榮辱與共。這七十年來，五眼聯盟內部幾乎所有情報單位都曾經遭遇直接或間接滲透。冷戰時期英國遭到蘇聯國安會的劍橋五人幫滲透，至今仍是英國情級界，尤其是軍情五處和軍情六處心中的痛。加拿大海軍軍官德利斯里曾販售聯盟機密予俄國，危害五眼聯盟。澳洲則據稱有數名澳洲安全情報局人員交付機密情報給俄國。美國國安局的美籍承攬人員史諾登，則是披露聯盟各個訊號情報機關過度監視。種種嚴重侵害事件，令五眼聯盟情報單位不得不重新思考內部安全程序，特別是在史諾登爆料之後。

史諾登事件事發前後領導政府通訊總部的羅班爵士表示，「情報網遭網路駭客入侵」和「情報組織被內部壞人危害」有相似之處。「人們花費許多力氣建構強大資安防護網，但事實上，這些網路份子總是有辦法避開防護網，手段往往富有巧思。」又提到：「同理，大家花費許多精力關注情報與維安單位的進用人員，定期實施安全審核，但內部人員還是能夠有意無意間對組織造成巨大損害。既然組織的命脈是人，就應該有尊嚴地對待他們，建立互信，不要像陰險『老大哥』般去監視底下辦事人員。如今愈來愈有共識的是，可以利用複雜且匿名化的分析工具，解決預設網路滲透與預設內部人員信賴的問題，透過這種工具找出異常狀況，進行深入調查。」

近十年來，情報界愈來愈嚴格檢視自家人，審查程序實施得更為頻繁，例如透過背景調查、訪談與測謊。加拿大安情局前局長費登指出，自家人的威脅始終是情報單位的挑戰，加上主管保護同仁的關係，讓威脅更為嚴峻。他說：「遇到明顯有問題的狀況，我不相信會有人不去處理，但若是介於灰色地帶，則不論是五眼聯盟哪個單位，都偶爾會出現該處理卻不處理的情形。但我知道如今這些事情的處理規定，已經比以前嚴格。」他還指出，隨著中國與俄國的威脅與日俱增，「我們所有人都被迫要比以往更嚴肅加強檢視這種潛在問題。」

德里斯科說，聯邦調查局對於自家人的威脅始終保持警覺，會不斷檢討該讓哪些可靠的人員接觸機密。「總要有一套完善制度去防止未經許可的人下載上千個檔案文件，或者起碼做到監控，以便知道有人在這麼做。我們隨時都在檢討制度，檢討情報網，檢討人員，確保自己曉得對個別人員託付信任會伴隨哪些風險。」五眼聯盟從成立以來一直沒有納入新成員國，原因之一就是伴隨風險的顧慮。法國、德國、日本和南韓等國家均曾表達加入聯盟的意願。有人批評，五眼聯盟是在搞菁英主義，並暗指種族是考量因素，不讓非白人與非英語系國家加入。

卡麥隆擔任六年首相任內，深深感受到身為五眼聯盟一份子，總是讓英國盟友「稱羨」，即使聯盟以外的國家已經和五眼聯盟各個國家簽署雙邊協定，例如二〇一〇年旨在強化英法兩國國防國安合作的《蘭卡斯特府協定》（Lancaster House Treaties）。卡麥隆早在擔任在野黨黨魁時，就對五眼聯盟有所認識，卻要直到當上首相，才曉得聯盟內部情報關係原來如此綿密龐大。他說：「當了首相才真正曉得這段關係如此強大。廣泛共享的不只是訊號情報，還包括人員情報。我也發現，歐洲友邦對於如此了不起的緊密關係表示稱羨。我們和法國、德國與其他國家的關係都很緊密，希望在這當中有我的一絲貢獻，像是和法國簽署《蘭卡斯特府協定》，以及和德國達成關於伊斯蘭主義與俄國議題的共識。我和梅克爾總理二〇一五年曾在契克斯別墅共同與我方情報首長召開研討。即便如此，歐洲友邦一定還是覺得五眼聯盟獨樹一格。」

對五眼聯盟各國而言，想加入五眼聯盟的國家，動機多半是著眼於可以透過聯盟增強自身能力、認知與洞見，而非因為自認可以對聯盟有貢獻。事實上，五眼聯盟情報單位均私下認為，以監視觸角早已遍佈全球來看，他們想要擁有的都已經擁有了。情報首長也都覺得，即使需要額外行動支援，透過個案論定的方式邀請其他人臨時加入這個信任圈即可，前提是這麼做符合聯盟整體利益。

反恐戰爭開始後，有不少行動任務是由情報主導，使得五眼聯盟情報單位必須和伊拉克、阿富汗與巴基斯坦等國家的情報單位合作。德里斯科指出：「例如，如果我們不和巴基斯坦分享活躍恐怖份子小組的情報，我們在阿富汗從事的工作會不順利。還有我們為了對付伊斯蘭國與蓋達組織威脅，而在非洲從事許多工作，如果沒有和非洲國家情報單位步調一致，成果也會不理想。也就是說，我們有汲取五眼聯盟模式的經驗，學習成為更好的夥伴與協作者。」

美國國防情報局前副局長懷思指出，友邦長期以來不斷遊說，希望被納入五眼聯盟，但情報關係總是具有「好處與風險，這是一體兩面」。「原本預設的關係是兩個成員，因為超過兩個成員所帶來的好處與風險，會讓反情報風險跟著增加。一旦成員變成三個或更多，就更難維持同等信賴，在極敏感事情上也會更難達成共識。五眼聯盟成員國對此體會最深，畢竟他們已經經歷八十年自我學習與信任的過程。這種信任固然是聯盟能夠運作的公約數，但若要在行動上團結一致，一致的世界觀與一致的威脅與應對評估也必不可少。」懷思還提到，相同語言、相同文化價值，以及某種程度上相同的司法制度、監督制度與政治制度，都讓五眼聯盟情報單位有共同文化基礎，去根據情報形成觀點、根據觀點形成情報。「目前我們處於史上地緣政治動盪的危險時代，整個聯盟運作必須維持在最高效率與效能，不應該在這個時候為了和新加入的成員磨合，而被這種組織挑戰與壓力分散心力，又花一次八十年時間達到我們目前已經達到的狀態。」

雖然五眼聯盟不全然是以個別成員國家情報單位的數量來論大小，但從數量上來看，確實美國擁有優勢。而且這已經是考慮到每個國家對於情報單位的定義並不一致。例如在美國國家情報總監辦公室的眼中，聯邦調查局算是美國情報單位，但對英國而言，蘇格蘭場雖然從事情報業務，也負責全國警政，卻不算是英國情報單位。此外，美、英、澳這三個國家負責國內情報與國外情報業務的單位是分開來的，加拿大和紐西蘭卻不是。

五眼聯盟中，美國與英國這兩個創始成員國的員工人數與預算雖然最多，兩國的差異卻很大。排除承攬人員與線民不計，中情局、美國國安局與聯邦調查局的員工總計約十萬人，比起英國相對應的軍情六處、政府通訊總部與軍情五處的員工總數約一萬六千五百人，多出不只六倍。再看預算，二〇二一年的美國情報預算為八百四十一億美元，英國情報預算則是三十七億五千萬英鎊（約四十六億美元），差距至少十八倍。雖然數字差距有其重要性，但也只是五眼聯盟創始國整體情報面貌的一小部分。軍情六處前處長邵爾斯爵士指出，英國對五眼聯盟的貢獻「一部分來自地理位置，一部分來自技能，一部分來自情報管道」，而在情報世界中，在全球各地擁有情報來源非常重要。他說：「英國的陳年殖民遺緒，就是英國帶給美國的貢獻。迪亞哥加西亞島（Diego Garcia）和阿森松島（Ascension Island）是兩個明顯例子。另一個例子是賽普勒斯。情報收集是跨國事業，不可能全部都在美國本土完成，靠著英國和其他五眼聯盟國家，可以增添地理優勢與不同文化和觀點。我們英國也在艱困地區長期耕耘特務，讓其他五眼聯盟夥伴非常重視。」

如同歷任英國首相，卡麥隆堅信英國對情報聯盟有貢獻，而且認為這種貢獻對英美兩國特殊關係有深遠影響。他表示：「我很務實看待英國的能力，我會思考資源，也會思考政府通訊總部的專業，以及英國在全球各地的情報來源。這很重要。英國的人員情報能力備受肯定，成果突出，特別是在對抗伊斯蘭極端主義方面。再看個別情報合作，美國和沙烏地阿拉伯等國家有強大的合作關係，這自不待言，我們也是如此。但有些像是阿曼等國家，和我們的合作關係就比和美方緊密。所以我不認為英國是裝作自己對英美特殊關係有貢獻，人家是真的心存感激。舉個重要具體例子，像是你們做的那個節目（聖戰士約翰），就是有英國情報單位的貢獻。」

卡麥隆談到華府和倫敦的情報關係時透露，他的首席國安顧問彼得．黎克茲（Peter Ricketts）與美國國安顧問湯瑪士．唐尼倫（Thomas Donilon）兩人保持緊密關係的程度，時常被歐巴馬總統戲稱是同一個人。「英國國安顧問和美國國安顧問的關係非常緊密，歐巴馬總統有一陣子會開玩笑說，他以為黎克茲–唐尼倫是同一個人，因為黎克茲和唐尼倫的關係很緊密。他總是說：『這件事就交給黎克茲–唐尼倫吧』。」

英美兩國關係很緊密，這一點毋庸置疑。但以規模與觸角而言，美國的預算與人力均遠大於聯盟其他四國。某方面來說，英、澳、加、紐四國就像是樂團裡才華洋溢的合聲歌手，負責為主唱歌手和聲配樂。不過，情報上的成功與主責單位的規模大小沒有絕對關係。海軍上將羅傑斯指出：「五個成員國大小不一，評量層級不一，技能不一，建立關係的對象也不一。有些成員在世界某個地區、某個主題領域，或是某個專業技能領域比較厲害……。重點在於『你能不能帶來價值？』你帶來價值，就可以獲得價值回饋。」他並指出，每個國家帶給五眼聯盟的價值，可能會隨著時間改變。「五眼聯盟不全然只看重目前可以獲得的價值，也重視未來潛在的價值。以紐西蘭這個南太平洋小島國為例，他們能夠待在這個每個成員水準不一的聯盟的原因，就是因為大家認為『我不見得知道十年後的重點會是什麼，但也許這方面的情報或者洞見，會來自紐西蘭。現在不重要的領域，十年後可能變得很重要』。五眼聯盟的目光一定是放長遠，這是聯盟結構即使大小不一卻依然能夠維繫不墜的一個原因。」

價值也會視各單位提供的情報品質與情報可被證實的程度而定。成員國之間會有良性競爭，甚至單位之間也會有良性競爭，但不會有人被棄之不顧。曾經擔任澳洲訊號情報局局長、後於二〇一九年接任澳洲安全情報局局長的伯吉斯指出：「大家都有聰明人才，能夠在困難與不可能之間那塊敵人認定做不到的狹小空間內發揮。」又說：「大小、觸角與規模固然重要，但在五眼聯盟如此成熟且複雜的合作關係當中，這些不是唯一帶來價值的東西。」聯盟各個情報單位的運作速度也不相同。「我們不是按照五國步調前進，而是按照最快步調前進。也就是說，可能會有兩、三個國家針對某件事一起合作，但另外兩個國家不需煩惱，因為他們依舊受到信任，仍然是五眼聯盟的要角，也不需擔心這是在和他們競爭，而是出於需求必須加緊腳步。」一名澳洲情報官員舉例說明：「最常見的狀況是，某個訊號情報單位結合美國中情局的力量完成精彩成果。這只是假設的例子，但你懂我的意思，就是基於國家利益與情報組織利益而做。當各方利益有交集的時候，就會擦出美妙火花。」

吸收關鍵位置人士成為線民，是美國聯邦調查局、英國軍情六處及澳洲安全情報局等五眼聯盟人員情報單位愈來愈常遇到的難題，所謂關鍵位置，指的是像身處恐怖組織核心，或是在俄國、中國與伊朗等敵國政府或外交體系服務的人士。招募線民雖然是情報工作的重點，敵人卻也日漸擅長獵捕線民，再將線民殺害或策反為雙面諜。

線民失聯會不利於招募，線民被策反則會提供聯絡人假情報，導致無法對鎖定國進行準確情報分析與決策。有時甚至會為了行動任務而急於吸收線民，罔顧背景審查，結果鬧出人命。二〇〇九年就發生過一次這種「任務重於安全」的例子，中情局吸收一名約旦籍醫師，要他滲透蓋達組織，他卻背叛聯絡人，在阿富汗霍斯特美軍基地引爆身上炸彈自殺攻擊，造成七名中情局人員死亡。對所有身處「反恐戰爭」的五眼聯盟情報單位而言，這是一記警鐘。另一個相似的警示案例，則是中情局機密通訊系統遭到破譯，導致布建在中國與伊朗的情報網曝光，線民喪命。二〇一〇年至二〇一二年間，光是在中國就有二十名中情局線民落網，並遭殺害或監禁。

二〇二二年初俄國入侵烏克蘭，雖符合五眼聯盟事先研判，卻也突顯吸收線民的困難。俄國領導人行事難以預料，令聯盟各國日益憂心，同時希望能夠趁成千上萬烏克蘭人死傷逃難、深陷人道危機之際，透過西方國家對俄國經濟與政治領導階層實施禁令，在情報上有所突破。五眼聯盟寄望於俄國國內的反戰氛圍，會讓普丁的核心團隊成員自願變節。情報首長想掌握的，當然是普丁的意圖，以利知會反作戰單位並呈報決策者，但這項資訊不可能透過截收他與戰場上部隊之間的通訊得知，因此五眼聯盟才會如此重視自願變節者，即情報界所謂的「主動上門」。

深知普丁作風越發專橫的情報首長與各國領袖，得知他在入侵烏克蘭不久便下令核子部隊戒備時，莫不感到震驚。烏克蘭危機再次說明了，五眼聯盟亟欲判斷普丁的下一步會是什麼，卻因無法滲透他的核心團體而力有未逮。外界甚至納悶普丁的精神狀況，是不是因為新冠肺炎大流行實施隔離的關係，令他心生妄想。普丁不太讓人親近他，連他國領導人都快認不出這是以前見過的同一個人。像是二〇一〇至二〇一三年曾任澳洲總理的茱莉亞．吉拉德就這麼認為。她從來不覺得普丁是「認同我們的價值」的政治領導人，但曾經覺得他是行為大致可以預料的「自利理智人物」。她說：「自利理智人物有個好處，就是大致可以判斷他下一步想做什麼。政治上最可怕的事，就是有人自利卻不理智。我認為情報界應該是去確認普丁是否因為新冠肺炎隔離的關係，或者其他當前因素導致他如此狂妄，使他不像從前那樣容易讓人預測。」

曾任國安顧問與英國駐美大使、有權接觸英國極機密檔案的達洛克勛爵透露，五眼聯盟最迫不及待想要掌握的，是如同「金粉」般的普丁動機。他說：「以俄羅斯來說，真正的金粉就是可以從某人得知普丁與其身邊小撮人士的談話內容，像是普丁給軍隊下什麼指示……等等。至於能不能取得這樣的內容，取決於我們有沒有線民身處核心位置。這個人會面臨極大人身危險。以前就有這樣的例子。」

五眼聯盟在冷戰時期的重大情報斬獲，都是來自俄國人自願變節，如古琴科在渥太華披露史達林想在二戰後當核子霸主；如彭科夫斯基在一九六〇年代初期古巴飛彈危機前夕，讓外界留意到俄國的企圖；如李亞林在一九七一年揭發英國與美國境內的龐大蘇聯情報網；如米卓金在一九九二年披露蘇聯國安會於美澳等國從事情報行動。這些人之所以變節，主要是基於理念，認為揭發蘇聯政府的貪腐與背信棄義，才更符合祖國的利益。

冷戰正式結束已逾三十年，如今聯邦調查局不願坐待歷史重複上演，打算向歷史出擊。作法是鎖定華府俄國大使館內外的手機，投放廣告在臉書、推特與谷歌等社群媒體，以煽動使館人員不滿俄國入侵烏克蘭的情緒。廣告以俄文寫成，搭配普丁在入侵烏克蘭前夕一場安全會議斥責俄國對外情報局局長謝爾蓋・納雷什金（Sergey Naryshkin）的畫面。文案借用普丁羞辱情報首長的那句話，寫道：「給我說白話，謝爾蓋」，後面接續寫：「……我們洗耳恭聽」，一旁放上聯邦調查局局徽。從廣告印有招募線民的該局網址來看，廣告的投放對象明顯是俄國大使館。聯邦調查局祭出這個策略，充其量是要讓大使館擔心有人變節而人心惶惶。俄國大使安納托里・安納托夫（Anatoly Anatov）將這個廣告喻為「擾亂員工、鼓勵叛逃」的「可笑」之舉。但從反情報角度觀之，聯邦調查局與其他五眼聯盟人員情報組織均認為，在諜對諜的賽局中，能夠做到擾亂並鼓勵叛逃，就是成功。

德里斯科認為，俄國人為了幫助烏克蘭，有可能會變節找上聯邦調查局。「這種事情在歷史上屢見不鮮。不只美國遇過，俄國也遇過，其他國家也遇過。像目前這種重大衝突，俄國人民意見明顯不合，從街頭抗議可見一斑。這個時候也許會有人想和我們談一談，會為了大局而決定做對的事。這極有可能發生。」

人臉辨識與生物辨識等科技巨大進展，已經被俄國、中國與伊朗情報單位用來掌握五眼聯盟情報聯絡人的動向，繼而讓線民身分曝光。加拿大情報評估統籌人葛林坦言，科技使得人員情報行動愈來愈困難。「科技進步會讓人員情報更難持續進行。如今透過生物辨識等各種方法，人們的行蹤愈來愈容易被掌握。未來情報人員和線民網想在暗中運作，會更加困難。」葛林更提到，技術突破對五眼聯盟是「利弊參半」，情報單位善用新技術的同時，也會權衡新技術帶來的風險。

如同二戰後五眼各國與蘇聯之間的軍備競賽，五眼聯盟如今也在量子運算等領域角逐科技霸主地位。量子電腦的運算能力，比起世上最高速的超級電腦強百萬倍。雖然量子電腦仍在研發階段，五眼各國的訊號情報單位與人員情報單位，均在密切關注這種電腦科技會給加密通訊帶來哪些影響。一旦五眼聯盟任一個國家在該科技研發上拔得頭籌，讓情報單位能夠做到向來最重視的事，即駭入恐怖組織、犯罪集團與敵方情報單位的加密通訊，掌握他們的運作模式，將對聯盟整體非常有利。但萬一是敵國率先將量子運算化為武器，用來攻擊五眼聯盟的通訊呢？葛林表示，量子運算「一方面讓情報單位的通訊更安全，可以更快取得敵方加密通訊內容，但另一方面也讓壞人的通訊變安全，而且能去破壞其他人的資通訊系統」。聯邦調查局德里斯科指出，這種科技可能會變成敵國鎖定想取得的目標。「量子運算是先進科技，所以我相信它是敵國想鎖定取得的目標，最擔心的就是中國。就我所知，有些專家推斷量子運算會讓目前許多加密方法失效，但某些報告也提到，某些新興加密演算法可能早已具備『抗量子』的特性。」

量子運算引發的疑慮，代表五眼聯盟運作的環境一直在變，威權國家為達到戰術或戰略目標，或者為削弱敵人，會在網路駭攻、假訊息、經濟戰與盜取科研成果智慧財產等方面，不斷挑戰極限。葛林也透露，五眼聯盟要面對的威脅，恐怕會愈來愈多。「氣候變遷和疫情大流行也成為我們關注的領域，這兩者對安全當然有重大影響。」又說：「社群媒體已被敵國政府與民間當作傾銷反自由民主社會論述的宣傳工具。」

情報活動不是君子之爭，從俄羅斯、中國、伊朗和北韓等國將情報單位當成對付國民與五眼聯盟在內其他國家的利器來看，它們無視國際法規範，遑論尊重人權與公民權利。眾所皆知，俄國與中國政府擅長從事「灰色地帶」行動，會委由犯罪集團執行網攻及暗殺任務，卻又不到武裝衝突的程度。海軍上將羅傑斯指出，五眼聯盟必須在這方面表現突出，掌握灰色地帶活動的內行知識，「包括訊息、假訊息、網路、影響力、代理人運用及透過中間人製造斷點等能夠讓國家合理推諉的作法。」又說：「要有辦法應付那些和犯罪集團合夥的國家，它們愈來愈會透過灰色地帶活動，讓自己取得優勢，使他人處於劣勢。」伯吉斯也提到，儘管流氓國家對付敵人會不擇手段，但五眼國家透過結盟力量，仍可與之抗衡。「威權國家的行為不受法律約束、預算節制與民意監督。我們該如何因應？要靠結盟力量，這一點是他們缺乏的，也是我們的優勢。」

五眼國家近七十年來在獨特的聯盟安排下，自在且有自信。但到了二〇二二年初，普丁與習近平兩個威權領導人公開宣示兩國友誼「無上限」，合作「不封頂」，雄心勃勃的協議讓五眼聯盟情報首長開始緊張，光是對付一個國家已耗費五眼聯盟的資源了，何況是兩國共享情報軍事長才？所幸，兩國共同聲明發布三週之後，中國在聯合國安理會對譴責俄國入侵烏克蘭的決議案投下棄權票，讓五眼情報界鬆一口氣。可見習近平對普丁的支持並非「無上限」，有悖於宣傳所說的協議內容。

邵爾斯爵士認為，對五眼聯盟而言，中國構成「長遠與跨世代挑戰」。前英國首相梅伊憂心中國政府企圖打造戰略聯盟，表示：「事實表明，中國透過和其他國家建立關係，擴張全球影響力。」中國在二〇二二年初與太平洋的所羅門群島簽署安全協定，表面上是為了幫助社會動盪的該國「維護秩序」。澳洲和紐西蘭得知後氣壞了，擔心中國會透過協定在島上設置海軍基地，破壞區域權力平衡。

邵爾斯在卡麥隆初任首相前四年執掌軍情六處，他提到當時卡麥隆政府比較注重經濟面的中國。「可以說是出於政治權衡。在卡麥隆與財政大臣喬治・奧斯本（George Osborne）執政時期，也許沒有做好權衡，過度注重經濟面向、黃金時期……等等，重視經濟機遇勝於安全威脅，意指中國參與我國基礎建設。」

對此，前首相卡麥隆表示當時政府的中國方針「有和情報單位充分討論過，中國人在打什麼主意，我們並不傻。」他也提到，英國在他執政期間「和中國有相當正面的交融計畫，我要為此背書，因為當時是想為雙方關係打好基礎」。曾在卡麥隆執政時擔任六年內政大臣、後來繼任首相的梅伊則說：「中國是全球經濟體系的要角，不能不重視它。但我有疑慮的是，也許我們還沒找出好方法去確保全球在經濟上從中國受惠之餘，也能扼制中國其他令人擔心的面向。」

六十年來，五眼聯盟有功也有過。功如擊潰蘇聯、暗殺賓拉登、摧毀所謂哈里發的伊斯蘭國。過如伊拉克戰前糊塗情報分析、關達那摩灣醜聞。有些成敗要到很久之後才會公諸於世，甚至永遠不會公開。不過，隨著時代演進，情報單位倒是變得更透明一些，有時不是出於自願。最常見的情形，是受到法院命令、公民運動、媒體抨擊及監管委員會要求的關係，而被迫透明。讓情報單位更透明的另一個重要原因，是政府展開調查。例如一九七〇年代揭發美國中情局與聯邦調查局、加拿大皇家騎警違法亂紀的調查案，或如九一一事件調查委員會（美國國家恐怖攻擊事件委員會），以及二〇一三年史諾登洩密後英美兩國就監視氾濫展開調查。情報界雖然對史諾登的舉發行徑大為不滿，卻也無奈認同五眼聯盟情報單位經過他這次洩密，確實變得前所未見更加透明。

二〇〇一年美國遭遇九一一恐怖攻擊，使五眼聯盟有共同目標要去對付蓋達組織與迭代團體。二十年後，聯盟再度因為一個敵手重新崛起而動員起來，這個敵手就是俄國。本書付梓之際，普丁入侵烏克蘭的決策應屬失算，北約反而可能因此擴張。烏克蘭的抵抗非但沒有被瓦解，反而讓各國在人道與軍事上奧援烏國。入侵的另一個意外後果，就是五眼國家被動員起來對抗俄國。邵爾斯爵士指出：「每次出現像現在烏克蘭戰爭的新危機，北約和跨大西洋合作就會再度活躍，但不只如此，情報單位也會有新目的、新的迫切重點對象。」

五眼聯盟成立的年代比今天單純得多，衝突均是發生在遠離聯盟各國的國家，民主與專制的角力多以代理人戰爭展現，如韓戰、越戰及蘇阿戰爭。冷戰結束後，西方國家的軍事介入方式明顯出現變化，伊拉克與阿富汗等入侵行動，均是以打擊恐怖主義的名義為之，時間表也是由行動介入的主導者，也就是美國來決定。即使五眼國家遇過個人恐怖攻擊等反作用（這些攻擊被蓋達組織與伊斯蘭國視為對外國軍事介入的報復），卻不認為會衝擊聯盟存亡。貝倫斯陸軍上將指出：「這和我們現在要面對的狀況截然不同，如今這場戰鬥攸關存亡。」又說：「在數位時代，西方國家和五眼聯盟面對的風險不只更高，衝突的展現方式也在改變。人民日常生存所需的東西，如食物、網路、通訊及金融，都要倚賴科技，也容易遭遇網路攻擊。」這使得五眼國家要面對的其他挑戰更加嚴峻，例如中國稱霸全球之心來勢洶洶，以及俄國持續對烏作戰時擺出核子姿態。

吉拉德表示：「許多事情在還沒發生前，是壓根想不到的。假設今天搭乘時光機回到過去，跟大家說『會有飛機衝撞世貿中心，會發生伊拉克戰爭，而且是根據錯誤情報發動，還有關達那摩灣的十年爭議，以所謂增強審訊手法刑求囚犯』，大家會覺得『要不要我帶你去附近醫院，檢查你腦袋有沒有問題？』」

一路走來，五眼聯盟歷經變化莫測、冗長且偶爾不合的旅程。這也許是難以避免的，畢竟組成如此規模聯盟的成員，各有各的國家利益與國民安全迫切想要保護。聯盟成立至今，偶爾會被某些成員國領導人的私心纏住，如尼克森、小布希、布萊爾及川普；有時也會被情報單位某些首長逃避課責與失常的行徑困住。即便如此，難道該以前人的過錯，來評斷當前的五眼情報聯盟嗎？

隨著五眼國家設法應付的世界局勢益發難料，要承擔的國安責任也變得更加廣泛，像是氣候變遷、疫情大流行，以及流氓國家利用社群媒體對自由民主國家從事邪惡宣傳論述。有鑑於此，倚賴聯盟預見與對抗未來威脅，仍將不可或缺。

後記

B計畫：澳洲擁核子潛艦

史考特．莫里森（Scott Morrison）在二〇一九年國會大選出乎觀察家的意料，確定連任澳洲總理後，收到如潮水般親友與自由黨的恭賀簡訊。勝選慶祝活動在五月十八日晚間於雪梨溫德沃斯索菲特飯店（Sofitel Sydney Wentworth hotel）舉行。午夜剛過不久，莫里森又收到一封恭賀簡訊，這次是第一個外國領導人傳來的。

莫里森這位保守派領導人，在勝選前不到一週剛滿五十一歲。他的勝選被媒體權威喻為搭上民粹潮流，隨同美國川普與英國強生兩個保守派好朋友取得政權。然而，儘管莫里森和英美兩國領導人關係親密，也和他們一樣有化解爭議的天生本事，更懂得利用媒體為自己政治加分，這封午夜十二點二十分出現在手機的恭賀簡訊不是來自川普，不是來自強生，也不是來自五眼聯盟其他國家，而是來自法國總統艾曼紐．馬克宏（Emmanuel Macron）。

莫里森透露：「馬克宏是第一位向我道賀的人。他傳訊息說：恭喜你，幹得好。」令他喜出望外，心想：「哇，不錯呢。」這說明馬克宏注重細節。「從這一點我就知道，馬克宏能夠在政壇闖出名堂並非偶然，老練且精明，心思也細膩。他就是如此……很擅長這種事。」

不過，比起他和川普與強生的兄弟情（情誼出自三人相似政治立場及領導風格，三國說相同語言，有相似文化，軍事與情報合作悠久），莫里森與馬克宏的交情，卻比較偏利益導向。撐起兩人交情的是澳洲史上最大軍購案，由昔稱海軍造船總局（DCNS）的法國海軍集團（Naval Group）得標承攬。該集團自德國與日本對手脫穎而出，負責建造十二艘短鰭梭魚級柴電潛艦，以取代澳洲原有柯林斯級柴電潛艦。

這項澳幣五百億軍購案是在二〇一六年由莫里森和馬克宏各方的前任政府敲定，如今遭遇嚴峻挫敗。原先預定二〇三〇年代初期完工的潛艦，將延至二〇三八年交貨，使得莫里森憂心忡忡。加上艦隊建造支出預計暴增至九百億元澳幣，將近原先約定的兩倍，遑論後續還要在潛艦服役期間支出上百億元維護費用。莫里森回憶：「問題出在設計階段就延宕，導致整個專案跟著延宕。」又說：「他們一直要我們放心，但到了二〇一九年底，問題還是沒解決。當時我心裡有數，這個案子會花更多錢，而且會拖更久。另外就是戰略問題：會不會這些潛艦還沒來得及下水，就已經跟不上時代？」

馬克宏頻頻安撫莫里森，表示他會親自督促海軍集團正視澳洲的疑慮，且「極有意願透過職權解決問題」。但澳洲的憂慮依舊不減。除了中國在南海加大軍事動作，使得身處印太地區的澳洲更加擔心安全威脅之外，中國對台灣的威嚇、中國對鄰國進一步施加影響力，以及中國擴大控制區域公海與公海上空，均成為莫里森政府的外交難題。一方面，莫里森總理有意和中國這個最大貿易夥伴維持經濟關係，但另一方面，他也必須維持澳洲八十年來的戰略，和最重要的盟友美國站在一起，互相支持，因為美國在他眼中是「我們的安全基礎」。二〇一九年，川普威脅習近平政權，表示將對中國祭出新一輪二千四百七〇億美元貨物關稅，令中美兩國戰略衝突升溫。澳洲總理為了國家最大利益著想，採取平衡策略，選擇置身事外，至少外界看來是如此。二〇一九年十月，莫里森在一場講座上堅稱：「在這個中美強權競爭的年代，澳洲不需要選邊站。」但當觸及國家安全，澳洲仍無畏於槓上中國，早在一年前就封殺與中國政權關係密切的華為科技企業，促使其他五眼國家跟進。

正當法製潛艦案陷入一波三折，中國問題也讓澳洲總理進退兩難的時候，澳洲與美國早已在軍事與情報上加強合作。莫里森與美國總統川普、副總統麥克．彭斯（Mike Pence）及國務卿龐培歐的交情迅速升溫，讓他更篤定可以向其他國家採購潛艦。但他想要進一步了解是否可能取得核子潛艦，因為核子潛艦的戰略優勢比柴電潛艦多，包括速度更快，潛航更久。莫里森透露，川普十分肯定澳洲的付出：「我們增加對五眼聯盟的貢獻，增加國防預算……加強對抗中國，提升自己在印太地區的份量……這些美國都看在眼裡，覺得『這些傢伙很認真』。我就在想，若不趁這個時候設法取得核子潛艦，以後會沒機會。」

除了莫里森和川普有私交之外，澳洲和美國兩國關係也很深厚。二戰期間，美國陸軍上將麥克阿瑟曾在墨爾本成立中央局，集結五眼聯盟前身的五國訊號專家在此工作。美國還在一九六〇年代於澳洲北領地設置松樹谷衛星地面觀測站，監聽軍事訊號通訊，後來更擴大監聽範圍，納入全球一般百姓的通訊。

由於澳洲表現格外突出，澳洲在五眼聯盟的情報地位排行第三，比經濟、軍隊與人口規模都大得多的加拿大還要前面。儘管如此，澳洲和加拿大、紐西蘭一樣，均未被納入二戰之後英美耕耘的兩國特殊關係。五眼聯盟當初成立兩年後，英美兩國在一九五八年透過特殊關係的名義簽署共同防禦協定，加強核武、潛艦動力技術等雙向合作，並由美國提供潛艦動力技術。

澳洲未被納入協定，可見澳洲顯然不是特殊關係的一份子。莫里森希望打破長久以來兩國專屬的局面，成為「三方家庭」。在他看來，美英若能同意協助澳洲打造核子潛艦，將會是邁向更大宏願的契機。莫里森說：「目標是建立超出潛艦以外的三方能力，包括飛彈、人工智慧、量子、水下科技、太空……等等。潛艦是罐子裡的大石頭，但找來罐子不是為了放大石頭，畢竟大石頭放外面也可以。罐子……的用意是確保其他東西也能裝進去，確保有機會能夠裝其他東西，一個是鑑別能力要求，這個是由三方進行；另一個則是為三個國家的國防產業豎立規模與產業基礎。」

儘管莫里森是有自信的五旬節派基督徒，二〇一九年勝選時，他曾歸功於神助，稱是「神蹟降臨」，卻也認為澳洲要實現不為人知的壯志，成為全球第七個擁有核子潛艦的國家，希望不大。因為澳洲不像是美國、英國、俄國、中國、印度與法國這些擁有核艦的國家，既非核子強權，也不是世界前十軍事大國，頂多算是中等國家。既然莫里森沒有把握壯志一定能夠實現，便不能冒險破壞馬克宏正努力不要讓它告吹的法國這筆交易。否則不僅會惹來法國大發雷霆，危及兩國外交關係，而且容易造成反效果，會顯得他在地緣政治是個B咖，不自量力，一敗塗地。但若是設法讓法國努力履約，同時暗中探尋自其他國家購入潛艦的可能性，這場賭局莫里森倒是願意下注。他很小心翼翼不讓馬克宏知道他內心真正的想法，這麼做不是要對他不敬——至少莫里森自己如此認為。他透露：「我們很合得來。但攸關重大國家利益的決策，不應該取決於這些事情。」總理也確實沒有讓這些事情影響他的決策。二〇一九年底，他研判全力以赴取得核子潛艦的時機已經成熟。

接近二〇一九年底，澳洲迎來夏天，遍地野火。新南威爾斯州與維多利亞州數百萬公頃土地，盡遭焚毀。莫里森政府處置森林野火失當，造成數千家庭無家可歸、三十四人當場死亡，逾四百人因吸入濃煙併發症致死。儘管內政面臨壓力，自認是「心理區隔」高手且野心意圖連資深閣員都看不穿的莫里森，依舊追求地緣政治願景。十二月初，他在總理辦公室召開極機密會議，先後找來幕僚長約翰·昆克（John Kunkel）與國防顧問吉米·齊卜洛克斯（Jimmy Kiploks）磋商法國潛艦交易退場方法。「我跟他們說：『我很擔心潛艦案，覺得需要生出B計畫。』又說：『好歹這一次，B計畫必須比A計畫好。』」

幾週後，正當全球因新冠疫情實施封城，經濟走向難料且死亡人數攀升之際，莫里森仍然堅定推進他的國安大志，進一步和最信任的同仁磋商構想。莫里森指出：「討論潛艦的過程非常封閉。參與討論的人士有國防部長葛雷格・莫里亞提（Greg Moriarty）、內閣祕書安德魯・薛勒（Andrew Shearer）、國安顧問蜜雪爾・陳（Michelle Chan）及國家情報辦公室處長尼克・華納（Nick Warner），總計約六個人。」

「這個團體不算是正式討論，也尚未提交到內閣國安委員會討論。我們的策略是一旦決定這麼做，就不能讓法國人輾轉知情，否則可能導致法國交易破局。因此必須築起長城（抱歉借用這個雙關）避免討論內容外洩。」莫里森將「可行性研究階段」工作交給莫里亞提負責，莫里亞提擔任國防部長之前，曾經位居高階外交職位，包括在反恐戰爭高峰時期擔任駐伊朗大使，以及擔任澳洲首任反恐協調官。如今他的任務，是去和國內、美國與英國最資深且最值得信賴的國防專家請益，了解建造核子潛艦的勝算有多大。莫里森透露，當時的「預設前提」是澳洲向英國採購「機敏級」（Astute-class）潛艦，潛艦在澳洲製造，「美國則把關核子技術」。

莫里亞提於是「成立一個封閉小組……整合所需能力、接觸管道與交情」，就潛艦一事啟動戰略方案，不讓政治力介入。莫里森總理不願意從政治面切入，讓川普與強生知道他的打算，因為在這麼做之前，他想先確定技術專家的戰略討論已經有成果，這裡指的技術專家包括這三個國家深知水下戰爭細節、也對印太地區不穩局勢情報評估有所掌握的人士。莫里森說：「我偶爾會聯絡莫里亞提，看看他進度如何。他的回報多半是：『老闆放心，緩步進行中，他們仍然繼續跟我們保持聯絡。』這一點耐人尋味，因為我總是以為他會回報說：『不行，他們無法接受這個，無法接受那個，不想優先處理』，反正就是找各種理由拒絕。」

雖然要美國總統為他的想法背書，打一通電話即可，但他很清楚自己和川普交情深厚也是弱點，因為沒有人可以保證即使美國總統同意，美國國防部也會同意。美國國防部不同意的可能性其實更大。莫里森指出：「我和川普的交情很好……假如當時直接跟他說，我們想爭取潛艦，我想他應該會說『好』。但同時我們也必須了解到，川普和他的政府體系是處於什麼樣子的關係。」莫里森擔心川普一旦向國防部提到澳洲這件事，「他們肯定會說『尊辦，總統先生』，接著全力封殺這個構想，讓它連離開本壘的機會都沒有。」還有不能忽略的一點是（至少從戰略角度不能忽略），那就是雖然他和美國現任總統交情很好，美國二〇二〇總統選戰已經如火如荼開打。喬．拜登（Joe Biden）可望獲得民主黨提名角逐大位，對川普構成威脅。

莫里森希望不論最後誰當選，他的計畫都能實現。他說：「不論是川普或誰來執政，我都要確定這會實現。不過，二〇二〇年初的時候，川普並非沒有當選勝算，不是絕對會輸。我想表達的是，當時政治局勢是你爭我奪。下半年情況的確不同，但上半年並非如此。我知道在適當的時候跟總統提這件事，總統會拍板決定。我要確保他們一旦拍板，底下的官員會說：『尊辦，總統先生。我們認同您的想法，我們支持。』」澳洲官員在二〇二〇年一直和英美兩國軍事科學專家交流磋商，「澳洲技術人員不斷搭機往返華府」，直到隔年川普下台，拜登上任為止。隨著新政府上台，莫里森在川普任內採取的軍事與科學層級磋商先行、政治勿擾策略，確實對他有利。莫里森說：「即使政府更迭，這個策略仍然讓我們兩邊通吃。」自從上次向幕僚長與國防顧問拋出「B計畫」構想，至今已過將近十八個月，如今他主張的三方協定看來即將成真，只差取名，而且必須是個響亮縮寫。

在為自己的結晶之作尋找取名靈感時，莫里森想到澳洲七十年前曾經加入三方協定，即《澳紐美安全協定》，該協定規定澳洲、紐西蘭與美國三個國家有共同協防的義務。協定原本被寄予厚望可以用來對抗共產勢力在太平洋地區擴張，卻因為紐西蘭在一九八五年拒絕美國核子潛艦進入領海，讓協定受挫。紐西蘭總理藍伊堅守政府立場，禁止搭載核子武器的潛艦與核子動力潛艦進入紐國，導致美方片面終止協定，凍結美國對紐西蘭的「協定義務」。美紐兩國關係花了至少二十年才融冰。

有別於《澳紐美安全協定》，莫里森在構思新三方協定時，並未考慮納入紐西蘭。他打算透過簡單方法改造協定的縮寫名稱，即將紐西蘭的NZ改成英國的UK，《澳英美安全協定》（AUKUS）於是誕生。他透露：「《澳紐美安全協定》是澳洲七十年來的安全政策支柱，縮寫簡單明瞭，就是這麼一回事。」AUKUS的字母順序不代表層級排序。「如果縮寫改為美英澳USUKA，讀起來就不通順。某一次吃晚餐的時候，有人跟我說，如果協定國家納入法國、英國與美國，縮寫就會變得很不一樣。記得笑話是這樣：『為什麼不能讓法國加入AUKUS？』我說：『起碼縮寫會很難聽。』」（法國首字母F置於AUKUS前，音同髒話。）

二〇二一年五月，莫里森首次向國安委員會說明《澳英美安全協定》構想。他透露：「我們向國安委員會報告打造核艦的構想，他們一致認同應該朝這個方向推動。」報告結束不久，莫里森展開三方協定政治磋商，第一步是聯絡英國首相強生與英國國安顧問史蒂芬．羅夫葛洛孚（Stephen Lovegrove）爵士。莫里森談到五月十四日那次通話時說：「我從雪梨安全地點打給強生和羅夫葛洛孚。那通電話很重要，因為知道至少已經有兩個人支持三方政治磋商。」他指出，強生與羅夫葛洛孚明白這個三方關係構想——強生稱之為「自由計畫」（Project Freedom）——意義重大，能夠強化英國在太平洋地區的勢力。莫里森指出：「我和強生以前稱呼它為自由計畫，這個計畫的目的在確保印太地區的自由，十分高尚。這是強生想出的名稱，我挺喜歡。」

他指出多虧「我們已經在和英國合作」，使得拜登新政府對三方協定構想也感興趣。儘管如此，拜登政府有更緊急的事情需要處理，像是從阿富汗撤軍，這些事情本身也有國安風險，還可能招致公關災難。拜登已將撤軍期限從前任總統設定的五月延至八月底。美國情報界看法悲觀，認為阿富汗遲早會被塔利班奪權，有人預測六個月，有人則估計只要一個月。美國國安顧問傑克．蘇利文（Jake Sullivan）一面處理阿富汗任務，一面處理莫里森提出的三方軍事合作案。在敲定方案細節的過程中，蘇利文與印太地區國安事務協調官庫特．康貝爾

（Kurt Campbell）是爭取其他官員支持的重要人物。莫里森透露：「他們立刻明白它的戰略意義。但我也曉得，當我把這件事端到政治檯面上時，他們肯定如同我們之前那樣，知道要在美國政府體系內推動這件事，會遇到重重困難。因此在得知我們提出建議之前有做好功課，應該如釋重負。」然而，此時有個英美雙方都很清楚的戰略要點，那就是三方協定的建立，在事成宣布以前必須保密，以免提前引發法澳兩國風波。

莫里森與拜登及強生遂利用二〇一九年六月在英國召開G7高峰會的機會，舉行場邊祕密會議，共商《澳英美安全協定》細節。會後發布的新聞稿平淡無奇，提到會議旨在磋商「印太地區等共同關切的議題」，卻是矇騙媒體之技。實際上，這場六月十二日在英格蘭西南岸康瓦耳卡比斯灣飯店（Carbis Bay Hotel）舉行的會談，出席者還包括各國國安顧問，目的是要取得拜登支持與定案。莫里森提到這次是他和拜登總統第一次召開實體會議，拜登總統「贊成這項方案」，但希望「在防止核子武器擴散」方面獲得更多保證，更要莫里森考慮放棄向英國採購機敏級潛艦、核子技術靠美國提供的原先計畫，希望澳洲改依照美國維吉尼亞級潛艦設計打造潛艦。

被問到既然英澳兩國原先規劃採購英國機敏級潛艦，拜登的要求是否讓他為難。莫里森答：「美國是波諾（Bono）。」他指的是U2樂團主唱，用以比喻美國在五眼聯盟的主導地位。「提到U2樂團，波諾就是U2的代名詞。其他人像是艾吉（Edge）也很厲害，但比不上波諾。」對莫里森來說，他不在乎澳洲潛艦是採取哪一種設計，更以澳洲年度賽車賽事中兩大本土車種霍登（Holden）與福特（Ford）的較勁為喻，形容維吉尼亞級與機敏級這兩種潛艦設計。

他說：「澳洲有個賽事叫做『巴瑟斯特一千公里競賽』（Bathurst 1000）。霍登房車在和福特房車較勁的時候，我才不在乎是霍登還是福特勝出。我不在乎是機敏級潛艦還是維吉尼亞級潛艦。我只在乎我們能做得出潛艦，潛艦能夠出海，運作沒問題，我們又負擔得起，而且能夠實現。」莫里森只在意及時敲定這筆交易，以便毀棄他仍（起碼表面）承諾的法國軍購案。這回馬克宏仍像兩年前搶在各國領導人之前恭賀莫里森那樣，在莫里森結束卡比斯灣飯店與拜登、強生的會談後，率先找上他。「康瓦耳那次潛艦會談結束後，大家離開會場去拍照、吃晚餐。會後第一個來找我的，就是馬克宏。」馬克宏此時不曉得莫里森心裡在打的主意，但想和他談談法國軍購案。莫里森建議晚個幾天，等他赴約前往法國總統官邸愛麗舍宮共進晚宴再談。莫里森說他有提出對法國潛艦案的疑慮，「我們有溝通這件事，我也很嚴正告知。」持平而論，他所謂的「嚴正」告知，從馬克宏角度來看並非如此，日後馬克宏罕見指責莫里森欺騙他。「我有跟他提到要組成《澳英美安全協定》嗎？沒有。《澳英美安全協定》當時還沒實現。B 計畫正在順利進行，但還沒實現。」莫里森又說：「不告訴他不等於欺騙他。我沒有說我們不考慮其他採購對象，沒有說我們不考慮其他方案……他明明曉得。」

和馬克宏結束晚宴後，莫里森被媒體問到軍購案是否打算毀約，他說：「這是他們的合約，海軍集團的合約。我對合約的態度都是一致的，就是期待他們能夠履約。」但莫里森心裡絕非如此盤算。此時他已不太在意海軍集團能否履約，更在意圓滿實現和英美兩國的三方協定。莫里森此次造訪法國甚至向媒體肯定，海軍集團從二〇二一年初以來「進步不少」，並歸功於馬克宏協助。他向記者表示：「感謝馬克宏提供直接協助，讓海軍集團這六個月來的立場轉圜不少。」這是在玩弄政治語言，因為他一方面想讓外界注意到法國潛艦案的挫敗與成果，另一方面卻要讓馬克宏曉得，他仍然不滿意。莫里森指出：「隔天，法國國防部人仰馬翻，不斷電洽澳方。這頓晚宴顯然讓他發覺事態不妙，要求國防部上緊發條。他們隨即四處找人。」他堅稱自己有在晚宴上告訴馬克宏，他「考慮」改買核子潛艦，而且當澳方官員後續向法國方面提起此事時，法國官員「告訴我們國防部人員，我們不需要核子潛艦。做生意不能這樣子，絕對不能否定客戶要的東西。」

看來，莫里森樂在這當中的權謀運作。畢竟法國總統從頭到尾被他玩弄於股掌之間，他掌控一切。談到馬克宏心中的掛念，莫里森說：「我猜馬克宏覺得我在玩弄合約，或者想利用合約占他便宜，也有可能覺得我在虛張聲勢。」和馬克宏交手，也許讓莫里森自認佔上風，但在《澳英美安全協定》這件事情上和拜登交手，他顯然自知處於劣勢。因為真正掌控一切的人是拜登，也就是他口中的波諾，連《澳英美安全協定》什麼時候能夠對外公布，都要由拜登決定。一如所有政治聲明，比較適合公布的時機，就是在出現壞消息，需要轉移外界注意力的時候。

二〇二一年八月中旬，美國要從阿富汗撤軍的壞消息佔據全球媒體版面，原本根據情報預測塔利班會在三十天內奪權，顯然太過樂觀，因為不到十天時間，這群民兵團體已橫掃全國。屋漏偏逢連夜雨，八月二十六日在喀布爾國際機場發生一起自殺攻擊，造成十三名美軍在內共一百八十死。到了九月初，媒體持續報導拜登處理阿富汗失利，並批評情報預測失準，令拜登備感壓力。白宮於是暫定九月十五日宣布《澳英美安全協定》上路，和九一一事件二十週年紀念活動間隔幾天。莫里森說：「費盡千辛萬苦才敲定日期。十五日只是在九月初大致暫定，但只要是白宮的事情，他們都得再做確認。」在對外公布以前，莫里森向美國總統與英國首相再三保證他會親自向法國總統解釋。「我們透過國安顧問向美方與英方表示，我們會跟法國解釋。但他說：『這件事交給我們。』」

莫里森說，他還向白宮肯定地表示，他已經在六月告訴馬克宏「我們不認為潛艦案和他們合作能夠達到我們的戰略目標」。不過，通知法國的時機選擇，考量並不單純。要考量的不只是提供一套說詞，以及確切的宣布時間，最主要是莫里森不願意在沒有白紙黑字的情況下，輕信拜登和強生口頭承諾會實現《澳英美安全協定》。在他看來，口頭承諾並不夠。他透露：「公布日確定，才是畫押定案。」在尚未確定三方協定會實現以前，他不會跟法國毀約，以免和英美談不成協定，他會兩頭空。「我們跟英美兩國說：『還沒確定這件事（《澳英美安全協定》）會成之前，我不會跟他們（法國）說後續的事。』我才不打算『就這樣撤出交易，放任法國阻撓我們實現和你們的協定，最後我們什麼都沒獲得。』這樣做很不負責任。」

莫里森自己都打算毀棄早已簽定且已支出至少二十億澳幣的軍購合約，竟然還有立場去質疑美國和英國政府是否會信守三方協定的實現諾言？

莫里森說，他在《澳英美安全協定》對外公布前幾天，曾試圖和馬克宏通話。對方回了簡訊，問：「『是關於我們兩國潛艦合作案的好消息，還是壞消息呢？』他是這麼問我的。不知道要發生什麼事的人，是不會這樣問的。顯然他知道。」馬克宏不完全曉得要發生什麼事，他也許有不好的預感，畢竟莫里森之前就向他表達過關切，但他不曉得莫里森的下一步會是什麼。這個下一步會發生在《澳英美安全協定》公諸於世幾小時前。協定的公布，是透過一場精心安排的三個時區同步視訊會議，時間是華府與倫敦的九月十五日晚間，坎培拉的十六日早晨。

《澳英美安全協定》在澳洲時間對外公布的前一晚，莫里森確認了告知馬克宏他要終止法國合約的信函內容，這封信花了他一整天時間和顧問修改。要寄出時，他不禁擔心坎培拉和巴黎的十個小時時差，會讓馬克宏有足夠時間聯絡拜登，導致他和英美兩國的合作案破局。儘管有此顧慮，他仍然按照原訂計畫通知馬克宏。莫里森說，他在坎培拉時間的晚間八點三十分「親自以安全加密訊息方式」寄信給馬克宏。「我只告訴他我們要安排採購核子潛艦，因此要終止採購柴電潛艦的合約……我沒有告訴他《澳英美安全協定》的事。」儘管沒有提到三方協定的名稱，莫里森說他有提到這項新安排的合作對象是美國和英國。他也告訴馬克宏，澳洲政府會「以善意解決合約事宜」。

信寄出後，莫里森沒有鬆一口氣的感覺，反而開始擔心法國反彈。事後他想起六月在愛麗舍宮的那次晚宴上，法國總統說了一句讓他感到不祥的話。「記得馬克宏在晚餐時跟我說：『我不喜歡輸的感覺』……他在講法國潛艦採購案這件事。在那之後，我不時納悶他這句話是什麼意思。」當總理三年來，沒有什麼事情比寄信給馬克宏之後的壓力還要大，連數千國人喪命的新冠疫情也比不上。他說：「可以說是我當總理以來最睡不著覺的一晚。撇開疫情大流行，撇開其他事情不論，那一天晚上我最睡不著覺。因為我知道後果。」

他透露：「這整件事最讓人擔憂的地方，是我無從判斷法國和美國的關係走向，以及他們的關係會如何影響這件事。我的意思是，拜登也許會說：『跟你說，馬克宏有聯絡我，這件事先緩個幾週吧，讓我們處理一下。』這有可能發生，在那個階段是有可能破局，因為馬廄大門已經敞開，再也無法控制局面，事態會迅速發展，反對黨一旦發現原本說好要公布的卻沒有公布，政治效應會一發不可收拾。」

他提到：「我擔心他有一整天的時間去封殺這項合作案。」從這番坦言可見，莫里森對於《澳英美安全協定》能否實現，是有些不安。比起相信他和拜登及強生達成的協議，他更擔心馬克宏在最後階段介入。為了確認他所說，我又問莫里森一次，他當時是否真的擔心馬克宏能夠「封殺」合作案。他說：「當然，他可以不擇手段阻止這件事實現。」並舉馬克宏在協定公布後採取的行動為例，像是召回法國駐澳與駐美大使。「他召回大使，駐澳大使離境之前還在媒體俱樂部發表談話，大罵我們……況且法國的外交勢力很強，肯定蜂擁找上華府，試圖破壞這項合作案。這讓我更加覺得，當初嚴密處理這件事是絕對必要，因為他們一定會設法封殺。」

風波發生後，法國批評澳洲背信忘義，聲稱自己「被騙」，遭到澳洲「背後捅刀」。隔一個月，拜登和馬克宏在羅馬G20峰會會面時，公開表示他一直「以為法國」在《澳英美安全協定》對外宣布以前，「很早就被告知」澳洲決定終止海軍集團的合約。但莫里森還是堅持認為他沒有欺騙馬克宏，也沒有欺騙拜登。至於他對拜登的公開斥責作何感想？他表示：「拜登不喜歡難做人，所以才會那樣說，公開敲一下我們的頭。我要的合作案拿到手了，我清楚會有代價，也樂於付出代價。這不會影響我們的關係，也不會影響《澳英美安全協定》。」他還說，美國在阿富汗失利之後才公布三方協定，對白宮的公關起了提振作用。

他表示：「我想說的是，美國人才剛從喀布爾撤軍，從美國角度來看，阿富汗發生的事情是災難一場，影響國際層面。美國民意對這件事的處理方式很有意見。對拜登來說，《澳英美安全協定》來得正好，如此重大又宏偉，涉及印太地區、多邊參與，而且吸引夥伴……沒有比這則新聞更好的了。許多層面來說，這則正面新聞帶給他們的好處，也許比我們還要多。」

另一個在意《澳英美安全協定》公布的國家領導人，是德國總理梅克爾，因為蒂森克虜伯海事系統公司（ThyssenKrupp Marine Systems）這家德國潛艦製造商，也曾在二〇一六年參與澳洲採購案，與法國及日本廠商競標。不過，按照梅克爾在卸任前一個月、二〇二一年十一月出席聯合國氣候變遷大會和莫里森會談時的說法，德國沒有得標，反倒令她鬆一口氣。莫里森回憶指出：「當時是在格拉斯哥第二十六屆聯合國氣候變遷大會，領導人休息室。我穿過休息室，看到梅克爾坐在那裡。這應該是最後一次可以和她坐著聊天的國際場合。她說：『哦，怎麼一回事？跟我說吧。』聊天過程很有趣，也有點放肆，但我很喜歡。她說：『還好我們沒有拿到（潛艦合約）。』」

莫里森不讓法國曉得澳洲正著手安排《澳英美安全協定》，一點也不令人意外，因為這件事連他自己的內閣，也被蒙在鼓裡十八個月左右。這麼做不是要低估維持法澳外交關係的重要性，畢竟法國是大國，是南太平洋的區域夥伴，更是聯合國安理會的常任理事國。但莫里森故意忽略，因為他認為合作案若要實現，非得矇騙法國不可。

如此作法讓馬克宏大動肝火。但馬克宏再怎麼批評他欺騙，他也不在乎。畢竟國家利益當前，外交關係不是莫里森考量的重點——至少和法國的關係不是。我問他：你身為總理，追求國家利益是否勝過一切其他考量？這樣說公允嗎？他答：「當然，當然。我對馬克宏的說法不以為然，但這是法國人典型的回應。」很難想像其他國家如果被騙得如此淒慘，還會有什麼回應。

有一點是肯定的，那就是各個盟邦領導人眼中的國家利益不見得一致，即使是五眼聯盟也不例外。加拿大拒絕和美國一起入侵伊拉克便是一例。一旦國家政治立場不同，情報首長向來會為了不讓情報交流受到時下政治的干擾，而不得不出手介入。對此，澳洲安全情報局局長伯吉斯所知甚詳。談到澳洲與法國之間的政治風波，他說：「每個國家都是按照國家利益做決策，但各國國家利益偶爾會不同，因此決策必然會引發不滿。不論怎麼說，國家決策總是以國家利益為優先考量，這個世界就是如此。」儘管如此，他指出他的單位仍然和法國情報體系在各方面維持堅定合作關係，例如反恐、反情報與反外國干預。「他們仍然是重要夥伴國，法國是這個區域的利害關係人，因為他們在這裡有勢力，當然是利益關係國。但我認為法國是重要夥伴的原因不只如此，而是牽涉到它在全球安全環境的地位，不光是在太平洋地區。他們可以貢獻很多，我們也可以貢獻許多給他們，雙方對於管理共同威脅有一致的需求。當兩國都在捍衛自己國家利益，而國家利益一致的時候，代表我們可以當好夥伴。」

政治人物往往重彈「國家利益」老調，以爭取民眾支持他們的立場，即使立場可能會傷害與盟邦的外交關係。莫里森很清楚，違約會惹怒法國人。他說：「我知道這麼做顯然會衝擊我國和法國的關係，結果也確實如此。但決策不得不做，我們也做了決策——然後我做了決策，毫不後悔。如果法澳關係純粹只是建立在一份合約，而且合約終止不是因為我們對他們的不作為感到失望或憤怒，而是因為這麼做符合我們的國家戰略利益，也就是保障澳洲免於區域某個強硬國家的威脅。如果夥伴國沒有認知到我們這麼做是為了國家利益，即使這樣做讓他們很失望，那算是什麼樣的關係？純粹只是交易關係嗎？從這件事的演變來看，感覺確實比較像是『好吧，或許兩國只是交易關係。』」

另一種看法也不無道理，認為莫里森為了拉近澳洲和英美兩國的關係，必須要有「交易性」算計，因為他深信投資《澳英美安全協定》已經讓澳洲在五眼聯盟的地位有所提升。他表示：「直到我們最終取得核子技術以前，美國和英國的雙邊關係還是會比美國和其他五眼聯盟國家的雙邊關係更深厚，也更重要。」既然如此，澳洲為何要花錢買地位？

莫里森毀約的法國軍購案，已經讓澳洲花了三十四億澳幣，包括八億三千五百萬澳幣的解約金。相較之下，《澳英美安全協定》的支出預估落在二千六百八十億至三千六百八十億澳幣之間，當中包括八艘核子潛艦的費用。換言之，《澳英美安全協定》的支出是法國潛艦採購案的三到四倍。根據二〇二三年三月宣布的《澳英美安全協定》內容，英美會協助澳洲建造「SSN-AUKUS」型潛艦，以新型英國設計為主，並搭載先進飛彈等關鍵美方技術。英美也會安排澳洲軍方人員隨美國海軍與英國皇家海軍一同訓練，加強網路戰、人工智慧與量子運算等領域緊密合作。澳洲自製的核子動力潛艦要到二〇四〇年代初才會下水服役，因此美國有意在二〇三〇年代出售澳洲三至五艘維吉尼亞級核子潛艦，確保澳洲「在現有潛艦艦隊除役後，SSN-AUKUS 潛艦服役前的這段期間，仍能保有水下戰力」。不過，軍售案仍需經過美國國會同意。

莫里森處理《澳英美安全協定》的作法不僅惹毛法國，也讓兩個五眼聯盟成員國感覺被排擠。加拿大和紐西蘭兩國領導人甚至是到協定公布的前一天左右才被告知有這個計畫。不將這兩個國家納入軍事協定也就罷了，但既然極機密的五眼聯盟情報都可以放心交給加拿大與紐西蘭政府，為何連提前通知他們也做不到——例如提前幾個月通知？

莫里森透露，他在任內和紐西蘭總理賈辛達・阿爾登（Jacinda Ardern）與加拿大總理賈斯汀・杜魯道（Justin Trudeau）大致相處融洽，但他們的政治理念和他的差很多。他發覺他們的自由派政治主張「和我很不一樣」，也坦承當他告知要宣布《澳英美安全協定》的時候，兩人感到被排擠。他表示：「的確，我承認有給他們這樣的印象，但他們（加拿大和紐西蘭）不是被排擠，只是沒有被納入。這是不同概念。沒有人決定要排擠他們，而是沒有人商量覺得『哦，應該也把他們納入進來』。」莫里森認為加拿大在印度太平洋地區「涉入不深」，所以被排除在外是合理的。但這個理由卻不適用於紐西蘭，畢竟紐西蘭明顯是這個區域的一份子。為何沒有被納入？

對阿爾登來說，紐西蘭和澳洲之所以親近，不只是地理因素或在太平洋地區有共同利益，更是因為兩國有相同國格與立國精神，也就是先於五眼聯盟成立的澳紐軍團（ANZAC）精神，這是兩國過去軍事結盟的基礎。每年紀念第一次世界大戰以來犧牲性命的雙方軍人，就是在致敬澳紐軍團精神，這項精神不斷提醒人們兩國邦誼是如此深厚。

總而言之，重點就是互助。例如在二〇一九年年底，森林野火橫掃澳洲的時候，阿爾登先後派紐西蘭消防隊與軍隊援助澳洲的表兄同胞，此時莫里森已悄悄展開B計畫，探詢新的潛艦採購案。除此之外，阿爾登還會定期和澳洲總理溝通國政，有時會一週數次，尤其是在二〇二〇、二〇二一年新冠疫情大流行期間。莫里森坦承阿爾登很意外他沒有提早讓她知道《澳英美安全協定》這項計畫。莫里森透露：「阿爾登有些意外，覺得我們都是五眼聯盟成員，還是許多其他方面的夥伴。」他也承認自己為了和英美兩國戰略合作，打造《澳英美安全協定》，確實利用了情報聯盟數十年來累積的信任。「但這與五眼聯盟無關，沒有人說不行和五眼聯盟夥伴建立其他關係。」

莫里森表示，協定保密的需求勝過提前通知阿爾登，甚至是通知杜魯道的禮數。「這麼做沒有必要。加上這整件事是很困難的，我這麼做沒有好處，其他夥伴這樣做也沒有好處。阿爾登是我第一個告知的他國領導人……因為他們是我們的鄰國。」

莫里森的政治理念、領導作風即使和阿爾登不同，阿爾登卻不認為這會阻礙雙方建立信任。這一點和莫里森對她的看法不一樣。阿爾登認為在兩國均受影響的事情上，他們可以也應該互相傾訴。由此可見，莫里森說阿爾登在《澳英美安全協定》正式宣布的前一刻被通知時感到意外，顯然是輕描淡寫。就算他有通知，據說也只告訴她會採購核子動力潛艦，沒有告訴她更重要的軍事協定即將成形。阿爾登勢必察覺到莫里森不是很坦白，因為他沒有清楚交代《澳英美安全協定》的內容。有鑒於協定對區域的影響廣泛，阿爾登告訴莫里森「應該提早讓她參與討論」，莫里森如此表示。因為縱使她曉得紐西蘭基於過去反核立場的關係，不可能被納入核子動力潛艦計畫，仍然認為《澳英美安全協定》內容絕非莫里森第一次和她溝通時所透露的如此單純。

事實上，早在協定對外公布，真相大白以前（即協定內容不只是關於潛艦）阿爾登便曾質疑，區域進一步的保安化會給紐西蘭及鄰國帶來何種影響？軍事能力變得更強大，會讓區域更安全嗎？這麼做難道不會促使中國加強軍事作為？被排除在這項協定之外不談，紐國政府認為協定當初之所以成立，是莫里森想要討好美國，以提升澳洲和他自己的國際地位，拉近和英美兩國的關係。

即使和阿爾登話不投機，莫里森對於決策立場堅定不移。「這件事相當著重於印太地區，難免會讓紐西蘭覺得『那我們呢？』以紐西蘭來說，你們也得有貢獻才行。這裡是賭場的高級賭廳，你們得花錢取得上賭桌的資格……我們可是大幅提升情報單位及情報行動的相關投資，有花錢取得資格。我無意對紐西蘭不敬，但他們的能力和我們不一樣……而且相當程度受惠於澳洲在這方面的投資，不論是地理層面或關係層面。」

《澳英美安全協定》似乎已讓五眼聯盟內部形成雙層體系，至少有給人這樣的感覺。對此，情報界急於否認，主要是不會因為《澳英美安全協定》的關係，便不再能按照過去作法，將情報分享給三方防禦協定以外的成員。但協定確實顯示，加拿大和紐西蘭在某方面來說不屬於這三個國家組成的大聯盟。加拿大前國安顧問費登談到《澳英美安全協定》時指出：「協定當中提到的情報分享規範，並不會危害到五眼聯盟，五眼聯盟對內對外的情報分享方式有很多種，我認為就算出現著重範圍較小的協定，最終還是會以五眼聯盟的共同利益為依歸。」但他也提到，當初應該不要等到最後一刻才通知加拿大有這項協定，「若能加強利用傳統外交管道通知加拿大，會更理想」。

澳洲情報安全組織局長伯吉斯表示，五眼聯盟是個「常被濫用」的標籤，不應該視為包山包海的協定，而只能從情報眼光來看待。他說：「我們關係密切，沒有錯；我們彼此親近的程度，遠勝於和其他夥伴國家的關係，也沒有錯，這當然是受到國際事件及歷史影響。總而言之，五眼聯盟只是涉及情報領域，不代表五個國家在情報領域以外也會合作。重點就在這裡。」

一名澳洲政府高層更直率地指出：「美國和加拿大之間除了有兩國貿易協定，也共同成立北美防空司令部（NORAD），我很確定我們不是這個防空司令部（完整）的一員。即便如此，我們沒有不滿。我覺得加拿大要冷靜看待《澳英美安全協定》，他們是很傑出的夥伴。若遇到加拿大人跟我抱怨這件事，我會說：『顧好你們自己的國家利益就對了，我們很確定在許多方面會有重疊之處，五眼聯盟會持續強大。』」

這位高層還說，紐西蘭和加拿大在抱怨的同時，沒有想想自己身為成員國從情報聯盟獲得多少好處，「像是網路攻擊。從五眼聯盟網攻的發展來看，澳洲已經有網攻能力，英國和美國也有網攻能力。加拿大和紐西蘭有網攻能力嗎？即便如此，他們也沒有不滿。如果他們不滿，大可以去建立自己的網攻能力。」

《澳英美安全協定》是一個由優秀成員國在排他聯盟之中成立的排他俱樂部。毋庸置疑的是，紐西蘭和加拿大被排除在協定——莫里森所謂的「罐子」——之外，連參與討論的機會也沒有，因為其他三個國家認為這兩個國家不夠重要到必須納入。從美國是《澳英美安全協定》及五眼聯盟的老大，美國和英國則保持特殊關係來看，莫里森想將澳洲提升到同等地位，充其量是野心過大，因為再怎麼砸錢在這項軍事定，澳洲在美國和英國的眼中，始終不會被當成平起平坐的夥伴。

注釋與參考資料

縮寫：

GLD：Guy Liddell Diaries（《李鐸日記》）

TNA：The National Archives（英國國家檔案館）

GWUNSA：George Washington University National Security Archive（喬治華盛頓大學國家安全檔案館）

網路報導：指作者不明的網路文章。

其他引注說明：書名於注釋中首次出現者，列出全名，後續以縮寫表達。英國國家檔案館檔案，亦同。多數情況下，英國國家檔案館檔案均顯示日期。文件顯示日期者，作者如實引注。部分文件未顯示日期。網路取得之英國國家檔案館檔案，因檔案過大分割為數小檔。為辨別起見，作者已對各小檔做相對應數字標示。

「不公開資訊」係指要求匿名的現任或卸任五眼聯盟情報官員提供給作者之資訊。

第一章

「安穩過日」：The National Archives, Kew (TNA), Security Service, File KV2/193, p.27

「有猶太血統」：Ibid., p. 25

「動動腦袋就很簡單」：Ibid., pp. 116–17

「為確認資訊是否屬實」：Ibid.

「如此有興趣其來有自」：Ibid., p. 111

「恩斯特冒充理髮師」：Christopher Andrew, *The Defence of the Realm: The Authorized History of MI5*, Penguin Group 2009, p. 38

「李鐸研判威脅與日俱增」：Ibid., p. 209

「蹩腳的情報行動」：TNA, Security Service, File KV2/ 3534, p. 8

「大約一個月後」：TNA, Security Service, File KV2/193, p. 79

「更引人注意的是」：Ibid., p. 82

「德方『潛伏』計畫」：Ibid., p. 79

「防禦機密計畫」：Ibid., p. 95

「身材中等，髮色深褐」：TNA, Security Service, File KV2/ 3421, p. 13

「軍情局收到魯姆李希的來信」：Rhodri Jeffreys-Jones, *Ring of Spies: How MI5 and the FBI Brought Down the Nazis in America*, History Press, 2020, p. 61

「盡量留下蛛絲馬跡」：TNA, Security Service, File KV2/193, p. 95

「十餘個假名之一」：Ibid., File KV2/3421, p. 13

「開啟資訊交換管道」：'The FBI and the Royal Canadian Mounted Police', https://www.fbi.gov/news/stories/100-years-of-fbi-rcmp-partnership-112219

「丹地警方突襲潔希」：TNA, Security Service, File KV2/193, p. 38

「他擅長音樂」：Nigel West, *MI5: British Security Service Operations 1909–1945*, Triad Panther, 1983, pp. 50–1

「急於交換資訊」：TNA, Security Service, File KV2/3533, p. 83

「嘴唇蒼白下屈」：Ibid., File KV2/193, p. 49

「淡髮年逾五旬的發福女子」：Ibid., p. 42

「承認鉛筆紀錄是她寫的」：Ibid., p. 44

「岸巡站點與岸際防衛」：Ibid., p. 38
「五十一年前」：Ibid., p. 44
「即使當初準時上船」：Ibid., p. 54

第二章

「事業版圖更擴張全球」：William Stephenson, *A Man Called Intrepid*, Macmillan, 1976, p. 26
「鋼廠已經接獲希特勒指示」：H. Montgomery Hyde, Room 3603: *The Story of the British Intelligence Centre in New York during World War II*, Farrar, Straus, 1963, pp. 14–17 (accessed online at http://ia802804.us.archive.org/22/items/room363001951mbp/room363001951mbp.pdf)
「只好從民間獲取情報」：Ibid., p. 16
「難堪且有損形象」：Gill Bennett, *The Records of the Permanent Under-Secretary's department: Liaison between the Foreign Office and British Secret Intelligence, 1873–1939*, Foreign and Commonwealth Office, March 2005, p.67. 英國經濟福利部候任大臣喬治・蒙西爵士認為，軍情六處針對荷蘭即將遭受攻擊的錯誤情報「極度聳人聽聞且令人不安」。
「約訪史蒂文森」：Gill Bennett, *Churchill's Man of Mystery: Desmond Morton and the World of Intelligence*, Routledge, 2007, pp. 190-3
「終止交換祕密情報的政策」：William Stephenson, *A Man Called Intrepid*, p. 80
「一九四〇年四月十六日的會面」：Raymond J. Batvinis, *Hoover's Secret War Against Axis Nazis*, University Press of Kansas, 2014, p. 25
「成立英國安全協調組織」：Bennett, *Churchill's Man of Mystery: Desmond Morton and the World of Intelligence*, p. 253

「君子不該偷看彼此信件」：Evan Thomas, 'Spymaster General: The Adventures of Wild Bill Donovan and the "Oh So Social" OSS', *Vanity Fair*, 3 March 2011 (via https://www.vanityfair.com/culture/2011/03/wild-bill-donovan201103)

「會晤不少高層政治人物，貝尼托．墨索里尼是其中之一」：Douglas Waller, Wild Bill Donovan: *The Spy Who Created the OSS and Modern American Espionage*, Free Press, 2011, p. 52

「唯獨一項祕密並未讓唐諾凡曉得」：John Whiteclay Chambers II, 'OSS Training in the National Parks and Service Abroad in World War II', National Park Service', 2008, https://www.nps.gov/parkhistory/online_books/oss/index.htm

「唐諾凡向上級報告這趟英國任務」：David J. Sherman, United States Cryptologic History: The First Americans: The 1941 US Codebreaking Mission to Bletchley Park', US Center for Cryptologic History (CCH), Special Series, Vol. 12, 2016, p. 6. 唐諾凡陪同羅斯福總統與諾克斯部長視察位於波士頓與新罕布夏州波茨矛斯的海軍造船廠，途中利用數次交談機會，向兩人報告英國行的收穫。其中一次交談是在前往其中一個港口途中的總統遊艇上。

「符合『付現自運』規定」：Office of the Historian, 'The Neutrality Acts, 1930s', US Department of State, Milestones: 1921–1936, (at history.state.gov) 一九四〇年九月二十七日，德意志第三帝國、義大利與日本簽署軍事共同防禦的《三國同盟條約》，為軸心國的核心成員。後續有其他國家加入軸心國對抗同盟國，包括芬蘭。

「再度赴英收集情報」：Bennett, *Churchill's Man of Mystery: Desmond Morton and the World of Intelligence*, p. 259

「一系列高階簡報」：Guy Liddell Diaries, TNA, Security Service, File KV4/187, entry 11 December 1940, p. 697 (via fbistudies.com). 李鐸日後回憶，聯邦調查局急於發展反情報能力，是因為德魯搞砸魯姆李希一案，讓局內深受衝擊。一九四〇年十二月十一日，李鐸在日記上提到：「和克萊格、辛斯共進午餐，與克萊格談話甚久。他們的龐大計畫無所不包，從祕密情報局（軍情六處）乃至消防隊均涵蓋其中。顯見急於洗刷德魯事件的不堪印象。」

「策略、技巧與戰時維安」：Raymond Batvinis, 'C-SPAN Video of Ray Batvinis Speech', 8 November 2007 (via fbistudies.com)

「貴府有興趣了解的設備或器材，均將鉅細靡遺提供」：Philip Henry Kerr, National Security Agency, Early Papers, 1940–44 series, 8 July 1940, pp. 9–10 of pdf

「反對是基於擔憂」：Ibid., 4 October 1940, p. 23 of pdf

「大家都持有外交護照」：Interview of Dr Abraham Sinkov featured in the NSA's Oral History series, May 1979, pp. 20-1

「會有四個美國人過來找我」：GCHQ press release, 'GCHQ marks 75th anniversary of the UKUSA agreement', March 2021

「複雜程度非比尋常」：Gordon Corera, *Intercept: The Secret History of Computers and Spies*, Weidenfeld & Nicolson, 2016, p. 24. 英國、法國與波蘭因迫切想要掌握德國軍事企圖，遂合作試圖破譯謎式密碼機的密碼。一九三〇年代初期，一名法國軍事情報員從在德國吸收的間諜那邊取得機器使用手冊與設定規則，隨即分享給成員多為古希臘研究者及語言學家的英國密碼破譯團隊，以及數學家組成的波蘭團隊。

「義大利系統相關資料」：Sinkov, NSA's Oral History series, May 1979, p. 2

「幾乎一籌莫展」：Ibid., p. 17

「當時並不曉得英國如此重視」：Ibid., p. 4

「丹尼斯頓卻沒有回贈美方客人硬體設備」：Sinclair McKay, *The Secret Life of Bletchley Park: The WWII Codebreaking Centre and the Men and Women Who Worked There*, Aurum Press, 2011, p. 205.

蘇格蘭人丹尼斯頓在一九一九年六月《凡爾賽條約》簽署前的巴黎和會召開期間，曾經和法國間諜合作過，深知與同盟國家的情報合作很重要。惟據指出，他不是因為擔心布萊切利園的密碼技術優勢被同盟國取代，才不願意提供謎式密碼機樣品或彭布硬體，而是擔心德國會從美國手中竊取技術。憂慮並非空穴來風，因為軸心國的密碼技術專家只要懷疑同盟國已經掌握密碼與機器密碼設定，往往會重新調整。從當時德國已經多次調整可見一斑。

「有了謎式密碼機資訊」：Interview of Dr Abraham Sinkov featured in the NSA's Oral History series, May 1979, p. 10

「擔心技術會外洩」：McKay, *The Secret Life of Bletchley Park*, p. 205

「洛克斐勒中心總部的祕密分處」：'History of SIS Division', Federal Bureau of Investigation, vault.fbi, 1947, p. 118. 一九四〇年八月，一間表面從事外貿業務的企業進駐曼哈頓中城區的地標摩天大樓：洛克斐勒中心。雖名為「進出口商服務公司」（Importers and Exporters Service Company），實際上是聯邦調查局特殊情報勤務處的幌子，兩個月前成立用來執行拉美與加勒比海地區的納粹反情報任務。這家假公司在洛克斐勒中心四三三二室開張後，給聯邦調查局帶來的「困擾與弊病多於好處」，因為「不斷有業務人員上門」與不知情的律師前來找工作。一九四二年冬天德斯頓被拔擢到特殊勤務處任職時，該處已經關閉這家假公司，轉移陣地到同棟大樓另一區辦公，規模也快速成長，從寥寥數人增加到官方紀錄約二百五十名便衣特務。

「胡佛指定德斯頓開車」：Raymond Batvinis, 'A Thoroughly Competent Operator: Former SA Arthur Thurston (1938–1944)' *The Grapevine*, October/November 2017, p. 36

「約有一千名特務」：Henry Hemming, The Secret Persuader: How brilliant British spymaster Sir William Stephenson, who invented 007's martini, used twenty-first-century spin and fake news to lure America into World War 2', mailonline, 1 September 2019

「自負傢伙」：GLD, TNA, Security Service, File KV4/190, entry 16 June 1942, p. 614

「胡佛對唐諾凡恨之入骨」：Ibid, 6 June 1942, p. 597

「這輩子從來沒有出過國」：Batvinis, 'A Thoroughly Competent Operator', p. 36

「不良管理與規劃」：'Sir David Petrie (Director-General 1941–46)', Security Service, Who We Are series, MI5 website

「掌控雙面諜的活動」：FBI history, 'A Byte Out of History: A Most Helpful Ostrich: Using Ultra Intelligence in World War II', FBI website, October 2011

「德斯頓成立聯邦調查局在英國的第一個分處」：Batvinis,‘A Thoroughly Competent Operator’, p. 36

第三章

「阿姨漂亮又聰明」：Interview by author of Gene Cole Knight, April 2021

「破譯員九成是女性」：Liza Mundy, ‘The Women Code Breakers Who Unmasked Soviet Spies’, *Smithsonian* Magazine, September 2018

「道德勇氣十足」：Interview of Frank Rowlett featured in the NSA’s Oral History series, 1976, p. 33

「由阿拉斯加與衣索比亞等偏遠地區的監聽站截收」：Matthew Aid, *The Secret Sentry: The Untold Story of the National Security Agency*, Bloomsbury, 2009, p. 3

「克拉克尤其不信任蘇聯」克拉克自一九三九年八月二十三日蘇聯與德國外長簽訂《德蘇互不侵犯條約》之後，就不信任史達林。兩國據此協議分割波蘭，波蘭東部地區歸史達林統治，西部地區歸希特勒統治。同時根據協議，蘇聯以石油穀物等原物料換取德國軍事與民用器材設備。

「行之有年的作法與規範」：Statement by A. P. Rosengoltz, Chargé d’Affaires of the USSR in Britain, regarding the Arcos raid, 1927, University of Warwick, Modern Records Centre, undated, p. 2. 李鐸與軍情五處監控全俄合作社與英國共產黨的往來關係後，雖曾懷疑全俄合作社的職員從事情報活動，卻缺乏足夠證據採取法律行動。後來，一名不滿全俄合作社的離職員工通報軍情五處，指出該社曾經取得並複印英國軍事訊號機密培訓手冊，違反英國《官方機密法》規定，情況才有所改觀。

「幾乎無法被破譯的系統」：Christopher Andrew, *The Defence of the Realm*, pp. 154–6

「別犯錯，記錄所有成果」：Theodore M. Hannah, ‘Frank B. Rowlett: A Personal Profile’ (via NSA website) Cryptologic Spectrum, based on material copyrighted by Frank B. Rowlett, Sr, and Frank B. Rowlett, Jr, 1980, p. 18

「找不到好方法破譯一組又一組的五位數代碼」：Robert J. Hanyok, Eavesdropping on Hell: Historical Guide to

Western Communications Intelligence and the Holocaust, 1939–1945’, Center for Cryptological History, NSA, 2005, second edition, p. 6

「傳什麼，我們就看什麼」：Rowlett, NSA’s Oral History series, 1976, p. 34

「我們有因此停止嗎？沒有。」：Ibid., pp. 35–6

「正在使用的各式設備、儀器或系統」：NSA, Early Papers, 1940–1944 series, 4 November 1940, p. 25 of pdf

「約五百艘船隻遭到擊沉」：Imperial War Museum, ‘What You Need To Know About The Battle of the Atlantic’, iwm.org.uk/history‘Bletchley discovered that Naval Cipher 3’: Independent Online, ‘Revealed:the careless mistake by Bletchley’s Enigma code-crackers that cost Allied lives’, July 2002

「圖靈和港務單位攤牌」：Dr Alan Turing, ‘Report on Cryptographic Machinery’, TNA, File HW57/10, November 1942, p. 2

「違背現有協議精神」：NSA, Early Papers, 1940–1944 series, 7 January 1943, pp. 91–2 of pdf.

「不許透過祕密設備『牟利』」：Ibid., 9 January 1943, p. 94; 另參見頁 213- 美國戰爭部甚至一度考慮強行取得英國情報。一封未署名的該部信函在一九四三年四月十六日提到：「我認為應立即派六名能幹且氣勢凌人的人員前往倫敦，進入空軍部、外交部……全心投入尋找任何有用的情報並回傳我方。阿靈頓廳也可以同時如法炮製。」

「我認為應該立即送往倫敦」：Ibid., 16 April 1943, p. 213

「辦理人員交流，擬訂共同規定」：GCHQ Online ‘*A Brief History of the UKUSA agreement*’, GCHQ website, March 2021

「凡與訊號探知有關之資訊」：NSA, Early Papers, 1940–1944 series, 17 May 1943, p. 218 of pdf

「員工人數已多達五千人」：Chambers, ‘OSS Training in the National Parks and Service Abroad in World War II’, 2008. 唐諾凡在第一次世界大戰擔任戰鬥機飛行員，曾獲授勳表揚，因性格勇猛被稱為「狂野比爾」，深諳軍事文化作風。為了打造戰略局，他不惜與美國陸軍作對，甚至挖角三軍裡面的精銳到戰略局工作。

「唐諾凡派遣約十二名幹員」：Ibid.

「納粹有意滲透英美情報活動」：Greg Bradsher, 'A Time to Act: The Beginning of the Fritz Kolbe Story, 1900–1943, Part 3', The [US] National Archives and Records Administration, Vol. 34, No. 1, Spring 2002

「中央局在澳洲成立」：David Horner, *The Spy Catchers: The Official History of ASIO 1949–1963*, Allen & Unwin, 2015, p. 24

「麥克阿瑟被迫調往他處」：Samuel Milner, *Victory in Papua*, United States Army Center of Military History (CMH), 1989, p. 18. 為了不讓此事被軸心國當成勝利大肆宣傳，美國與澳洲政府聯合發布新聞稿，指出麥克阿瑟是應澳洲政府請求，才轉往澳洲。但麥克阿瑟要在太平洋戰區戰勝日本，光靠政治說詞與公關勝利遠遠不夠。

「因為一次性密碼本的問題」：Sinkov, NSA's Oral History series, May 1979, p. 31

「一個鋼製箱子裝有密碼資料」：Edward J. Drea, *MacArthur's Ultra: Codebreaking and the War Against Japan, 1942–1945*, University Press of Kansas, 1992, pp. 92–3

「編碼簿全部泡水」：Sinkov, NSA's Oral History series, May 1979, p. 33. 辛可夫與其團隊的成就，在一九八八年獲得公開簡短的肯定。布里斯班的昔日訊號基地，如今掛著一面銅牌，上面提到：「中央局集結澳洲、美國、英國、加拿大與紐西蘭勤務男女，自一九四二年至一九四五年在此運作，負責截收敵方無線通訊，獲取情資，是盟軍在太平洋戰區獲勝的重要功臣。」

第四章

「殘暴與壓制自由的政權」：Igor Gouzenko, 'Statement', TNA, KV2/1428, 1945, p. 16

「神情激動且不安」：Ibid., 'Introduction', p. 15

「官方職銜是『公務員』」：*The Report of the Royal Commission*, Section One, Privy Council Office, Ottawa, 27 June 1946, p. 11

「經手所有訊息的收發」：TNA, KV2/1428, 1945, p. 19

「盜領大使館公款」：*Report of the Royal Commission*, Section Ten, p. 645

「等他回國之後再徹底搜索並下馬威」：GLD, TNA, KV4/466, 11 September 1945, p. 196

「兩相權衡之後，我們覺得讓梅伊回國，是比較好的決定。」：Ibid., p. 201

「梅伊博士在滑鐵盧車站招了計程車」：TNA, KV2/2209, File 2, 18 September 1945, p. 5

「皇家騎警樂於和我方直接聯繫」：GLD, TNA, KV4/466, September 18, 1945, p. 210

「才去決定要做或不做一件事」：Ibid., 25 September 1945, p. 235

「沒有證據就起訴不了」：TNA, KV2/2209, Alan Nunn May, File 1, 19 September 1945, p. 42

「以『華特・湯瑪士』的假名身分」：GLD, TNA, KV4/185, 20 January 1940, p. 95

「敲定價碼為二千英鎊」：Ibid., 14 February 1940, p. 142

「內含機密的文件及微縮膠片」：Robert J. Lamphere and Tom Shachtman, *The FBI–KGB War: A Special Agent's Story*, Mercer University Press, 1995, pp. 38–9

「史達林想要知道美方情報」：CIA, 'Venona: Soviet Espionage and The American Response 1939–1957', 1996, p. 3

「將蘇格蘭場寫給英國情報人員的工作手冊提交蘇聯」：Lamphere and Shachtman, The FBI–KGB War, p. 38

「據稱交給對方一本厚重報告」：GLD, TNA, KV4/467, 20 November 1945, p. 6

「交出一份報告」：Ibid., 20 February 1946, p. 114

「科學特徵」：'Soviet Espionage in Canada', Royal Canadian Mounted Police Intelligence Branch, Ottawa, TNA, KV2/1428, File 1, November 1945, p. 55

「頌揚『特殊關係』」：Winston Churchill, 'I Sinews of Peace'(post-war speeches, including the 'Iron Curtain Speech'),

International Churchill Society, 5 March 1946

「程序、作法與設備」：'British US Communication Intelligence Agreement', NSA.gov, 5 March 1946, p. 5（起先稱為《不列顛美國協定》，後來在一九五二年回溯更名為《英美協定》，因為「不列顛」一詞僅使用於國協圈，國協圈以外則以「聯合王國（英國）」稱呼。cse-cst.gc.ca）

「其實只是備忘錄，雙方都可以不認帳，且不具約束力」：John Ferris, *Behind the Enigma: The Authorised History of GCHQ, Britain's Secret Cyber-Intelligence Agency*, Bloomsbury, 2020, p. 345

「鑑於古琴科的工作與通訊有關」：US Center for Cryptologic History, *American Cryptology during the Cold War, 1945- 1989*, Book I: The Struggle for Centralization 1945–1960, NSA, 1995, p. 161

第五章

「要對自己更有自信」：Freedom of Information Act Document: FOIA: FBI Employees: Lamphere, Robert J., file 1, p. 96

「主動積極且足智多謀」：Ibid., p. 347

「到了一九四六年耶誕節，他已有所斬獲」：Robert L. Benson, 'The Venona Story', NSA US Center for Cryptologic History, undated, p. 10

「購得蘇聯密碼資料」'purchase Soviet cipher material from them': Lamphere and Shachtman, The FBI–KGB War, p. 84 / Howard Blum, *In the Enemy's House: The Secret Saga of the FBI Agent and the Code Breaker Who Caught The Russian Spies*, HarperCollins 2018, p. 97. 藍菲爾是開創美國人員情報與訊號情報兩個領域合作辦案的要角。德里斯科指出：「他絕對是〔人員情報與訊號情報合作〕的開創者，這也象徵著時代不同，需要因應民主日益面臨的威脅。他們因此願意嘗試新事物，分享的規模遠比以往還多。他在對的時候，出現在對的地點，成為交流媒介。我毫不訝異他是來自紐約分處，因為我們這裡工作的性質，經常必須……因應各種威脅，也絕對必須倚賴反情報。」

「在一九四五年已透過阿靈頓廳有所知情」：Richard J. Aldrich, GCHQ: *The uncensored story of Britain's most secret intelligence agency*, HarperPress, 2019, p. 74

「決心改革澳洲情報體系」：Horner, *The Spy Catchers: The Official History of ASIO 1949–1963*, p. 42

「更了解澳洲保安情況」：GLD, TNA, KV4/169, 25 November 1947, p. 139

「席里托與霍里斯又改說詞」：Horner, *The Spy Catchers: The Official History of ASIO 1949–1963*, p. 59

「誇口自己有養不少線民」：GLD, TNA, KV4/470, 16 February 1948, p. 31

「截獲某則從澳洲發出的電報」：Ibid., 1 July 1948, p. 126

「艾德禮提到多則電報內容」：Horner, *The Spy Catchers: The Official History of ASIO1949–1963*, p. 68

「美國已降低澳洲的安全許可等級」：Ibid., p. 69

「不得不改革提升澳洲情報水平」：Ibid., p. 78

「與澳洲有關的解密電文」：Ibid., p. 91

「反制諜報、破壞與顛覆」：ASIO History, 'The Establishment of Asio', asio.gov.au

「加拿大終於取得『對等夥伴地位』」'Canada was finally granted an "equal partnership" ' Communications Security Establishment, 'CANUSA', cse-cst.gc.ca/, 28 June 2019

「軍情五處遂祭出最後手段」：Lamphere and Shachtman, The FBI–KGB War, pp. 133–46

「做為象徵性酬勞」：GLD, TNA, KV4/472, 25 January 1950, p. 24

「之所以後來不再交付情報」：Ibid., p. 25

「外國將可遣人」：Ibid., 28 April 1950, p. 70

「也要讓雙方交流淪為形式」：Ibid., 27 March 1950, p. 65

「由斯卡登開場破冰」：Lamphere and Shachtman, The FBI–KGB War, pp. 147–8

「米納投奔捷克」：Horner, *The Spy Catchers: The Official History of ASIO1949–1963*, pp. 142–4

「他口吃」：Interview with Robert Lamphere, 'Red Files: Secret Victories of the KGB', pbs.org, 1999

「此人『難以信賴且不可靠』」：GLD, TNA, K4/473, 13 June 1951, p. 89

「這兩個英國情報單位提出正式請求」：Lamphere and Shachtman, The FBI – KGB War, p. 130

「伯吉斯趁菲比不在辦公室的時候溜進去」：GLD, TNA, K4/473, 12 June 1951, p. 88

「在英國情報界為蘇聯政府臥底的七人名單」，與「被蘇聯派人綁架」：Ibid.

「從軍情五處那邊試圖了解裴卓夫」：Horner, *The Spy Catchers: The Official History of ASIO1949–1963*, p. 318

第六章

「酒駕」：TNA, KV2/3439, 17 March 1953, p. 89

「從事不道德勾當，喝酒」：Ibid., 18 June 1953, pp. 76 and 78

「擾亂蘇聯海外組織」：TNA, KV2/3460, Part 1, 30 September 1954, p. 72

「大膽從事吸收工作」：Ibid., Part 2, undated, p. 32

「內務部必須在澳洲強化部署」：Ibid., p. 35

「內務部必須在澳洲強化部署」：Ibid., p. 36

「如果不能讓他們更自由接觸所在國的國民，就無法取得情報」：GLD, TNA, KV4/475, 1 January 1953, p. 12

「羅患『神經性視網膜病變』」：TNA, KV2/3439, 18 June 1953, p. 81

「李凡諾夫會對裴卓夫有敵意」：Robert Manne, *The Petrov Affair: Politics and Espionage, Pergamon ,1987*, p. 30

「當前蘇聯政府希望鞏固內部」：GLD, TNA, KV4/475, 7 April 1953, p. 82

「裴卓夫幾度取消旅行計畫」：TNA, KV2/3439, 18 June 1953, p. 81

「蘇聯駐澳大使甫上任」：Horner, *The Spy Catchers: The Official History of ASIO 1949–1963*, pp. 329–30

「步步高升」：Frank Cain, 'Richards, George Ronald (Ron) (1905–1985)', *Australian Dictionary of Biography*, Vol. 18, 2012, via https://adb.anu.edu.au

「要求比亞羅古斯基懲恿他」：Horner, *The Spy Catchers: The Official History of ASIO 1949–1963*, p. 330

「應該把握時間慫恿裴卓夫投誠」：TNA, KV2/3439, 4 February 1954, p. 18

「小心翼翼不過度插手澳洲安全情報局」：GLD, TNA, KV4/475, 2 March 1953, p. 53

「保證會給他五千英鎊」：Horner, *The Spy Catchers: The Official History of ASIO 1949–1963*, p. 338

「斯普萊力挺總理」：TNA, KV2/3440, Part 2, 12 April 1954, p. 50

「盡力確保不要為了求快，而犧牲情報收穫」：Ibid., pp. 50–71

「車子在機場入口附近停下」：Evdokia Petrov, 'Soviet defector Evdokia's statement on Mascot Airport incident', National Archives of Australia, 22 April 1954

「拿情報當作攻擊手段」：Interview by author with Julia Gillard, March 2022

「裴卓夫的案子，讓澳洲安全情報局聲名大噪。」：TNA, KV2/3445, Part 3, 3 August 1954, p. 35

「英美集團國家使用的密碼」：TNA, KV2/3460, Part 3, p. 20

「特務、吸收的方式」：Ibid., p. 46

「五千〇七十九張照片及姓名」：Horner, *The Spy Catchers: The Official History of ASIO 1949–1963*, p. 380

「可直接接觸裴卓夫夫婦」：TNA, KV2/3445, Part 3, August 1954, p. 33

「一九五五年赴美」：Manne, *The Petrov Affair: Politics and Espionage*, p. 220

「重要性在於拉近大家的全球夥伴關係」：2022年二月澳洲安全情報局局長伯吉斯受訪所述。

「從烏拉山以西到非洲」：Duncan Campbell, 'The Eavesdroppers', Time Out, 21–27 May 1976

第七章

「卡托納在首府四處走動，查看各地狀況」：Geza Katona, interviewed by Zsolt Csalog, 'A Major Oversight on Our Part', *Hungarian Quarterly*, Issue 182, 2006, p. 113

「不開戰手段」：CIA Historical Staff, 'Hungary Volume II, External Operations: 1946–1965', May 1972, p. 2 (obtained online via GWUNSA)

「被推翻的時候進行介入」：Ibid., p. 4

「寄信，買郵票」：CIA Historical Staff, 'Hungary Volume I, External Operations:1946–1965', p. 2

「他到那邊是靠直覺做事」：Interview by author with Susan De Rosa, August 2021

「我們會傳送摘要」：Katona and Csalog, p. 116

「只要收集情報」：CIA, 'The Hungarian Revolution and the Planning for the Future, 23 October–4 November 1956', Vol. I, January 1958, p. 91

「煽動內亂」：Tim Weiner, *Legacy of Ashes: The History of the CIA*, Penguin. 2008, p. 159

「收攏埃及與敘利亞」：Yair Even, 'Syria's 1956 Request for Soviet Military Intervention', Wilson Center, February 2016, wilsoncenter.org

「監視蘇聯勢力增長情形」：US Center for Cryptologic History, 'The Suez Crisis: A Brief Comint History', US National Archives (archives.gov/), National Security Agency/Central Security Service, Archives and History, 1988, pp. 24–7

「建立雙向情報消息來源」：Horner, *The Spy Catchers: The Official History of ASIO 1949–1963*, p. 523

「中情局懷疑英法兩國在打什麼主意」：'The Suez Crisis: A Brief Comint History', p. 14

「局勢發展難料」：Katona and Csalog, p. 119

「杜勒斯這麼做的目的，是為了擊垮納吉」：Weiner, *Legacy of Ashes: The History of the CIA*, pp. 151–2

「被誤認為情報行動」：CIA, 'The Hungarian Revolution and the Planning for the Future', p. 82

「缺乏相關資訊，使本局難以機敏展開革命支援行動」：Ibid., p. 106

「只是眼睜睜看著匈牙利人濺血」：Katona and Csalog, p. 124

「若認為說詞不合理，就會要求重新面談」：Horner, *The Spy Catchers: The Official History of ASIO 1949–1963*, pp. 514–16

「堅決以武力粉碎侵略者」：'The Suez Crisis: A Brief Comint History', p. 23

「指示中情局派 U-2 偵察機飛到敘利亞上空」：Ibid.

「利用這個管道釋放假消息」：Peter Wright with Paul Greengrass, *Spy Catcher: The Candid Autobiography of a Senior Intelligence Officer*, Heinemann 1988, p. 86

「佔領哈巴尼亞的英國軍事據點」：Aldrich, GCHQ, pp. 151–4

「史東隨遭驅逐出境」：Weiner, *Legacy of Ashes: The History of the CIA*, p. 160

「古巴流亡人士遭到逮捕」：JFK Presidential Library, 'The Bay of Pigs', jfklibrary.org

「高層之間的爭執」：'The Suez Crisis: A Brief Comint History', p. 30; see also Ferris, Behind the Enigma, p. 379

第八章

「不是為了尋求政治庇護」：FBI, 'Oleg Lyalin Biography', File 2, Section 2.pdf, pp. 11–14. 作者補充：根據軍情五處官方歷史（Andrew, *The Defence of the Realm*, p.571）的紀載，李亞林是在一九六九年七月抵達倫敦，也是我在本書初版引用的陳述。惟近期解密的聯邦調查局檔案顯示並非如此，李亞林早在幾個月前的一九六九年四月已抵達英國。

「對阿布杜凱達展開調查」：Andrew, *The Defence of the Realm*, p. 571

「英國國防部遭到滲透」：Richard J. Aldrich and Rory Cormac, *The Black Door: Spies, Secret Intelligence and British Prime Ministers*, HarperCollins 2016, p. 298

「會傷害英蘇貿易及兩國關係」：Andrew, *The Defence of the Realm*, p. 567

「亞洲各地通訊情報據點」：Aldrich, *GCHQ*, p. 263

「出兵逾六萬人」：Online report, 'The Vietnam War', National Archives of Australia

「同步處理各種通訊管道」：Duncan Campbell,'Development of Surveillance Technology and Risk of Abuse of Economic Information', European Parliament, October 1999, p. 4

「出資設置硬體，提供技術」：Aldrich, *GCHQ*. p. 323

「對英國的價值」：Ibid., p. 268

「便於九月三日通知軍情五處的聯絡人」：Andrew, *The Defence of the Realm*, p. 570

「兩人來到藏匿所」：Ibid.

「致力獲取軍事及工業機密」：FBI, Oleg Gouzenko, File 1, Section 1A.pdf, 1971

「被迫要靠蘇聯集團與古巴的情治單位」：Christopher Andrew,'Introduction to the Cold War', MI5, MI5.gov.uk

「紐約地區的蘇聯國安會新面孔」：FBI, 'Oleg Lyalin Biography', File 1, Section 3, p. 22

「各個國防據點的安全措施」：John Blaxland, *The Protest Years: The Official History of ASIO 1963–1975*, Allen & Unwin, 2015, p. 264

「不具外交豁免權」：FBI, 'Oleg Lyalin Biography', File 1, Section 1A.pdf, October 1971, p. 73

「澳洲外交政策基礎」：CIA, 'The President's Daily Brief', 4 December 1972, p. 4

「在智利暗中執行任務」：Peter Kornbluh, 'Australian Spies Aided and Abetted CIA in Chile', 2021 (online via the GWUNSA); see also Rory Cormac, *How to Stage a Coup: And Ten Other Lessons From the World of Secret Statecraft, Atlantic Books*, 2022, pp. 154–6

「克羅埃西亞極端份子的情報檔案」：Brian Toohey, *Secret: The Making of Australia's Security State*, Melbourne University Press, 2019, p. 119

「三千頁機密文件」：Blaxland, *The Protest Years*, p. 343

「不將法國方面多數情報分享給美國」：Aldrich, *GCHQ*, p. 270

「我不會再提供給他們情報」：TELCON, 'The President/HAK', transcript of telephone call between President Richard Nixon and Secretary of State Henry Kissinger, University of Warwick, 9 August 1973, p. 2

「也會危及我方任務」：Aldrich, *GCHQ*, p. 274

「中情局立刻與英方斷絕往來」：Ibid., p. 277

「暗中監視人民」：Richard A. Clarke, Michael J. Morell, Geoffrey R. Stone, Cass R. Sunstein, Peter Swire, Liberty and Security in a Changing World, Princeton University Press, December 2013, p. 55

「誰在統治英國」：Aldrich and Cormac, *The Black Door*, pp. 304–6

「擔任海軍情治人員」：Desmond Ball, Bill Robinson and Richard Tanter, 'Management of Operations at Pine Gap', NAPS Special Report, 25 November 2015, nautilus.org

「設置、維護與營運」：Australian Treaty Series, 'Agreement between the Government of the Commonwealth of Australia and the Government of the United States of America relating to the Establishment of a Joint Defence Space Research Facility [Pine Gap, NT]', Department of External Affairs, Canberra, 1966

「史塔林斯離開坎培拉前往艾麗絲泉」：Ball et al., 'Management of Operations at Pine Gap', nautilus.org

「連澳洲安全情報局都不知情」：Blaxland, *The Protest Years*, p. 446

「認為凱恩斯反美」：Ibid., p. 438

「判斷能力，勇氣與獨立性」：Nelson A. Rockefeller et al., 'Report to the President by the Commission on CIA Activities Within the United States', 6 June 1975, p. 17 (online via https://www.ojp.gov/ncjrs/virtual-library/abstracts/report-president-commission-cia-central-intelligence-agency)

「讓那些設施曝光」：Blaxland, The Protest Years, p. 447

「基於職權將惠特蘭免職」：Toohey, Secret, p. 83

第九章

「蘇聯版的越戰」：Memorandum for The President from Zbigniew Brzezinski, 'Reflections on Soviet Intervention in Afghanistan', 26 December 1979, p. 2 (online via GWUNSA: https://nsarchive. gwu.edu)

「古巴與利比亞等從屬國」：Robert Vickers, 'The History of CIA's Office of Strategic Research, 1967–81', Center for the Study of Intelligence (CSI), 2019, p. 132

「表達關切」：Brzezinski, 'Reflections on Soviet Intervention in Afghanistan', p. 3

「嗜讀他們呈交的情資報告」：Aldrich and Cormac, The Black Door, p. 353

「迴圈」：Private information, 2021

「冒充記者」：Gordon Corera, MI6: Life and Death in the British Secret Service, Phoenix, 2012, pp. 296–7

「祕密採購」：Steve Galster, 'Afghanistan: The Making of US Foreign Policy, 1973–1990' (online via the GWUNSA)

「學術、文化與科學」：John Blaxland and Rhys Crawley, *The Secret Cold War: The Official History of ASIO 1975–1989*, Allen & Unwin, 2017, p. 198

「實情絕非如此」：Interviewer Vincent Jauvert, '*The Brzezinski Interview*', Le Nouvel Observateur, 15–21 January 1998, via University of Arizona, translated from the French by William Blum and David N. Gibbs

「故意提高俄方介入的可能」：AFP, 'CIA helped Afghan mujahedeen before 1979 Soviet intervention: Brzezinski', Agence France Press, 13 January 1998

「阿根廷佔領軍築十六處散兵坑」：CIA, 'Increased Defensive Measures: Port Stanley Area, Falkland Islands', p. 3 (online via the GWUNSA)

「心意已決」：Secretary of State Alexander Haig, 'White House, Top Secret Situation Room flash cable', 9 April 1982, p. 1 (online via the GWUNSA)

「NR-1 監聽站」：Jeffrey T. Richelson and Desmond Ball, *The Ties that Bind: Intelligence Cooperation between the UKUSA Countries*, Allen & Unwin, 1985, p. 77

「截收阿根廷海軍通訊」：Nicky Hager, *Secret Power: New Zealand's Role in the International Spy Network*, Potton & Burton (NZ), 1996, p. 81

「即刻終止」：Ibid., p. 23

「我方準備好要付出的代價」：New Zealand History, 'Nuclear-free New Zealand', p. 4, nzhistory.govt.nz

「其實不然」：Hager, *Secret Power*, p. 23

「付出的代價會遠大於好處」：Interview by author with Admiral Mike Rogers, February 2022

「駐點海外，包括新加坡」：David Filer, 'Signals Intelligence in New Zealand during the Cold War', Security and Surveillance History Series, January 2019, p. 4

「從中情局獲得行動建議」：Richelson and Ball, *The Ties That Bind*, p. 238

「有截獲法國通訊情資」：Hager, *Secret Power*, p. 154

「蘇聯在大洋洲設定的特定目標」：CIA, 'Soviet Relations with Oceania: An Intelligence Assessment', July 1987, pp. 4–8

「每年已達七十萬美元之譜」：Aldrich and Cormac, *The Black Door*, p. 362

「四億發子彈」：Rory Cormac, *Disrupt and Deny: Spies, Special Forces and the Secret Pursuit of British Foreign Policy*, Oxford University Press, 2021, p. 223

「將刺針飛彈對準其中一架發射」：Michael M. Phillips, 'Launching the Missile That Made History; Three former mujahedeen recall the day when they started to beat the Soviets', *Wall Street Journal*, 1 October 2001, wsj.com

「增加至五億美元」：David B. Ottaway, 'Afghan Rebels Assured of More Support', *Washington Post*, 13 November 1987, washingtonpost.com

「最親近的導師」：National Counterterrorism Center, 'Haqqani Network: Background', Director of National Intelligence, (accessed online via https://www.dni.gov/nctc/groups/haqqani_network.html)

「輕兵器攻擊」：Reuters, 'Timeline – Major attacks by al Qaeda'reuters.com

第十章

「不相信我們是誰」：Interview by author with Baroness (Eliza) Manningham-Buller, July 2021

「監控愛爾蘭共和軍犯案」：Blaxland and Crawley, *The Secret Cold War*, p. 360

「反恐行動的命脈」：Peter Clarke, 'Learning from experience: Counter Terrorism in the UK since 9/11', Policy Exchange, the inaugural Colin Cramphorn Memorial Lecture, 2007

「曾經接受劫機訓練」：Thomas H. Kean et al., *The 9/11 Commission Report*, official Government edition, 22 July 2004, p. 129

「而非美國本土」：Andrew, *The Defence of the Realm*, p. 809

「深感難辭其咎」：Private information

「已建立人脈」：Ann Taylor, MP, et al., 'Intelligence and Security Committee [of Parliament], The Handling of Detainees by UK Intelligence Personnel in Afghanistan, Guantanamo Bay and Iraq', 1 March 2005, p. 11

「根本是天方夜譚」：Private information

「被巴基斯坦軍方逮捕」：Dana Priest, 'CIA Puts Harsh Tactics on Hold: Memo on Methods of Interrogation Had Wide Review', *Washington Post*, 27 June 2004, washingtonpost.com

「化學及生物武器」：Dianne Feinstein, 'Senate Select Committee on Intelligence: Committee Study of the Central Intelligence Agency's Detention and Interrogation Program', 3 December 2014, p. 141

「盜用公款」：Bob Drogin and John Goetz, 'How US Fell Under the Spell of "Curveball" ', Los Angeles Times, 20

November 2005, latimes.com

「一百件盤問報告」‥ Corera, *MI6*, p. 374

「重大發現的依據」‥ Pat Roberts et al., 'Report on the US Intelligence Community's Prewar Intelligence Assessments on Iraq', US Senate, Select Committee on Intelligence, 7 July 2004, p. 155

「這個政權垮台」‥ Tony Blair, House of Commons, 'Iraq and Weapons of Mass Destruction', 24 September 2002, Hansard, Sixth Series, Vol. 390, parliament.uk

「歐洲離我們很近」‥ Private information

「毒藥與毒氣」‥ Remarks by President George W. Bush, 'President Bush Outlines Iraqi Threat', The White House, 7 October 2002

「關於武器儲備的問題」‥ Interview by author with Bill Murray, November 2021

「蓋達組織向伊拉克請益」‥ Secretary of State Colin Powell's speech, 'US secretary of state's address to the United Nations security council', *Guardian*, 5 February 2003, theguardian.com

「聯合國專家查核四百次」‥ Corera, *MI6*, p. 377

「曲球等人的情報」‥ Private information

「美伊雙邊關係」‥ Catherine McGrath, 'Senior Intelligence Officer, Andrew Wilkie, Resigns in Protest', 12 March 2003, abc.net.au

「那一天證明了」‥ CTVNews.ca Staff, 'Saying "no" to Iraq War was 'important' decision for Canada: Chretien', CTV News, 12 March 2013

「設計工程師」‥ Roberts et al., p. 156

「告訴我有什麼更好的辦法」‥ Martin Chulov and Helen Pidd, 'Curveball: How US was duped by Iraqi fantasist looking to topple Saddam', *Guardian*, 15 February 2011, theguardian.com

「單一消息來源」：Online report, 'Ex-CIA official: WMD evidence ignored', CNN, 24 April 2006, https://edition.cnn.com/2006/US/04/23/cia.iraq

「收回自己的話」：Feinstein, p. 141

「如果有人覺得很難接受，那很遺憾」：Online report, 'Chilcot Inquiry: Former British PM Tony Blair fights for reputation in wake of report's release', 7 July 2016, abc.net.au

第十一章

「小心翼翼不讓別人聽見他們談話內容」：Commissioner Dennis R. O'Connor,'Report of the Events Relating to Maher Arar: Factual Background, Volume I', September 2006, p. 53

「更難取得情報」：Chris McGreal, 'Bush on torture: Waterboarding helped prevent attacks on London', *Guardian*, 9 November 2010, theguardian.com

「必需取得皇家騎警的同意」：O'Conner, Vol. I, p. 49

「緊急聯絡人」：Ibid., p. 55

「僅限情報用途」：Ibid., p. 88

「承諾會追蹤此事」：Ibid., p. 89

「沒有足夠證據」：Ibid., p. 168

「並未採取行動勸退美方」：Ibid., p. 176

「曾在阿富汗受訓」：O'Conner, Vol. II, p. 499

「我依據他們指示寫下口供」：Maher Arar, 'Delivered Into Hell by U.S. War on Terror', *Los Angeles Times*, 10 December 2003, latimes.com

「美國當局提供的」：Center for Constitutional Rights, 'The Story of Maher Arar: Retention to Torture', p. 4

「連動物也難耐」：Jane Mayer, 'The secret history of America's 'extraordinary rendition' program', *New Yorker*, 6 February 2005, newyorker.com

「動輒要為自己辯護」：O'Conner, Vol. II, p. 506

「這樣說還不是為了討好我們」：Interview by author with Richard Fadden, March 2022

「任何締約國不得將人驅逐、遣返或引渡至該國。」：General Assembly resolution 39/46, 'Convention against Torture and Other Cruel, Inhuman or Degrading Treatment or Punishment', United Nations, Article 3, 10 December 1984

「事實就是事實」：Online report, 'Australian David Hicks "relieved" after terror conviction quashed', BBC, 19 February 2015, bbc.co.uk

「拘禁於關達那摩的英國籍嫌犯」：Taylor, MP, et al., p. 18

「情報不足以指控」：Private information

「有用情報」：Taylor, MP, et al., p. 3

「通電刑求」：Major-General Antonio M. Taguba, 'Article 15-16 Investigation of the 800th Military Police Brigade', March 2004, p. 17

「不曉得他在哪裡」：Taylor, MP, et al., p. 20

「支配在押者」：Feinstein, p. 82

「可能造成上千死」：Ibid., p. 297

「不顧一切」：Dominic Grieve, QC, MP, 'Intelligence and Security Committee of Parliament, Detainee Mistreatment and Rendition: 2001–2010', House of Commons, 28 June 2018, p. 30

「做事方法不盡相同」：Paul Murphy, MP, 'Intelligence and Security Committee: Rendition', 2007

「為協助拘捕嫌犯而分享大量情報」：Grieve, p. 51

「建議、規劃或同意由他方展開引渡行動」：Ibid., p. 3

「最符合國協的利益」：Dylan Welch, 'Secret sum settles Habib torture compensation case', 8 January 2011, smh.com.au

「忽略有相當多的有用情報」：Feinstein, p. xii

「政府監視與報復」：Senator Frank Church,'Intelligence Activities and the Rights of Americans, Book II, Final Report,' Select Committee to Study Government Operations, 26 April 1976, p. 291

「拘押並遞解」：Press release, 'Arar Commission releases its findings on the handling of the Maher Arar case', 18 September 2006, p. 2

「獲得賠償」：Monique Scotti, 'Trudeau: Canadians rightfully angry after Ottawa pays $31.25M to men falsely imprisoned in Syria', *Global News*, 26 October 2017, globalnews.ca

第十二章

「國際面向」：Interview by author with Richard Walton, February 2022

「伊斯蘭國擅於線上招兵買馬」：Interview by author with Lord (Kim) Darroch, May 2022

「非常擔心」：Josh Halliday, Aisha Gani and Vikram Dodd, 'UK police launch hunt for London schoolgirls feared to have fled to Syria', *Guardian*, 20 February 2015, theguardian.com

「安情局官員深知」：Private information

「當有情報員在底下在為你工作時」：Interview by author with Richard Walton, June 2022

「聯軍某國情報單位」：Matthew Taylor and agencies, 'Man suspected of helping British schoolgirls join Isis arrested in Turkey', *Guardian*, 12 March 2015, theguardian.com

「以買車票為由」：Dipesh Gadher and Hala Jaber, 'British Isis recruits unmasked by double agent', *Sunday Times*, 15 March 2015, thetimes.co.uk

「最主要的目標，就是盡可能不被媒體報導。」：Private information

「出訪目的」：Ibid.

「他為加拿大情報單位工作」：Nil Koksal, 'Witness statement from Turkish Intelligence', *Power and Politics*: *Rosemary Barton*, 1:50 of video report, CBC News, cbc.ca

「我們找上他」：Richard Kerbaj, 'The inside story of killing Jihadi John: How technology became the Isis beheader's undoing', *Sunday Times*, 12 May 2019, thetimes.co.uk

「沒來由的著火」：Interview by author with General David Petraeus, February 2021

「收尾伊拉克與阿富汗衝突」：Interview by author with David Cameron, June 2022

「布卡營」：Michael Christie, 'US military shuts largest detainee camp in Iraq', Reuters, 17 September 2009, reuters.com

「相當神祕」：Kerbaj, 'The inside story of killing Jihadi John', thetimes.co.uk

「怎樣做才最能夠不被監視」：Ibid.

「我們使用紅外線觀測」：Ibid.

「最不糟糕的選項」：Ibid.

「從這個舉動就知道他是怎樣一個人」：Zachary Cohen, Barbara Starr and Ryan Browne, 'Pentagon releases first images from raid that killed ISIS leader', 31 October 2019, cnn.com

第十三章

「電話在凌晨兩點響起」：Private information

「通話長度、獨特識別碼」：Glenn Greenwald, 'NSA collecting phone records of millions of Verizon customers daily', *Guardian*, 6 June 2013, theguardian.com

「只讓我們有限度參與」：Private information

「有些資訊很具體」：Ibid.

「我詢問部內維安部門」‥ Interview by author with Sir Iain Lobban, June 2022

「羅班坦言憂心」‥ Ibid.

「斷送《英美協定》」‥ Ibid.

「歐巴馬原本打算攤牌」‥ Corera, *Intercept*, p. 352

「預防恐怖活動」‥ President Barack Obama, 'Statement by the President', White House, Office of the Press Secretary, 7 June 2013

「截收包山包海的內容」‥ Ewen MacAskill, 'Edward Snowden, NSA files source: "If they want to get you, in time they will" ', *Guardian*, 10 June 2013, theguardian.com

「你就是老大」‥ Private information

「我們會駭入骨幹網路」‥ Lana Lam, 'Edward Snowden: US government has been hacking Hong Kong and China for years', *South China Morning Post*, 13 June 2003, scmp.com

「XKeyscore」‥ Glenn Greenwald, 'XKeyscore: NSA tool collects 'nearly everything a user does on the internet', *Guardian*, 31 July 2013, theguardian.com

「我們詢問美方」‥ Private information

「若全部印出來疊在一起」‥ House of Representatives, Permanent Select Committee on Intelligence, 'Review of the Unauthorised Disclosures of Former National Security Agency Contractor Edward Snowden', 23 December 2016, pp. 20–1

「亞太地區」‥ Ryan Gallagher and Nicky Hager, 'New Zealand Spies on Neighbours in Secret "Five Eyes" Global Surveillance', *Intercept*, 4 March 2015, theintercept.com

「約二十個重要國家」‥ Greg Weston, 'Snowden document shows Canada set up spy posts for NSA', CBC News, 9 December 2013, cbc.ca

「二〇〇五年成為中情局承包商的員工」：Glenn Greenwald, No Place to Hide: Edward Snowden, *the NSA & the Surveillance State*, Penguin, 2015, pp. 40–4

「讀取、複製、移動、變更」：National Security Agency internal report, 'Out of Control', *Cryptologic Quarterly*, 3 September 1991, p. 1 (declassified by the NSA on 27 September 2012)

「每天處理六億則『電話事件』」：Ewen MacAskill, Julian Borger, Nick Hopkins, Nick Davies and James Ball, 'GCHQ taps fibre-optic cables for secret access to world's communications', *Guardian*, 21 June 2013, theguardian.com

「到底怎麼會洩密」：Private information

「英國體制不會發生這種事」：Interview by author with Lord Darroch, May 2022

「燃眉之急」：Private information

「我們從美國獲得的，比美國從我們這邊獲得的多」：Interview by author with Lord Darroch, May 2022

「我覺得他是間諜嗎？」：Spencer Ackerman, 'NSA chief Michael Rogers: Edward Snowden "probably not" a foreign spy', *Guardian*, 3 June 2014, theguardian.com

「比較像是在交易」：Private information

「澳洲也會提供補貼」：Ibid.

「政府通訊總部必須盡到自己的本分」：Nick Hopkins and Julian Borger, 'Exclusive: NSA pays £100m in secret funding for GCHQ', *Guardian*, 1 August 2013, theguardian.com

「大批截收就是會伴隨收集日常通訊內容」：Interview by author with Sir Iain Lobban, June 2022

「實際立場」：Private information

「五百六十二億美元」：Barton Gellman and Greg Miller, 'Black budget' summary details US spy network's successes, failures and objectives', *Washington Post*, 29 August 2013, washingtonpost.com

「需要拿出成績證明自己」：Guyon Espiner, 'NZ's independence from Five Eyes has –slipped–Helen Clark', Radio

New Zealand, 10 June 2020, rnz.co.nz
「大批截收就是會伴隨」‥ Interview by author with Sir Iain Lobban, June 2022
「目前沒有監聽，日後也不會監聽」‥ Von Jacob Appelbaum, Holger Stark, Marcel Rosenbach and Jörg Schindler, 'Did US Tap Chancellor Merkel's Mobile Phone?', *Der Spiegel*, 23 October 2013, spiegel.de
「祕魯、索馬利亞、瓜地馬拉等國總統」‥ Laura Poitras, Marcel Rosenbach and Holger Stark, 'GCHQ and NSA Targeted Private German Companies and Merkel', *Der Spiegel*, 29 March 2014, spiegel.de
「都有在做這些事」‥ Transcript, Clare Short interview, BBC, 26 February 2004, bbc.co.uk
「他們到處監聽」‥ Jonathon Carr-Brown and Jack Grimston, 'Speak up Kofi: What's that about spies?', *Sunday Times*, 29 February 2004, p. 16
「伊安最擔心」‥ Private information
「評估要改為其他通訊模式」‥ Transcript, 'Evidence given by Sir Iain Lobban, Andrew Parker and Sir John Sawers', Intelligence and Security Committee of Parliament, 7 November 2013, p. 17
「違反隱私權及言論自由權」‥ Interview by author with Lord (David) Anderson of Ipswich QC, June 2022
「為減少大批截收權的濫用」‥ Judgement, 'Case of Big Brother Watch and other v. The United Kingdom', European Court of Human Rights (ECtHR), 25 May 2021, paragraph 350

第十四章

「厲害傢伙」‥ Post Opinions Staff, 'A transcript of Donald Trump's meeting with the *Washington Post* editorial board', *Washington Post*, 21 March 2016, washingtonpost.com
「連中國總理」‥ Francis Elliott, 'Say sorry to Trump or risk special relationship, Cameron told', *The Times*, 4 May 2016, thetimes.co.uk

「澳洲知道的其實不多」：Interview by author with Alexander Downer, January 2022

「原始情報」：Private information

「X-Agent 惡意軟體」：Special Counsel Robert S. Mueller, III, 'Report on the Investigation into Russian Interference in he 2016 Presidential Election', US Department of Justice, March 2019, Vol. I, p. 38

「政府、商業及教育」：FBI, 'Moonlight Maze: Recent Developments', 15 April 1999, p. 2 (online via the GWUNSA)

「先進攻擊」：Ibid., p. 9

「華盛頓紀念碑」：Ted Bridis, 'Net espionage stirs Cold-War tensions', ZDNet, 27 June 2001, zdnet.com

「國安會檔案管理員」：Patricia Sullivan, 'KGB Archivist, Defector Vasili Mitrokhin, 81', *Washington Post*, 30 January 2004, washingtonpost.com

「一萬一千頁」：Blaxland and Crawley, *The Secret Cold War*, p. 421

「獲得公平尊重」：Jennifer Rankin, 'Ex-NATO head says Putin wanted to join alliance early on in his rule', *Guardian*, 4 November 2021, theguardian.com

「一百七十死」：Adam Taylor, 'The recent history of terrorist attacks in Russia', *Washington Post*, 3 April 2017, washingtonpost.com

「很不友善」：Author interview, Lady Manningham-Buller, July 2021

「他們還是會捲土重來」：Private information

「手法試驗成功」：Author interview, Lady Manningham-Buller, July 2021

「可能獲得首肯」：Sir Robert Owen, 'The Litvinenko Inquiry: Report into the death of Alexander Litvinenko', January 2016, p. 244, assets. publishing.service.gov.uk

「英國當局數人組隊」：Private information

「竊取我方機敏技術」：Jonathan Evans, 'Address to the Society of Editors by the Director-General of the Security

Service', 5 November 2007, mi5.gov.uk

「接觸所有源頭情報」：Colin Freeze and Jane Taber, 'Russian mole had access to wealth of CSIS, RCMP, Privy Council files', *Globe and Mail*, 22 October 2012, globeandmail.com

「在俄國服刑」：Online report, 'Russian spy Anna Chapman is stripped of UK citizenship', BBC, 13 July 2010, bbc.co.uk

「看不到情報員名單」：Freeze and Taber, 22 October 2012

「很優秀」：Interview by author with General David Petraeus, February 2022

「每個五眼聯盟國家都向我們表達關切」：Interview by author with Richard Fadden, March 2022

「不良企圖」：Mike Levine, 'Why Hillary Clinton Deleted 33,000 Emails on Her Private Email Server', ABC News, 27 September 2016, abcnews.go.com

「俄羅斯，如果你們有聽到的話」：Ivan Levingston, 'Trump: I hope Russia finds "the 30,000 emails that are missing" ', CNBC, 27 July 2016, cnbc.com

「颱風交火」：Peter Strzok, *Compromised: Counterintelligence and the Threat of Donald J. Trump*, Houghton Mifflin Harcourt, 2020, pp. 110–23; and Private information

「行事未經授權」：Interview by author with Malcolm Turnbull, January 2022

「納粹德國」：Ayesha Rascoe, 'Trump accuses US spy agencies of Nazi practices over "phony" Russia dossier', Reuters, 11 January 2017, reuters.com

「卷宗內容不是百分百正確」：Online report, 'Trump–Russia Steele dossier analyst charged with lying to FBI', BBC, 5 November 2021, bbc.co.uk

「我極度被冒犯」：Eli Watkins, 'Donald Trump slams CIA Director Brennan over plea for "appreciation" of intel community', CNN, 16 January 2017, edition.cnn.com

「指示展開影響力作戰」：Intelligence Assessment, 'Background to"Assessing Russian Activities and Intentions in Recent US Elections": The Analytic Process and Cyber Incident Attribution', Office of the Director of National Intelligence, 6 January 2017, p. 1, (online via https://www.dni.gov/files/documents/ICA_2017_01)

「貨真價實的瘋子」：Matt Apuzzo, Maggie Haberman and Matthew Rosenberg, 'Trump Told Russians That Firing "Nut Job" Comey Eased Pressure From Investigation', *New York Times*, 19 March 2017, nytimes.com

「驅逐俄國情報人員一百五十三人」：Alia Chughtai and Mariya Petkova,'Skripal case diplomatic expulsions in numbers', Al Jazeera, 3 April 2018, aljazeera.com

「我想在這種事情上」：Interview by author with Theresa May, June 2022

「我們學習調整自己的作法」：Ibid.

「否認立場非常牢固」：Chris Cillizza, 'The 21 most disturbing lines from Donald Trump's press conference with Vladimir Putin', CNN, 17 July 2018, editioncnn.com

「無人能望其項背」：Interview by author with Martin Green, March 2022

「要先確認界線」：Interview by author with Theresa May, June 2022

「我們就會如此明說」：Amber Phillips, 'Mueller's statement, annotated', *Washington Post*, 29 May 2019, was-hingtonpost.com

第十五章

「透過 GCHQ」：Chris York, 'Did Barack Obama Wiretap Donald Trump? According To Fox News, GCHQ Did It For Him', *Huffington Post*, 14 March 2017

「都站在我們這邊」：Private information

「你得為你自己做出正確決定」：Ibid.

「讓梅傑不得不道歉」：Caroline Davies and Owen Bowcott, 'Major apologised to Bill Clinton over draft-dodging suspicions', *Guardian*, 28 December 2018, theguardian.com

「出於善意」：Private information

「你看看這篇內容就曉得」：Ben Westcott, Dan Merica and Jim Sciutto, 'White House: No apology to British government over spying claims', CNN, 18 March 2017, edition.cnn.com

「不要忘記」：Interview by author with Theresa May, June 2022

「說起監聽」：Julian Borger, Patrick Wintour, Jessica Elgot,'Trump stands by unsubstantiated claim that British intelligence spied on him', *Guardian*, 17 March 2017, theguardian.com

「一派胡言」：Gordon Corera, 'Claims GCHQ wiretapped Trump"nonsense" – NSA's Ledgett', BBC, 18 March 2017, bbc.co.uk

「這全是無稽之談」：Private information

「完全且毫不懷疑的信任」：Interview by author with Douglas H. Wise, February 2022

「任務是要阻撓政策」：Private information

「數一數二重要人物」：Michael Crowley, 'The White House Official Trump Says Doesn't Exist', Politico, 30 May 2018, politico.com

「貿易戰是好事」：Reuters staff, 'Trump tweets: "Trade wars are good, and easy to win" ', Reuters, 2 March 2018, reuters.com; see also Reuters Staff, 'Factbox: Tariff wars – duties imposed by Trump and U.S. trading partners', Reuters, 13 May 2019, reuters.com

「我們殷切要和美方合作」：Interview by author with Ciaran Martin, June 2022

「設法降低風險」：Interview by author with Malcolm Turnbull, January 2022

「一切都被私有化」：Private information

「投政客所好」：Private information

「決策凡是政治人物所做」：Interview by author with TheresaMay, June 2022

「過度破壞威脅」：Eric Geller, 'Trump signs order setting stage to ban Huawei from US', Politico, 15 May 2019, politico.com

「外交政策利益」：Huawei ban, 'Temporary General License final rule', Bureau of Industry and Security, 20 May 2019

「大聲嚷嚷，毫不理會」：Private information

「美國的主張談的是政治」：Interview by author with Lord Darroch, March 2022

「在大帽山設置基地」：Aldrich, *GCHQ*, p. 144

「二千二百一十萬筆聯邦公務員」：Ellen Nakashima, 'Hacks of OPM databases compromised 22.1 million people, federal authorities say', *Washington Post*, 9 July 2015, washingtonpost.com

「相應反擊措施」：Roberta Rampton and Lisa Lambert,'Obama warns China on cyber spying ahead of Xi visit', Reuters, 16 September 2015, reuters.com

「讓紐西蘭政府通訊安全局臉上無光」：Ryan Gallagher and Nicky Hager, 'New Zealand Plotted Hack on China with NSA', *Intercept*, 18 April 2015, theintercept.com; David Fisher, 'Leaked papers reveal NZ plan to spy on China for US', Herald on Sunday, 19 April 2015, nzherald.co.nz

「馬汀赴華府」：Private information

「無能、不牢靠」：Isabel Oakshott, 'Britain's man in the US says Trump is "inept" : Leaked secret cables from ambassador say the President is "uniquely dysfunctional and his career could end in disgrace" ', *Mail on Sunday*, 6 July 2019, dailymail.co.uk

「斥資逾二十億英鎊」：Leo Kelion, 'Huawei 5G kit must be removed from UK by 2027', BBC, 14 July 2020, bbc.co.uk

「我在美國的時候，美方已經開始對英國施壓」：Interview by author with Lord Darroch, March 2022

「事實上，沒有任何東西是不會被駭客攻擊」：Interview by author with Ciaran Martin, June 2022

艦。澳洲情報高層指出，儘管是安全協定，「五眼聯盟不受影響」。「當然，這個協定涉及安全面向，也會有相關的情報收集。但是情報不會僅侷限於三眼國家，而是五眼國家。我們很確定加拿大和紐西蘭這兩個五眼夥伴不會因此吃味，因為這只涉及潛艦，如此而已。」

後記

「馬克宏是第一位向我道賀的人」：Interview by author with Scott Morrison, March 2023. Author's note: I conducted a series of interviews with Mr Morrison between February 2023 and April 2023

「澳幣五百億軍購案」：Paul Karp, 'France to build Australia's new submarine fleet as $50bn contract awarded', *Guardian*, 26 April 2016, theguardian.com

「支出上百億元維護費用」：Anthony Galloway, '"Lost the plot": How an obsession with local jobs blew out Australia's $90 billion submarine program', *Sydney Morning Herald*, 14 September 2021

「新一輪三千四百七〇億美元貨物關稅」：Online report, 'Trump escalates trade war with more China tariffs', BBC, 2 August 2019, bbc.co.uk

「在這個強權競爭的年代」：Scott Morrison, 'The 2019 Lowy Lecture: Prime Minister Scott Morrison', 4 October 2019

「我們增加貢獻」：Interview by author with Morrison, March 2023

「英美兩國簽署共同防禦協定」：Claire Mills, 'UK–USA Mutual Defence Agreement', House of Commons Library, 20 October 2014, commonslibrary.parliament.uk

「目標是建立三方能力」：Ibid.

「神蹟降臨」：Katharine Murphy and Sarah Martin, 'Scott Morrison credits "quiet Australians" for "miracle" election victory', *Guardian*, 18 May 2019, theguardian.com

「決策不該取決於這些事情」：Interview by author with Morrison, February 2023

「逾四百人因併發症致死」：Calla Wahlquist, 'Australia's summer bushfire smoke killed 445 and put thousands in hospital, inquiry hears', *Guardian*, 26 May 2020, theguardian.com

「B計畫必須比A計畫好」：Interview by author with Morrison, February 2023

「參與討論的人士有」：Ibid.

「不論是川普或誰來執政，我都要確定這會實現」：Interview by author with Morrison, March 2023

「協定義務」：Office of the Historian, 'The Australia, New Zealand and United States Security Treaty (ANZUS Treaty), 1951', Department of State, history.state.gov

「《澳紐美安全協定》是澳洲的安全支柱」：Interview by author with Morrison, March 2023

「印太地區等共同關切的議題」：Prime Minister's Office, 10 Downing Street, 'PM meeting with President Biden and Prime Minister Morrison：12 June 2021', www.gov.uk

「美國是波諾」：Interview by author with Morrison, February 2023

「巴瑟斯特一千公里競賽」：Interview by author with Morrison, March 2023

「感謝他提供直接協助」：Andrew Green, 'Scott Morrison warns France to meet multi-billion-dollar submarine deal deadline', 16 June 2021, abc.net.au

「我猜馬克宏覺得我在玩弄合約」：Interview by author with Morrison, March 2023

「不到十天時間，這群民兵團體已橫掃全國」：Online report, 'Who are the Taliban?', 12 August 2022, bbc.co.uk

「我們跟英美兩國說」：Interview by author with Morrison, March 2023

「可以說是我當總理以來最睡不著覺的一晚」：Ibid.

「我想說的是，美國人才剛從喀布爾撤軍」：Ibid.

「格拉斯哥第二十六屆聯合國氣候變遷大會」：Ibid.

「每個國家都是按照國家利益做決策」：Interview by author with Mike Burgess, April 2023

「澳洲花了三十四億澳幣」：Matthew Doran, 'Australian government agrees to pay $835 million to French submarine contractor Naval Group over cancelled contract', 11 June 2022, abc.net.au

「支出預估落在」：Daniel Hurst and Julian Borger, 'Aukus: nuclear submarines deal will cost Australia up to $368bn', 13 March 2023, *Guardian*, theguardian.com

「根據《澳英美安全協定》內容」：The White House Briefing Room, 'Fact Sheet: Trilateral Australia–UK–US Partnership on Nuclear- Powered Submarines', 13 March 2023, whitehouse.gov

「協定當中提到的情報分享規範」：Interview by author with Richard Fadden, April 2023

「美國和加拿大之間除了有兩國貿易協定」：Interview by author with senior serving Australian government official who requested anonymity

「和我很不一樣」：Interview by author with Morrison, March 2023

「阿爾登有些意外」：Ibid.

「以紐西蘭來說，你們也得有貢獻才行」：Ibid.

歷史事件時間軸

（以下歷史事件時間軸亦涵蓋五眼聯盟敵友組織成立年份）

一八七三年：皇家騎警（RCMP）成立，俗稱騎警。加拿大聯邦與全國警政單位。

一九〇八年：調查局（BOI）成立。美國聯邦調查局前身。

一九〇九年：英國祕密勤務局成立。日後成為英國國家安全局（Security Service），俗稱軍情五處（MI5），負責英國國內反情報任務。同年英國祕密情報局（Secret Intelligence Service, SIS）成立，俗稱軍情六處（MI6），負責國外情報任務。

一九一四年：四十室（Room 40，又稱為40 O.B.）成立。第一次世界大戰期間的英國皇家海軍密碼研析部門。

一九一七年：俄國革命。契卡（Cheka）成立，全名為全俄反革命與反怠工特別委員會。布爾什維克首次創立的祕密警察部門，為蘇聯國家安全委員會（KGB）前身。

一九一九年：政府代碼與密碼學校（GC&CS）於第一次世界大戰後成立。負責破譯密碼的英國機關，為政府通訊總部（GCHQ）前身。

一九一九—二九年：黑房間（Black Chamber）運作期間。負責研析密碼的美國單位。

一九三〇年：訊號情報勤務局（Signal Intelligence Service）成立。負責破譯密碼的美國陸軍單位。

一九三五年：美國聯邦調查局（ＦＢＩ）成立。負責國內情報、安全勤務與聯邦法律執法任務。

一九三八年：軍情五處通報聯邦調查局，指出美國境內有納粹間諜團體。

一九三九年：第二次世界大戰爆發。

一九四〇年：英國安全協調組織（ＢＳＣ）在紐約市暗中活動。

一九四一年：美國辛可夫代表團前往英國拜訪布萊切利園。

一九四二年：麥克阿瑟陸軍上將成立中央局（Central Bureau），為美澳合作訊號情報單位。並召集英國、加拿大與紐西蘭等地的密碼破譯專家前來工作。

一九四三年：維諾那計畫（Venona Project）啟動，為美國一項反蘇聯計畫。同年，布萊切利園與阿靈頓廳共同簽署訊號情報相關的《不列顛美國協定》（ＢＲＵＳＡ）。

一九四五年：第二次世界大戰同盟國獲得勝利。俄國密電職員古琴科投誠加拿大。冷戰開始。

一九四六年：英美兩國簽署《英美協定》（UKUSA Agreement），其前身為《不列顛美國協定》，為英美訊號情報合作的多邊協定。澳洲、加拿大與紐西蘭雖非締約國，仍可根據協定條款規定，從中受惠。政府代碼與密碼學校更名為政府通訊總部。英國情報與安全組織。國家研究委員會通訊部（ＮＲＣ）成立。加拿大密碼技術部門。

一九四七年：美國通過《國家安全法》，成立中央情報局（CIA），為負責外國情報的美國聯邦政府文職勤務單位。
澳洲訊號情報局（ASD）的前身國防訊號局（DSB）成立。

一九四九年：澳洲安全情報局（ASIO）成立。
北大西洋公約組織（NATO）成立。
蘇聯於哈薩克塞米巴拉金斯克試驗基地（Semipalatinsk Test Site, STS）展開首次核彈試爆。

一九五二年：澳洲祕密情報局（ASIS）成立。
美國國家安全局（NSA）成立。為全國層級情報組織。

一九五四年：美國開始積極參與越戰。

一九五五年：蘇聯與衛星國簽署《華沙公約》（Warsaw Pact）（正式名稱為《友好合作互助條約》）。
紐西蘭綜合訊號局（NZCSO）成立。後更名為政府通訊安全局（GCSB）。

一九五六年：正式擴大《英美協定》，成立五眼聯盟。
紐西蘭安全情報局（NZSIS）成立。

一九六一年：蘇聯情報人員彭科夫斯基在古巴飛彈危機前夕，交付美方與英國機密文件。

一九七一年：軍情五處展開「大腳行動」，一〇五名蘇聯間諜遭英國驅逐出境。

一九七三年：美國暫停和英國分享情報。

一九七五年：澳洲總理惠特蘭在中情局干預疑雲中遭到免職。
加拿大國家研究委員會通訊部更名為通訊安全局（Communications Security Establishment）。

一九七六年：參議院丘奇調查委員會發表調查報告，深究中情局、聯邦調查局與國安局的情報違規行為。

一九七九年：蘇聯入侵阿富汗。

一九八四年：加拿大安全情報局（CSIS）成立，接手皇家騎警安全業務。

一九八五年：紐西蘭因違抗美國，遭到五眼聯盟局部封殺。

高迪耶夫斯基投誠英國。

一九八八年：蘇聯開始自阿富汗撤軍。

一九八九年：柏林圍牆倒塌。

一九九一年：蘇聯垮台。

一九九九年：美國展開月光迷宮調查，深究俄國對美、英、加等國之網攻行為。普丁總理獲任命為俄羅斯聯邦代理總統。

二〇〇〇年：普丁獲選為俄國總統。

二〇〇一年：美國遭遇九一一攻擊事件。隨即展開「反恐戰爭」。美國率領入侵阿富汗。

二〇〇二年：美國在關達那摩灣設置拘留營，以拘留恐怖份子嫌疑犯。

二〇〇三年：美國根據錯誤情報，率領入侵伊拉克。

二〇〇六年：俄國政府派出特務暗殺俄國異議人士亞歷山大·利特維南科。

二〇一〇年：破獲美加境內俄國情報集團。

二〇一一年：中東局勢動盪，演變為阿拉伯之春，出現各種反政府抗爭、暴動與武裝叛亂。

美國展開特種作戰「海神之矛」行動，殲滅蓋達領袖賓拉登。

二〇一二年：加拿大海軍分析員德利斯里為俄國刺探情報被捕。

二〇一三年：美國國安局吹哨者史諾登披露五眼聯盟濫權行為。

二〇一四年：伊斯蘭國自立哈里發國。

二〇一五年：伊斯蘭國劊子手聖戰士約翰遭到英美聯手殲滅。
中國被指控駭入美國人事管理局，導致逾二千二百萬人個資曝光。

二〇一六年：俄國被發現干預美國總統大選。

二〇一八年：前俄國軍官暨雙面諜斯克里帕爾與女兒尤莉亞在倫敦遭暗殺未遂，五眼聯盟等多國於事發後驅逐俄國情報人員，總計一百五十三人。

二〇一九年：探討二〇一六年俄國干預美國總統大選的穆勒調查報告公布。
伊斯蘭國領導人巴格達迪遭到殲滅。

二〇二〇年：美國法院判定美國國安局大量收集通話後設資料的行為有違憲之虞。

二〇二一年：歐洲人權法院判定政府通訊總部大批截收網路通訊的行為違反言論自由。
《澳英美安全協定》（AUKUS）宣布上路。

二〇二二年：俄國入侵烏克蘭。

詞彙表

ASD：Australian Signals Directorate 澳洲訊號情報局（前身為澳洲國防情報局）

ASIO：Australian Security Intelligence Organisation 澳洲安全情報局

ASIS：Australian Secret Intelligence Service 澳洲祕密情報局

BND：Bundesnachrichtendienst 德國聯邦情報局，負責海外情報工作

BRUSA：Britain and United States of America Agreement 與訊號情報有關的《不列顛美國協定》，於一九四三年上路。（另見UKUSA）

BSC：British Security Coordination 英國安全協調組織

CIA：Central Intelligence Agency 中央情報局（美國）

COMINT：通訊情報——為訊號情報的分支，例如透過截收無線通訊收集外交軍事情報

CSE：Communications Security Establishment 通訊安全局（加拿大）

CSIS：Canadian Security Intelligence Service 加拿大安全情報局

DIA：Defence Intelligence Agency 國防情報局（美國）

ECHELON：梯隊任務。監聽外交軍事通訊的監視計畫代號

FBI：Federal Bureau of Investigation 聯邦調查局（美國）

FSB：Federal Security Service 聯邦安全局（俄國）

FVEY：Five Eyes 五眼聯盟

GC&CS：Government Code and Cypher School 政府代碼與密碼學校（英國）

GCHQ：Government Communications Headquarters 政府通訊總部（英國）

GCSB：Government Communications Security Bureau 政府通訊安全局（紐西蘭）

GRU：俄國聯邦軍隊總參謀部情報總局，負責海外情報工作

HUMINT：human intelligence 人員情報，即軍事情報的取得來源是人員

INTELSAT：International Telecommunications Satellite Organization 國際通訊衛星公司

ISIS：Islamic State of Iraq and Syria 伊斯蘭國

JIC：Joint Intelligence Committee 聯合情報委員會（英國）

KGB：蘇聯主要情報單位（前身為契卡、國家政治保衛總局、內務人員委員部、國家安全人民委員會、國家安全部）

MI5：英國國家安全局（軍事情報第五處）

MI6：Secret Intelligence Service 英國祕密情報局（ＳＩＳ）

NATO：North Atlantic Treaty Organisation 北大西洋公約組織

NCSC：National Cyber Security Centre 國家網路安全中心（英國）

NOFORN：not for release for foreign nationals 非本國人不得參閱。五眼聯盟情報單位使用的標記，代表該份情報不得提供給其他國家，甚至是聯盟內部其他國家

NSA：National Security Agency 國家安全局（美國）

NZSIS：New Zealand Security Intelligence Service 紐西蘭安全情報局

ODNI：Office of the Director of National Intelligence 國家情報總監辦公室（美國）

OP-20-G：Office of Chief of Naval Operations, 20th Division of the Office of Naval Communications, G Section / Communications Security 美國海軍作戰部長辦公室海軍通訊處第二十師G分組／通訊安全

OSS：Office of Strategic Services 戰略局

RCMP：Royal Canadian Mounted Police 加拿大皇家騎警

SALT：Strategic Arms Limitation Talks 戰略武器限制談判。冷戰期間美蘇兩國的談判（與相對應國際條約）

SIGINT：signal intelligence 訊號情報，即情報的取得來源是截收傳輸訊號

SOE：Special Operations Executive 特別行動執行處（英國）

SVR RF：俄國聯邦對外情報局

UKUSA：UK-USA Signals Intelligence Agreement 1946 一九四六年《英美訊號情報協定》（另見BRUSA）

重要人物簡介

馬赫・阿勒（Maher Arar）：遭誤認與恐怖主義組織有關聯的加拿大工程師。案情顯示五眼聯盟情報機關犯下多項情報錯誤。

麥可・比亞羅古斯基醫師（Dr Michael Bialoguski）：居於雪梨的波蘭裔醫師，私下為澳洲安全情報局收集情報，並協助吸收高階蘇聯官員。

茲比格涅夫・布里辛斯基（Zbigniew Brzezinski）：卡特總統任內的美國國家安全顧問，意圖將蘇聯捲入一場贏不了的阿富汗戰爭。

邁克・伯吉斯（Mike Burgess）：負責國內情報工作的澳洲安全情報局局長。亦曾領導澳洲訊號情報單位。

威廉・唐諾凡（William Donovan）：小羅斯福總統的顧問。成立戰略勤務局，即中央情報局的前身單位。

亞歷山大・唐納（Alexander Downer）：澳洲駐英高級專員。聯邦調查局根據其密報，對俄國干預二〇一六年美國總統大選展開調查。

麥可・德里斯科（Michael J. Driscoll）：聯邦調查局紐約分處處長。促使局內預知俄國入侵烏克蘭引發的反情報威脅，並加以妥善利用。

艾倫・杜勒斯（Allen Dulles）：自美國外交官轉任戰略勤務局特務人員，最後成為中情局最備受爭議的一位局長。

約拿森・艾凡斯勳爵（Lord Jonathan Evans）：軍情五處處長，在國內極端主義興起與後冷戰俄國特務情報威脅升溫期間，負責督導處內業務。

理查・費登（Richard Fadden）：前加拿大安全情報局局長。伊斯蘭國恐怖活動猖獗期間曾任加拿大國安顧問。

克勞斯・福赫斯（Klaus Fuchs）：參與曼哈頓計畫的德國核子物理學家。曾將原子機密洩露給蘇聯。

伊果・古琴科（Igor Gouzenko）：負責處理密電的蘇聯駐加拿大大使館職員，後投誠加拿大，使英美裔原子間諜得以現形。

吉恩・葛萊比爾（Gene Grabeel）：維諾那計畫共同創始人。美國這項密碼破譯計畫最後讓美、英、澳等地活動的蘇聯間諜浮上檯面。

約翰・艾德加・胡佛（J. Edgar Hoover）：在任最久的聯邦調查局局長，一九二〇年代起執掌至一九七二年冷戰期間過世。聯邦調查局在其主政下，功過兼具。

潔希・姚丹（Jessie Jordan）：身兼納粹特務的蘇格蘭裔美髮師。利用在蘇格蘭經營的髮廊掩護情報活動。

格薩・卡托納（Geza Katona）：駐點布達佩斯的中情局幹員。中情局招募他的用意是要協助削弱蘇聯在匈牙利的勢力。

羅伯特・藍菲爾（Robert Lamphere）：聯邦調查局反情報幹員。於冷戰初期首創人員情報與訊號情報跨域合作。

大衛・藍伊（David Lange）：一九八〇年代擔任紐西蘭總理。任內不顧美國政府立場，堅持反核，致使紐西蘭與五眼聯盟關係惡化。

蓋伊・李鐸（Guy Liddell）：軍情五處高層。督導反情報任務的重要人物，並促成軍情五處與聯邦調查局合作，奠定五眼聯盟基礎。

伊安・羅班爵士（Sir Iain Lobban）：政府通訊總部部長。曾在史諾登揭密後，帶領部內渡過國際反彈聲浪。

奧列格・李亞林（Oleg Lyalin）：駐點倫敦的蘇聯國安會幹員。複雜感情關係與酗酒習性令蘇聯政府頭痛，也引發軍情五處關注。

艾麗莎・曼寧漢布勒（Eliza Manningham-Buller）：軍情五處處長。任內適逢美國遭遇九一一恐攻後最動盪的幾年。

賈倫・馬汀（Ciaran Martin）：政府通訊總部高層。否認部內曾在二〇一六年美國總統大選期間「監聽」川普的紐約辦公室。

弗拉迪米・裴卓夫（Vladimir Petrov）：居住澳洲的俄國情報人員。後來成為澳洲安全情報局吸收的對象。

隆恩・理查茲（Ron Richards）：英裔澳籍情報首長。在其督導下，澳洲安全情報局於冷戰時期立下大功，重振澳洲在美國心中的情報名聲。

麥克・羅傑斯海軍上將（Admiral Mike Rogers）：美國國安局監視計畫遭到史諾登披露後，接任局長。

法蘭克．羅萊特（Frank Rowlett）：美國密碼破譯員兼募才專家。第二次世界大戰期間破譯日本外交密電。後來負責督導維諾那計畫。

亞伯拉罕．辛可夫博士（Dr Abraham Sinkov）：美國陸軍密碼破譯員。協助奠定阿靈頓廳與布萊切利園合作基礎。後來在澳洲帶領五眼各國密碼專家共同合作。

愛德華．史諾登（Edward Snowden）：披露五眼聯盟全球情報活動的美國國安局承包商雇員。除了掀起個人隱私的空前爭論，也迫使許多政府監視計畫受到檢視。

威廉．史蒂文森（William Stephenson）：與英國與白宮政要交好的加拿大實業家，第二次世界大戰期間曾為軍情五處在美國成立宣傳部門。

亞瑟．德斯頓（Arthur Thurston）：聯邦調查局特務。胡佛局長安插在倫敦的得力助手，也是軍情五處及軍情六處的聯絡窗口。後來成立聯邦調查局倫敦分處。

麥肯．滕博爾（Malcolm Turnbull）：澳洲總理。下令禁止中國科技公司華為在澳營運，促使其他五眼國家跟進。

理查．華頓（Richard Walton）：蘇格蘭場反恐單位首長。加拿大的情報差錯讓他無法如願阻止英國聖戰士赴敘利亞戰場參戰。

高夫．惠特蘭（Gough Whitlam）：一九七〇年代擔任澳洲總理，工黨籍。自認被蒙蔽中情局參與美澳祕密國防聯合設施運作的實情。

致謝

在史諾登事件以前，我對五眼聯盟了解並不多，直到二〇一八年為HBO與Channel 4製作《獵殺聖戰士約翰》（*The Hunt for Jihadi John*）這部紀錄片，才引發我的興趣去探討這個聯盟。很幸運的是能夠在倫敦與華府採訪情報高層，了解這項英美聯合任務是如何「找到、修理並解決」這名伊斯蘭國恐怖份子。在採訪的過程中我發現，即使兩國任務目標一致，行動合作上還是會有細膩的差異。

基於這個認知，我開始探討五眼聯盟內部各種差異。剛好這個時候，全世界進入封城狀態，Zoom遠距視訊頓時蔚為流行，大家熱烈聊著各種話題，避談新冠疫情。我是局外人，必須仰賴有親身經驗的人士提供內行觀點。能夠獲得五眼聯盟情報專家慷慨協助，讓我感到非常幸運。

本書能夠出版，得歸功於下列人士的協助與指導：伊安・羅班爵士、賈倫・馬汀、艾凡斯勛爵、理查・華頓、道格拉斯・懷思、大衛・裴卓斯陸軍上將、邁克・伯吉斯、麥可・德里斯科、安德遜勛爵、彼得・克拉克、理查・費登、大衛・艾文、達若克勛爵、艾麗莎・曼寧漢布勒女爵、理查茲勛爵、提莫西・道斯、亞歷山大・唐納、理查・貝倫斯爵士、約翰・邵爾斯爵士、麥克・羅傑斯海軍上將、比爾・莫瑞、賽門・麥凱、克里斯・帕提納、庫特・皮帕、梅瑞迪斯・伍卓夫、艾倫・洛克、威斯里・沃克、馬汀・葛林、葛雷格・弗萊夫、文森・里格比、喬・波頓、比爾・羅賓森與保羅・布坎南。還有許多其他受教的對象，但他們希望匿名，因為有些人士仍然在職。

感謝各國領導人接受採訪，包括：茱莉亞・吉拉德、德蕾莎・梅伊、麥肯・滕博爾、大衛・卡麥隆與史考特・莫里森。另外要向提供專業見解的歷史學者致上最高敬意，包括：大衛・歐克利、吉爾・班奈特、約翰福斯博士、高登・柯瑞拉、布萊恩・圖伊、理查・艾爾卓奇、羅瑞・考麥克、羅德里・傑弗瑞瓊斯、丹・洛馬斯、提姆・維納、妮姬・海格與羅伯特・曼恩。也謝謝吉恩・柯爾・奈特及蘇珊・德洛沙和我分享親人的故事。

多虧有作家經紀人理查・派克提供出版提案的建議（他總是說：「再增加幾頁就行。」），讓這本書從構思到實現變得輕鬆不少。感謝電視節目經紀人路克・史皮德，他是率先支持我寫這本書的人。邦尼爾出版社編輯托比・布坎是絕佳合作夥伴，他的冷戰知識比我豐富許多，一起討論總是格外過癮。

這些年來能夠向媒體同業大量學習，備感幸運。讓我獲益良多的對象包括彼得・威爾遜、強・盎格德湯瑪士、提姆・薛普曼、奧利維・沙，以及馬克・胡克漢。其他幫助過我的人包括雷伊・威爾斯、桑德森女爵、茱莉亞・艾德利、東尼・法拉格、湯姆・巴特勒羅伯茲、安潔拉・貝爾、艾米・托雷森、德布雷、茱莉亞特・德布雷（不只一次在夜店外頭排隊時幫我下載學術期刊）、奇拉・勞埃德、伊莎貝爾・史密斯、艾莉・卡爾，以及邦尼爾出版團隊。另外要向馬克・辛金、理查・布朗和凱文・普蘭克特致謝。

由衷感謝首次為我出書的編輯班傑明・希漢及羅維娜・史崔頓；首次給我機會在報社工作的克里斯多福・多爾；以及鼓勵我追求卓越的葛雷格・薛利丹。

我的父母蘇艾德與薩林、岳父母伊莎貝爾與皮耶、胞兄胞妹及內兄姨妹：謝謝你們每次聽到我說間諜故事時都裝得著迷。最後，我要謝謝太太馬琳、兒子里歐、人生最棒導師多明尼克·甘迺迪和約翰·道斯，多虧有你們無條件的信任，我才能完成寫書計畫。

國家圖書館出版品預行編目資料

五眼聯盟情報組織的真實故事 / 理查．克爾巴吉（Richard Kerbaj）著；
謝孟達譯 . -- 初版 . -- 臺北市：商周出版：英屬蓋曼群島商家庭傳媒
股份有限公司城邦分公司發行，2024.03

面；　公分 . --（生活視野；40）

譯自：The Secret History of The Five Eyes: The Untold Story of The International Spy Network

ISBN　978-626-318-896-9（平裝）

1.CST：五眼聯盟　2.CST：情報組織　3.CST：冷戰　4.CST：戰略情報
5.CST：國際政治

599.73　　112016952

五眼聯盟情報組織的真實故事

The Secret History of The Five Eyes: The Untold Story of The International Spy Network

作　　者／理查．克爾巴吉 Richard Kerbaj
譯　　者／謝孟達
責任編輯／王拂嫣

版　　權／林易萱、吳亭儀
行銷業務／林秀津、周佑潔、林詩富、賴正祐
總 編 輯／程鳳儀
總 經 理／彭之琬
事業群總經理／黃淑貞
發 行 人／何飛鵬
法律顧問／禾元法律事務所　王子文律師
出　　版／商周出版
臺北市南港區昆陽街 16 號 4 樓
電話：(02) 2500-7008　傳真：(02) 2500-7759
E-mail：bwp.service@cite.com.tw
發　　行／英屬蓋曼群島商家庭傳媒股份有限公司城邦分公司
臺北市南港區昆陽街 16 號 5 樓
書虫客服服務專線：(02) 25007718．(02) 25007719
24 小時傳真服務：(02) 25001990．(02) 25001991
郵撥帳號：19863813　戶名：書虫股份有限公司
讀者服務信箱 E-mail：service@readingclub.com.tw
城邦讀書花園 www.cite.com.tw
香港發行所／城邦（香港）出版集團
香港九龍土瓜灣土瓜灣道 86 號順聯工業大廈 6 樓 A 室
電話：(852) 25086231　傳真：(852) 25789337
E-mail：hkcite@biznetvigator.com
馬新發行所／城邦（馬新）出版集團【Cite (M) Sdn. Bhd】
41, Jalan Radin Anum, Bandar Baru Sri Petaling,
57000 Kuala Lumpur, Malaysia.
電話：(603) 90563833　傳真：(603) 90576622
E-mail：services@cite.my

封面設計／李東記　內文設計排版／唯翔工作室
印　　刷／韋懋實業有限公司
總 經 銷／聯合發行股份有限公司　電話：(02) 2917-8022　傳真：(02) 2911-0053
地址：新北市新店區寶橋路 235 巷 6 弄 6 號 2 樓

■ 2024 年 3 月 28 日初版　Printed in Taiwan

城邦讀書花園
www.cite.com.tw

THE SECRET HISTORY OF THE FIVE EYES: THE UNTOLD STORY OF THE INTERNATIONAL SPY NETWORK by RICHARD KERBAJ

定價：599 元　ISBN：978-626-318-896-9　